新・数理科学ライブラリ [物理学] ＝2

力 学 講 義

武末　真二　著

サイエンス社

サイエンス社のホームページのご案内
http://www.saiensu.co.jp
ご意見・ご要望は　rikei@saiensu.co.jp　まで．

まえがき

本書は，理工系の学生が大学初年次に学ぶ力学の教科書である．著者が京都大学で受け持っている講義の経験をもとに執筆を行った．物理学は，歴史的に見てもニュートンの力学法則と万有引力の法則の発見に始まるといってよく，その意味でも力学は大学に入学して初めて学ぶ物理学のコースとしてふさわしい．本書では，ニュートンによって発見された運動の法則をもとに，物体のさまざまな運動について議論する．

しかしながら，学生諸君は大学以前に高等学校でも物理は学んでおり，力学もその中に含まれている．では，大学で再び力学を学ぶ意義は何だろうか？実は高校で習った力学と大学で学ぶ力学とは大きく異なる点がある．高校の力学は，等速度運動・等加速度運動・円運動・単振動といった限られた種類の簡単な運動しか扱わない．さらに，運動の種類ごとに「公式」が用意され，問題に応じて適切な公式を選んで適用すると問題が解けるという仕組みになっている．しかし，本来これらの「公式」は，運動方程式から導き出されたものである．大学では，さまざまな概念の定義を見直し，さらに運動方程式から物体の運動を統一的に議論する方法論を学ぶことになる．

さらに我々はエネルギー，運動量，角運動量といった保存量に着目する．これらは運動方程式を積分して得られる量であるが，これらの量を用いることで運動方程式が解けたり，運動に対する定性的な理解が得られたりする．さらに重要なことは，これらの量は時間や空間の対称性に根ざす量なので，力学を超えた普遍的な意味を持ち，電磁気学や量子力学などの力学以外の物理学でも重要な役割を果たすということである．その意味で，運動方程式自体よりも基本的な量なのである．本書では対称性との関係まで議論することはできない（そのためには解析力学が必要になる）が，保存量を通じた運動の見方について学ぶ．

「自然という書物は数学の言葉で書かれている」とガリレオ・ガリレイが言っているように，物理学の理解には数学が不可欠である．本書では，必要に応じて数学の解説を行った．数学は自然科学を議論するための道具であり，その使い方は実際に使ってみなければわからない．講義ではよくノコギリに喩えるのだが，ノコギリの使い方を見たり聞いたりしたところで，実際に木を切ってみないことにはノコギリは使えるようにはならない．使ってみることで初めてわかる手応えやコツというものがある．読者は，自分で計算しながら本書の式をフォローし，さらに問題を解くことで，力学で用いる数学の感触を得てほしい．

本書の構成は以下の通りである．第1章では，物体の運動を扱うための理想化された概念である粒子を導入し，粒子の運動を位置ベクトルを用いて表す方法について学ぶ．第2章では運動の法則と力の法則について解説する．特に，運動の決定性から運動方程式が導かれることと，ケプラーの惑星運動の3法則から万有引力の法則がいかにして導かれるかを見る．第3章では，運動方程式を解くことで，粒子のさまざまな運動が導かれることを学ぶ．第4章ではエネルギーと運動量を扱い，ポテンシャルの概念について学んだ後，2体問題が1体のポテンシャル問題に帰着されることを扱う．第5章では角運動量と中心力について学び，第2章とは逆に万有引力の法則からケプラーの法則を導く．第6章は非慣性系と慣性力，およびその運動に対する効果を扱う．第7章は，剛体の力学である．剛体の導入からコマの運動までを扱った．

力学の教科書で扱われる題材は一応網羅したつもりだが，多自由度の振動については別の講義が用意されていることが多いと思われるので，簡単に触れる程度にとどめた．

本書を著すに当たっては，何よりも論理が通っていることを重視した．どういう仮定の下で何が導かれるのかということを，できるだけ明らかにして議論を進めたつもりである．本書の内容については十分吟味したつもりであるが，それでも何か誤りが潜んでいる可能性はある．どんな些細なことでも，気づいた方は著者までご連絡いただければありがたい．

本書が世に出るのは著者にとっては奇跡のような出来事である．なかなか完成させることができず，本ライブラリ編者の宮下精二教授とサイエンス社の田島伸彦氏には本当にご迷惑をかけた．それでも何とかここまで漕ぎ着けたのは，お二人の忍耐と寛容のおかげである．お二人に深く感謝したい．

2013年6月

武末真二

目　次

1

運動の記述

本章では，運動の主体として「粒子」という概念を導入する．粒子は大きさをもたない点であり，粒子の運動とは粒子の位置が時間とともに変化することをいう．粒子は並進運動する物体の理想化であると同時に，物体の構成要素と考えることもできる．点の位置は基準となる点（原点）からの変位，すなわち位置ベクトルによって記述される．したがって，粒子の運動は時間の関数としての位置ベクトルによって表される．基底ベクトルと呼ばれるベクトルの組を固定すると，位置ベクトルは成分に分解され，各成分はデカルト座標や円筒座標，極座標などの数値の組で表示できるようになる．さらに，位置ベクトルの導関数として速度，加速度を定義すると，位置ベクトルと同様に基底を用いて成分に分解され，各成分は座標とその導関数で表される．本章では，ベクトルの基本的な性質と演算，偏微分等の物理を学ぶ上で欠くことのできない数学的手法についても解説する．

本章の内容

1.1 位置の記述

■粒子という理想化 力学が対象とするのは物体の運動である．例えば，ボールを投げたときの運動，弦の振動，コマの回転，川の水の流れ等々，運動の例は数限りなく思い浮かぶ．一口に運動といっても，その形態は様々である．力学では，これらの運動に共通する普遍的な法則について考える．そのためには，本質を抜き出すような理想化という作業が欠かせない．

数学的に最も簡単な幾何学的対象は点である．したがって，さまざまな運動の中で点の運動が最も簡単である．しかし，現実の物体は形や大きさをもつが，点は位置のみを有し形や大きさはもたない．では，どのような場合に，現実の物体の運動を点の運動として扱うことが許されるだろうか？

それには次の二つの考え方がある．

一つは，物体が形や向きを変えずに平行移動する並進運動の場合である．このとき，物体の1点の運動がわかれば，その他の点の運動もそれを平行移動するだけで求められる．したがって，任意の代表点の運動で物体全体の運動を表すことができる．例えば，斜面を滑り落ちる物体は並進運動をしているので，粒子として扱うことができる．しかし，転がり落ちる球の場合には，回転運動と並進運動とが互いに関係しているので，単なる点の並進運動として扱うことは許されない．実際，滑らずに転がり落ちる球は，摩擦なく滑り落ちる物体と比べて，同じ距離を移動するのにより長い時間（第7章で見るように，一様な球の場合は $\sqrt{7/5}$ 倍）がかかる（図1.1）．これに対して，惑

ギリシャ文字

物理や数学ではローマ字だけでなくギリシャ文字をよく用いる．字体と代表的な読み方を以下に示す．

A	α	alpha	アルファ	N	ν	nu	ニュー
B	β	beta	ベータ	Ξ	ξ	xi	グザイ（クシー）
Γ	γ	gamma	ガンマ	O	o	omicron	オミクロン
Δ	δ	delta	デルタ	Π	π, ϖ	pi	パイ
E	ϵ, ε	epsilon	イプシロン	P	ρ	rho	ロー
Z	ζ	zeta	ゼータ（ツェータ）	Σ	σ, ς	sigma	シグマ
H	η	eta	イータ（エータ）	T	τ	tau	タウ
Θ	θ, ϑ	theta	シータ（テータ）	Υ	υ	upsilon	ウプシロン
I	ι	iota	イオタ	Φ	ϕ, φ	phi	ファイ
K	κ	kappa	カッパ	X	χ	chi	カイ
Λ	λ	lambda	ラムダ	Ψ	ψ	psi	プサイ
M	μ	mu	ミュー	Ω	ω	omega	オメガ

星の公転運動は，非常に長時間の運動を扱うのでなければ自転と独立と考えてよく，点の運動として扱うことが許される．

もう一つの考え方は次のようなものである．並進運動以外の運動の場合でも，物体を細かく分割すれば，その微小な構成要素一つひとつは点と見なすことができるだろう．各構成要素の運動がわかれば，物体が全体としてどういう運動をしているのかもわかる．このように，物体を構成要素に分割し点の集まりと考えれば，任意の運動を扱うことができる．上の転がる球の場合であれば，球を点の集まりと考え，それらの点の間の距離が変わらないとする**剛体**という理想化を行えば，実験と一致する結果を得ることができる．

第 2 章で見るように，物体の個性を表す物理量のうち，**質量**は運動に大きく影響する．そこで，質量をもつ点を運動の単位として考えることにしよう．これを**粒子**（もしくは**質点**）と呼ぶ．多数の粒子の運動を同時に考えるとき，着目する粒子の集まりを**粒子系**と呼ぶ．

転がる球や惑星の公転の例で見たように，ある物体の運動を 1 個の粒子の運動として扱ってよいかどうかは，物体の大きさではなく運動の形態によって決まる．

■変位　粒子の運動とは位置の時間変化のことであった．では，そもそも粒子の位置はどのようにして記述されるだろうか．例えば，友人に待合せの場所を教える場合を考えてみればわかるように，位置の記述は，よくわかった場所からどう行けばそこへ到達できるか，という形で行われることが多い．言い換えれば，位置は常に基準となる点から見た相対的な位置，あるいは基準と

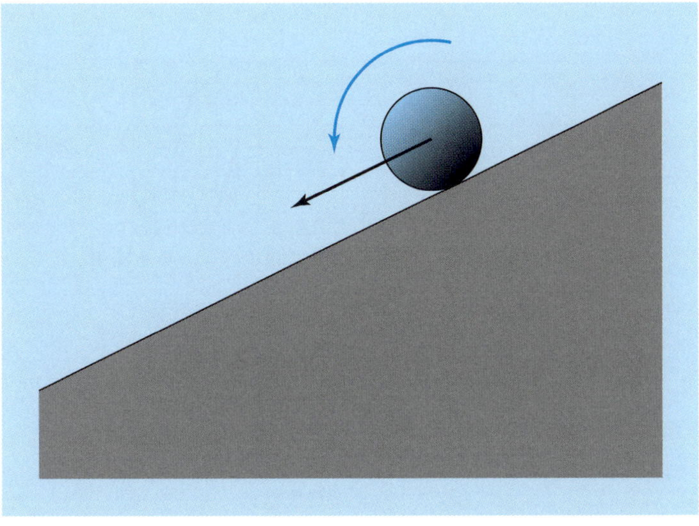

図 1.1　斜面を転がる球は，摩擦なく滑り落ちる物体よりも時間がかかる．

なる点から目標とする点への移動の仕方として表される．このときの移動の仕方そのものは，特定の 2 点間の位置関係だけでなく，この 2 点を同じように平行移動した別の 2 点間の位置関係を表すのにも用いることができる．このような移動の仕方を表す 2 点間の位置関係を**変位**もしくは**変位ベクトル**という（図 1.2）．

より正確には，変位とは次のようなものである．始点 P から終点 Q への**有向線分**を $\overrightarrow{\mathrm{PQ}}$ で表そう．このとき，平行移動によってぴったり一致するような有向線分は，同じ移動の仕方を表すので同じものと考えることができる（図 (a)）．すなわち，$\overrightarrow{\mathrm{PQ}}$ と平行移動によって重なるすべての有向線分の集合 $\boldsymbol{a} = [\overrightarrow{\mathrm{PQ}}]$ は，始点（P）の位置や終点（Q）の位置と無関係な，移動そのものを表す量であると考えることができる．これが変位である．

このとき，

$$[\overrightarrow{\mathrm{PQ}}] + [\overrightarrow{\mathrm{QR}}] = [\overrightarrow{\mathrm{PR}}]$$

という規則により，2 つの変位の和を定義する（図 1.3）と，この和に対して

$$\text{(1)} \quad \boldsymbol{a} + \boldsymbol{b} = \boldsymbol{b} + \boldsymbol{a}, \qquad \text{（交換法則）} \tag{1.1}$$

$$\text{(2)} \quad \boldsymbol{a} + (\boldsymbol{b} + \boldsymbol{c}) = (\boldsymbol{a} + \boldsymbol{b}) + \boldsymbol{c}, \qquad \text{（結合法則）} \tag{1.2}$$

が成り立つ．したがって，変位の和は和を取る順番によらない．また，$\boldsymbol{0} = [\overrightarrow{\mathrm{PP}}]$ により**ゼロベクトル**を定義すると，任意の変位 $\boldsymbol{a}$ に対し，$\boldsymbol{a} + \boldsymbol{0} = \boldsymbol{a}$ が成り立つ．さらに，$\boldsymbol{a} = [\overrightarrow{\mathrm{PQ}}]$ に対して $-\boldsymbol{a} = [\overrightarrow{\mathrm{QP}}]$ と表すと，$\boldsymbol{a} + (-\boldsymbol{a}) = \boldsymbol{0}$ が成り立つ．これより変位の差を $\boldsymbol{a} - \boldsymbol{b} = \boldsymbol{a} + (-\boldsymbol{b})$ のように定義できる．

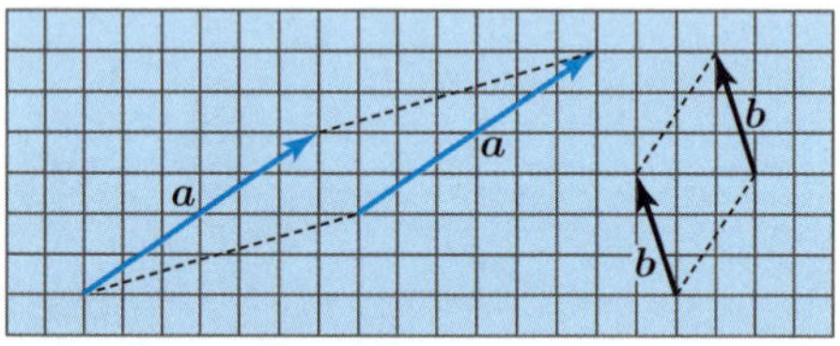

(a) 平行移動で重なる有向線分は同じベクトルを表す．

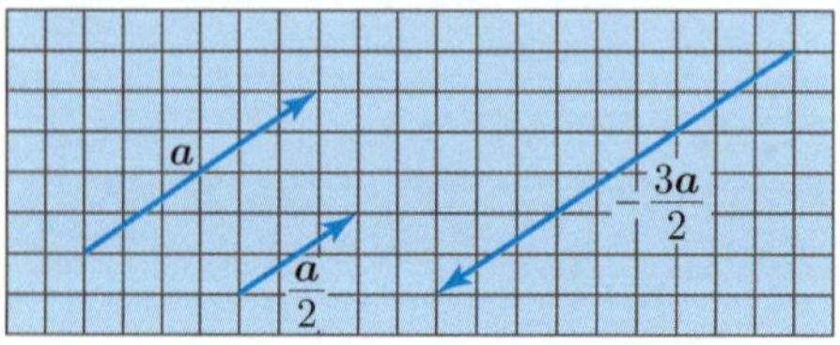

(b) ベクトルの実数倍

図 1.2 変位ベクトル

次に，変位 $\boldsymbol{a} = [\overrightarrow{\mathrm{PQ}}]$ の実数倍 $\lambda\boldsymbol{a}$ を定義する（図 1.2(b)）．すなわち，$\lambda > 0$ の場合は，$\boldsymbol{a}$ と同じ向きをもち，$\boldsymbol{a}$ の長さを λ 倍した長さをもつ変位を $\lambda\boldsymbol{a}$ とする．また，$\lambda < 0$ の場合は，$-\boldsymbol{a}$ を $|\lambda|$ 倍した変位を $\lambda\boldsymbol{a}$ とする．最後に $0\boldsymbol{a} = \boldsymbol{0}$ とする．

このように変位の和と実数倍を定義すると，これらは「ベクトル空間の公理」（p.6〔下欄〕）と呼ばれる 8 つの性質を満たす．ベクトル空間の公理とは，要素間の和が順番によらないことや，和と実数倍の組合せに対して分配法則が成り立つことを要請するものである．一般に，この公理を満たす集合を**ベクトル空間**，ベクトル空間の要素を**ベクトル**という．

変位ベクトル以外によく用いるベクトルに，数を並べた**数（すう）ベクトル**がある．例えば，数ベクトル $\boldsymbol{a} = \begin{bmatrix} a_1 \\ a_2 \\ a_3 \end{bmatrix}$, $\boldsymbol{b} = \begin{bmatrix} b_1 \\ b_2 \\ b_3 \end{bmatrix}$ に対し和を $\boldsymbol{a}+\boldsymbol{b} = \begin{bmatrix} a_1 + b_1 \\ a_2 + b_2 \\ a_3 + b_3 \end{bmatrix}$ で定義し，実数倍を $\lambda\boldsymbol{a} = \begin{bmatrix} \lambda a_1 \\ \lambda a_2 \\ \lambda a_3 \end{bmatrix}$ で定義する．これらも明らかにベクトル空間の公理を満たす．

■**基底と成分**　ある量がベクトルだとわかれば，以下の手続きによって数ベクトルに対応させることができる．

与えられた n 個のベクトル $\boldsymbol{a}_1, \ldots, \boldsymbol{a}_n$ に対し，$\lambda_1\boldsymbol{a}_1 + \cdots + \lambda_n\boldsymbol{a}_n = \boldsymbol{0}$ を満たすような実数 $\lambda_1, \ldots, \lambda_n$ の組合せが $\lambda_1 = \cdots = \lambda_n = 0$ 以外に存在し

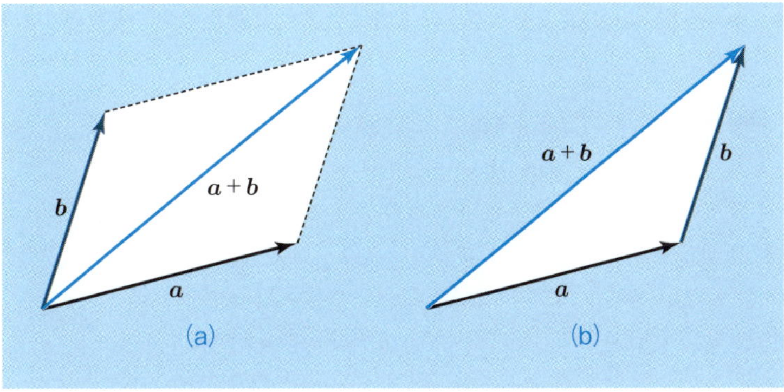

図 1.3　変位ベクトルの和．ベクトル $\boldsymbol{a}+\boldsymbol{b}$ は，$\boldsymbol{a}$, $\boldsymbol{b}$ を 2 辺とする平行四辺形の対角線と考えてもよいし（(a)），ベクトル $\boldsymbol{a}$ の終点からベクトル $\boldsymbol{b}$ を継ぎ足したものと考えてもよい（(b)）．

ないとき，この n 個のベクトルは**一次独立**であるという．一次独立でない場合，これらのベクトルは**一次従属**であるという．あるベクトル空間を考えたとき，d 個の一次独立なベクトルを選ぶことはできるが，$d+1$ 個の一次独立なベクトルの組は存在しないとき，d をそのベクトル空間の**次元**と呼ぶ．物理空間内の変位は 3 次元ベクトル空間をなす．また，平面上に限定された変位は 2 次元である．

以下では，3 次元の場合に限定しよう．一次独立なベクトル $\boldsymbol{e}_1$, $\boldsymbol{e}_2$, $\boldsymbol{e}_3$ を一つ選んでおくと，$\boldsymbol{0}$ でない任意のベクトル $\boldsymbol{a}$ に対し，

$$k\boldsymbol{a} + a_1'\boldsymbol{e}_1 + a_2'\boldsymbol{e}_2 + a_3'\boldsymbol{e}_3 = \boldsymbol{0}$$

は $k = a_1' = a_2' = a_3' = 0$ 以外の解をもつが，$\boldsymbol{e}_1$, $\boldsymbol{e}_2$, $\boldsymbol{e}_3$ は一次独立なので $k \neq 0$ である．そこで，$a_1 = -a_1'/k$, $a_2 = -a_2'/k$, $a_3 = -a_3'/k$ とおくと，

$$\boldsymbol{a} = a_1\boldsymbol{e}_1 + a_2\boldsymbol{e}_2 + a_3\boldsymbol{e}_3 \tag{1.3}$$

が成り立つ．また，この分解の仕方は一意的である（演習問題 **1.1**）．このとき，ベクトル $\boldsymbol{e}_1$, $\boldsymbol{e}_2$, $\boldsymbol{e}_3$ を**基底**，a_1, a_2, a_3 をベクトル $\boldsymbol{a}$ の**成分**と呼び，ベクトル $\boldsymbol{a}$ を上の式のように表すことを「ベクトル $\boldsymbol{a}$ を基底 $\boldsymbol{e}_1$, $\boldsymbol{e}_2$, $\boldsymbol{e}_3$ を用いて成分に分解する」という．基底として何を用いるかについての暗黙の了解があれば，ベクトルをその成分だけで指定することが可能になり，$\boldsymbol{a} = \begin{bmatrix} a_1 \\ a_2 \\ a_3 \end{bmatrix}$ のような書き方が許される．これをベクトルの**成分表示**，

ベクトル空間の公理

集合 V の任意の要素 $\boldsymbol{a}, \boldsymbol{b}$ に対する和 $\boldsymbol{a}+\boldsymbol{b}$ と実数倍 $\lambda\boldsymbol{a}$（$\lambda \in \mathbb{R}$）の演算が定義され次の性質を満たすとき，V を**ベクトル空間**，V の要素を**ベクトル**と呼ぶ．これに対比して，実数のことを**スカラー**と呼ぶ（複素数をスカラーとするベクトル空間を考えることもある）．

(i) 任意の $\boldsymbol{a}, \boldsymbol{b}, \boldsymbol{c} \in V$ に対し $(\boldsymbol{a}+\boldsymbol{b})+\boldsymbol{c} = \boldsymbol{a}+(\boldsymbol{b}+\boldsymbol{c})$ が成り立つ．
(ii) 任意の $\boldsymbol{a}, \boldsymbol{b} \in V$ に対し $\boldsymbol{a}+\boldsymbol{b} = \boldsymbol{b}+\boldsymbol{a}$ が成り立つ．
(iii) どの $\boldsymbol{a} \in V$ に対しても $\boldsymbol{a}+\boldsymbol{0} = \boldsymbol{a}$ となる $\boldsymbol{0} \in V$ が存在する．
(iv) 各 $\boldsymbol{a} \in V$ に対し $-\boldsymbol{a} \in V$ が存在して $\boldsymbol{a}+(-\boldsymbol{a}) = \boldsymbol{0}$ が成り立つ．
(v) 任意の実数 λ と $\boldsymbol{a}, \boldsymbol{b} \in V$ に対し，$\lambda(\boldsymbol{a}+\boldsymbol{b}) = \lambda\boldsymbol{a}+\lambda\boldsymbol{b}$ が成り立つ．
(vi) 任意の実数 λ, μ と $\boldsymbol{a} \in V$ に対し，$(\lambda+\mu)\boldsymbol{a} = \lambda\boldsymbol{a}+\mu\boldsymbol{a}$ が成り立つ．
(vii) 任意の実数 λ, μ と $\boldsymbol{a} \in V$ に対し，$(\lambda\mu)\boldsymbol{a} = \lambda(\mu\boldsymbol{a})$ が成り立つ．
(viii) $1\boldsymbol{a} = \boldsymbol{a}$

変位や数ベクトルがこれらを満足することはすぐにわかる．3.2 節で見るように，線形微分方程式の解もこの公理を満たすのでベクトルと考えることができる．

もしくは**数ベクトル表現**と呼ぶ．ここで注意すべきことは，あるベクトルがどのような数ベクトルに対応するかは，基底の選び方によって変わるということである（図 1.4）．我々は基底を取り替えることもあるので，本書ではベクトルを表すのに数ベクトル表現は用いず，基底をあらわに書く式 (1.3) のような表し方を用いる．

■ベクトルの絶対値　変位ベクトル $\boldsymbol{a} = [\overrightarrow{\mathrm{PQ}}]$ に対し，線分 PQ の長さ $\overline{\mathrm{PQ}}$ を変位 $\boldsymbol{a}$ の大きさ，あるいは**絶対値**と呼び，$|\boldsymbol{a}|$ と表す．明らかに $|\boldsymbol{a}| \geq 0$ であり，$|\boldsymbol{a}| = 0$ となるのは $\boldsymbol{a} = \boldsymbol{0}$ の場合に限る．また，$|\lambda\boldsymbol{a}| = |\lambda|\,|\boldsymbol{a}|$ が成り立つ．さらに，三角不等式 $\big||\boldsymbol{a}| - |\boldsymbol{b}|\big| \leq |\boldsymbol{a}+\boldsymbol{b}| \leq |\boldsymbol{a}| + |\boldsymbol{b}|$ が成り立つ．

$\boldsymbol{0}$ ではない変位ベクトル $\boldsymbol{a}$ に対し，$\boldsymbol{e_a} = \dfrac{\boldsymbol{a}}{|\boldsymbol{a}|}$ とおくと，$\boldsymbol{e_a}$ は**単位ベクトル**，すなわち絶対値 1 [†] のベクトルになる．$\boldsymbol{e_a}$ はベクトル $\boldsymbol{a}$ の向きを表す単位ベクトルであり，

$$\boldsymbol{a} = |\boldsymbol{a}|\boldsymbol{e_a}$$

が成り立つ．ベクトルはよく「向きと大きさをもつ量」といわれるが，上の式はベクトルを向きと大きさで表した式になっている．

■正規直交基底　互いに直交する単位ベクトルの組を基底として用いるとき，その基底を**正規直交基底**と呼ぶ．正規直交基底を用いて式 (1.3) のように変位ベクトル $\boldsymbol{a}$ の成分表示が書けたとすると，ピタゴラス（Pythagoras）の定理より，$\boldsymbol{a}$ の絶対値は成分 a_1, a_2, a_3 を用いて

[†] 1 m や 1 cm ではなく，無次元量の 1 である．

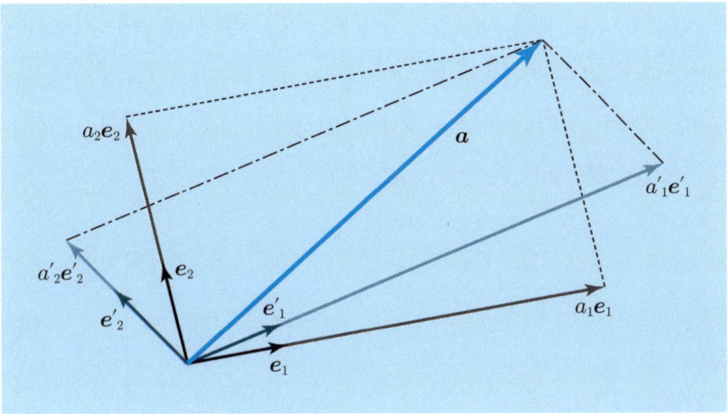

図 1.4　ベクトルの成分は用いる基底によって変わる．ベクトル $\boldsymbol{a}$ を基底 $\boldsymbol{e}_1$, $\boldsymbol{e}_2$ を用いて成分に分解すると $\boldsymbol{a} = a_1\boldsymbol{e}_1 + a_2\boldsymbol{e}_2$ と表され，$\boldsymbol{e}'_1$, $\boldsymbol{e}'_2$ を用いると $\boldsymbol{a} = a'_1\boldsymbol{e}'_1 + a'_2\boldsymbol{e}'_2$ となる．

$$|\boldsymbol{a}| = \sqrt{a_1^2 + a_2^2 + a_3^2} \tag{1.4}$$

と書ける．本書ではこれ以降，特に断らない限り，基底としてはすべて正規直交基底を考えるものとする．

■ベクトルの内積 変位 $\boldsymbol{a} = [\overrightarrow{\mathrm{PQ}}]$ と $\boldsymbol{b} = [\overrightarrow{\mathrm{PR}}]$ に対し，角 $\theta = \angle\mathrm{QPR}$（ただし，$0 \leq \theta \leq \pi$）を変位 $\boldsymbol{a}, \boldsymbol{b}$ のなす角という．正規直交基底 $(\boldsymbol{e}_1, \boldsymbol{e}_2, \boldsymbol{e}_3)$ を用いて $\boldsymbol{a} = a_1\boldsymbol{e}_1 + a_2\boldsymbol{e}_2 + a_3\boldsymbol{e}_3$, $\boldsymbol{b} = b_1\boldsymbol{e}_1 + b_2\boldsymbol{e}_2 + b_3\boldsymbol{e}_3$ と成分表示されたとすると，余弦定理より

$$a_1b_1 + a_2b_2 + a_3b_3 = |\boldsymbol{a}|\,|\boldsymbol{b}|\cos\theta \tag{1.5}$$

が成り立つ（〔下欄〕）．これを変位 $\boldsymbol{a}, \boldsymbol{b}$ の**内積**もしくは**スカラー積**と呼び，$\boldsymbol{a}{\cdot}\boldsymbol{b}$ と表す．$\boldsymbol{a}$ と $\boldsymbol{b}$ の間の · は省略してはならない．内積の演算結果は一つの実数値になり，この値はベクトルの基底をどう選んだかにはよらない[†]．このように，基底の選び方によらない 1 個の実数値で与えられる量を，ベクトルと対比して**スカラー**と呼ぶ．さらに内積に関しては，$\boldsymbol{a}, \boldsymbol{b}, \boldsymbol{c}$ を任意のベクトル，λ を任意の実数として，次の性質が成り立つ．

(1) $\boldsymbol{a}\cdot\boldsymbol{b} = \boldsymbol{b}\cdot\boldsymbol{a}$, （交換則）
(2) $(\lambda\boldsymbol{a})\cdot\boldsymbol{b} = \lambda(\boldsymbol{a}\cdot\boldsymbol{b})$,
(3) $(\boldsymbol{a}+\boldsymbol{b})\cdot\boldsymbol{c} = \boldsymbol{a}\cdot\boldsymbol{c} + \boldsymbol{b}\cdot\boldsymbol{c}$, （分配則）

[†] ベクトルの大きさも $\boldsymbol{a}, \boldsymbol{b}$ のなす角も基底の選び方によらないからである．

余弦定理と内積

点 R より線分 PQ に下ろした垂線の足を S とすると，$\overline{\mathrm{PS}} = \overline{\mathrm{PR}}\cos\theta$, $\overline{\mathrm{RS}} = \overline{\mathrm{PR}}\sin\theta$ となる．そこで，直角三角形 QRS にピタゴラスの定理を適用すると，

$$\overline{\mathrm{QR}}^2 = \overline{\mathrm{RS}}^2 + \overline{\mathrm{QS}}^2 = \overline{\mathrm{PR}}^2\sin^2\theta + (\overline{\mathrm{PQ}} - \overline{\mathrm{PR}}\cos\theta)^2 = \overline{\mathrm{PR}}^2 + \overline{\mathrm{PQ}}^2 - 2\overline{\mathrm{PQ}}\,\overline{\mathrm{PR}}\cos\theta$$

が得られる．これが**余弦定理**である．ここで，$\boldsymbol{a} = [\overrightarrow{\mathrm{PQ}}]$, $\boldsymbol{b} = [\overrightarrow{\mathrm{PR}}]$ とおいて $\boldsymbol{a} = a_1\boldsymbol{e}_1 + a_2\boldsymbol{e}_2 + a_3\boldsymbol{e}_3$, $\boldsymbol{b} = b_1\boldsymbol{e}_1 + b_2\boldsymbol{e}_2 + b_3\boldsymbol{e}_3$ のように成分で表すと，

$$\overline{\mathrm{PQ}}^2 = a_1^2 + a_2^2 + a_3^2,$$
$$\overline{\mathrm{PR}}^2 = b_1^2 + b_2^2 + b_3^2,$$
$$\overline{\mathrm{QR}}^2 = (a_1 - b_1)^2 + (a_2 - b_2)^2 + (a_3 - b_3)^2$$

となるので，これらを余弦定理に代入して整理すると式 (1.5) が得られる．

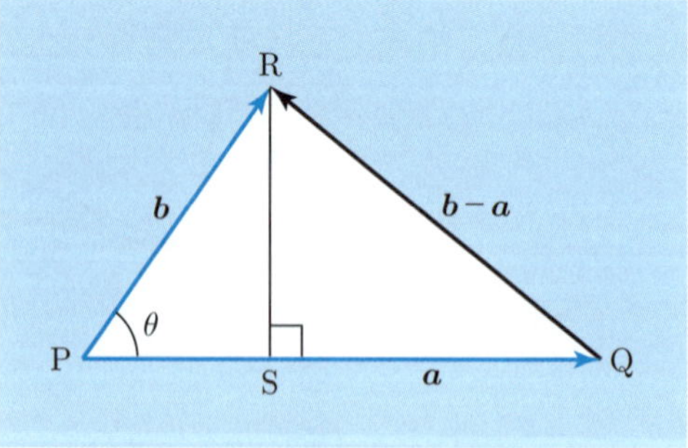

(4) $\boldsymbol{a}\cdot\boldsymbol{a}\geq 0$，また $\boldsymbol{a}\cdot\boldsymbol{a}=0$ となるのは $\boldsymbol{a}=\boldsymbol{0}$ のときだけである．

(5) $|\boldsymbol{a}\cdot\boldsymbol{b}|\leq|\boldsymbol{a}|\,|\boldsymbol{b}|$，これは**シュワルツ**（Schwarz）**の不等式**と呼ばれる．

基底ベクトルに対する内積を考えると $(\boldsymbol{e}_1,\boldsymbol{e}_2,\boldsymbol{e}_3)$ が正規直交基底であれば

$$\boldsymbol{e}_i\cdot\boldsymbol{e}_j=\delta_{ij}=\begin{cases}1 & (i=j \text{ のとき})\\ 0 & (i\neq j \text{ のとき})\end{cases} \tag{1.6}$$

が成り立つ．逆に (1.6) を満たす $(\boldsymbol{e}_1,\boldsymbol{e}_2,\boldsymbol{e}_3)$ は正規直交基底になる．δ_{ij} は**クロネッカー**（Kronecker）**のデルタ**と呼ばれ，数学や物理でよく用いられる便利な記号である．

内積が $\boldsymbol{a}\cdot\boldsymbol{b}=0$ となるとき，ベクトル $\boldsymbol{a},\boldsymbol{b}$ は互いに**直交**するという（もちろん $\boldsymbol{a}=\boldsymbol{0}$，または $\boldsymbol{b}=\boldsymbol{0}$ の場合も内積は 0 になるが，こういった場合も「直交」の意味に含めておくことにする）．内積を用いると，ベクトル $\boldsymbol{a}$ の成分は $a_i=\boldsymbol{a}\cdot\boldsymbol{e}_i$（$i=1,2,3$）と表され，これより次の恒等式が導かれる．

$$\boldsymbol{a}=\sum_{i=1}^{3}(\boldsymbol{a}\cdot\boldsymbol{e}_i)\boldsymbol{e}_i \tag{1.7}$$

■右手系と左手系 正規直交基底の選び方について一つ注意をしておこう．まず，$\boldsymbol{e}_1,\boldsymbol{e}_2$ を互いに直交するベクトルとしよう．このとき，その両方に直交する単位ベクトル $\boldsymbol{e}_3$ を一つ選んだとすると，$-\boldsymbol{e}_3$ もまた $\boldsymbol{e}_1,\boldsymbol{e}_2$ の両方と直交する単位ベクトルになる．したがって，$\boldsymbol{e}_1,\boldsymbol{e}_2$ を決めたときの正規直交

ユークリッド空間

本章では，ピタゴラスの定理やその拡張である余弦定理を基にしてベクトルの大きさと内積を導入した．このことは，物理空間はユークリッド空間であると認めることと同じである．ユークリッド（Euclid）は古代ギリシャの数学者で，幾何学を体系づけた人であるが，彼の公理の一つ「直線とその上にない 1 点が与えられたとき，その点を通り直線に平行な直線は一つしかない」という平行線の公理は発表当時から議論の的であった．しかし，三角形の内角の和が 180 度になることなどは，この公理なしには証明できない．18 世紀の数学者，ガウス（Gauss）は現実の物理空間がユークリッド空間であるかどうかを観測によって決定しようとした．ドイツにある三つの高い山のそれぞれの山頂から他の山頂を臨み，そのときの見込む角の和が 180 度に等しいかどうかを検証しようとしたのである．その結果は，誤差の範囲で 180 度に等しいということであった．類似の観測は現在でもより大きなスケールで続けられている．アインシュタイン（Einstein）の一般相対性理論によれば，重力が強い天体の近傍ではユークリッド幾何学からのずれが観測されるが，本書で扱うような高々太陽系程度のスケールの運動では，そのずれは非常に小さく無視できる（第 5 章でケプラー（Kepler）問題について扱った後で，関連する話題に触れる）．

基底の選び方としては，$(\boldsymbol{e}_1, \boldsymbol{e}_2, \boldsymbol{e}_3)$ と $(\boldsymbol{e}_1, \boldsymbol{e}_2, -\boldsymbol{e}_3)$ の 2 通りがあることになる．そこで，$\boldsymbol{e}_1$ を東向き，$\boldsymbol{e}_2$ を北向きに対応させたとき，$\boldsymbol{e}_3$ が上向きに対応するような基底の選び方を**右手系**（図 1.5），下向きに対応する場合を**左手系**と呼ぶ．後で見るように，右手系同士，あるいは左手系同士であれば回転によって重ね合わせることができるが，右手系の基底と左手系の基底は回転によって重ね合わせることはできない．右手系と左手系を混ぜて使うのは混乱のもとなので，以下では基底は必ず右手系に選ぶものとする．

■ベクトル積　3 次元ベクトル $\boldsymbol{a} = a_1\boldsymbol{e}_1 + a_2\boldsymbol{e}_2 + a_3\boldsymbol{e}_3$, $\boldsymbol{b} = b_1\boldsymbol{e}_1 + b_2\boldsymbol{e}_2 + b_3\boldsymbol{e}_3$ に対しては，内積の他に**ベクトル積**を

$$\boldsymbol{a} \times \boldsymbol{b} = (a_2b_3 - a_3b_2)\boldsymbol{e}_1 + (a_3b_1 - a_1b_3)\boldsymbol{e}_2 + (a_1b_2 - a_2b_1)\boldsymbol{e}_3 \tag{1.8}$$

により定義する．

ベクトル積は次のような性質をもつ．まず，定義から直ちにわかるように，正規直交基底 $(\boldsymbol{e}_1, \boldsymbol{e}_2, \boldsymbol{e}_3)$ に対しては

$$\boldsymbol{e}_1 \times \boldsymbol{e}_2 = \boldsymbol{e}_3, \quad \boldsymbol{e}_2 \times \boldsymbol{e}_3 = \boldsymbol{e}_1, \quad \boldsymbol{e}_3 \times \boldsymbol{e}_1 = \boldsymbol{e}_2 \tag{1.9}$$

である．次に，通常の積と同様に，任意の実数 λ, μ に対し分配法則

$$(\lambda\boldsymbol{a} + \mu\boldsymbol{b}) \times \boldsymbol{c} = \lambda\boldsymbol{a} \times \boldsymbol{c} + \mu\boldsymbol{b} \times \boldsymbol{c}$$

が成り立つ．しかし，実数の積やベクトルの内積の場合とは異なり，積の順序を入れ替えると符号が変わる．すなわち，

$$\boldsymbol{b} \times \boldsymbol{a} = -\boldsymbol{a} \times \boldsymbol{b} \tag{1.10}$$

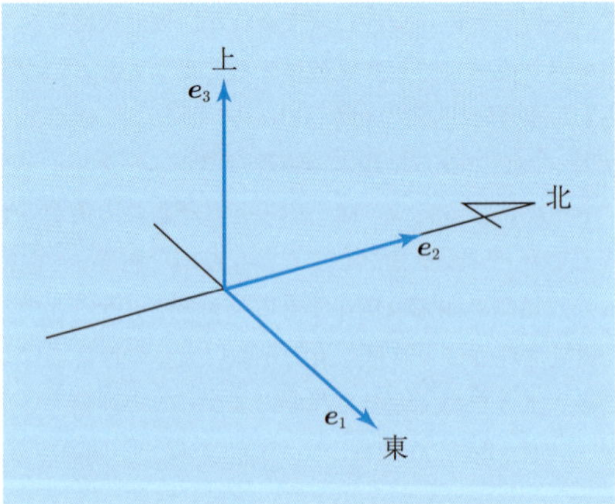

図 1.5　右手系

となる．この性質をベクトル積の**反可換性**という．

内積の演算結果はスカラーであったが，ベクトル積の演算結果はベクトルだから，さらに別のベクトルとベクトル積を取ることができる．このとき，

$$\boldsymbol{a} \times (\boldsymbol{b} \times \boldsymbol{c}) = (\boldsymbol{a} \cdot \boldsymbol{c})\boldsymbol{b} - (\boldsymbol{a} \cdot \boldsymbol{b})\boldsymbol{c} \tag{1.11}$$

という式が成立する（成分を用いて定義に従って計算してみればわかる．あるいは p.13〔下欄〕のようにもできる.）．この式は以下で頻繁に用いられる，記憶に値する公式である．特に，$\boldsymbol{a} \times (\boldsymbol{b} \times \boldsymbol{c}) = (\boldsymbol{a} \times \boldsymbol{b}) \times \boldsymbol{c}$ は一般には成り立たず，3 個以上のベクトルのベクトル積は積を取る順番によって結果が異なることに注意しよう．したがって $\boldsymbol{a}_1 \times \boldsymbol{a}_2 \times \cdots \times \boldsymbol{a}_n$ のような式は意味を成さない．積を取る順番を指定することが必要である．

ベクトル積は元のベクトルとどのような関係にあるのだろうか．まず，大きさに関しては，ベクトル $\boldsymbol{a}, \boldsymbol{b}$ のなす角を θ（$0 \leq \theta \leq \pi$）とすると

$$|\boldsymbol{a} \times \boldsymbol{b}| = \sqrt{|\boldsymbol{a}|^2|\boldsymbol{b}|^2 - (\boldsymbol{a} \cdot \boldsymbol{b})^2} = |\boldsymbol{a}|\,|\boldsymbol{b}| \sin\theta \tag{1.12}$$

が導かれる．これは，ベクトル $\boldsymbol{a}$ と $\boldsymbol{b}$ が張る平行四辺形の面積に等しい（図 1.6）．特に，ベクトル $\boldsymbol{a}, \boldsymbol{b}$ が平行であればベクトル積はゼロベクトルになる．次に向きについて考えると，ベクトル積 $\boldsymbol{a} \times \boldsymbol{b}$ と元のベクトルとの内積が $\boldsymbol{a} \cdot (\boldsymbol{a} \times \boldsymbol{b}) = \boldsymbol{b} \cdot (\boldsymbol{a} \times \boldsymbol{b}) = 0$ となることから，$\boldsymbol{a} \times \boldsymbol{b}$ はベクトル $\boldsymbol{a}, \boldsymbol{b}$ とそれぞれ直交することがわかる．そこで右手系の概念を拡張して，順番に並んだ三つのベクトル $\boldsymbol{a}, \boldsymbol{b}, \boldsymbol{c}$ に対して，**スカラー 3 重積** $\boldsymbol{a} \cdot (\boldsymbol{b} \times \boldsymbol{c})$ が正の

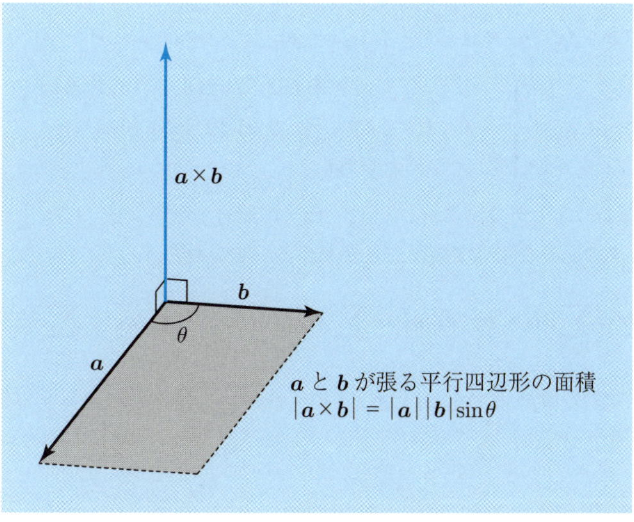

図 1.6　ベクトル積

場合に $\boldsymbol{a}$, $\boldsymbol{b}$, $\boldsymbol{c}$ は右手系をなすということにしよう．右手系の正規直交基底に対しては $\boldsymbol{e}_1\cdot(\boldsymbol{e}_2\times\boldsymbol{e}_3)=1>0$ だから，この定義は元の正規直交基底に対する定義の拡張になっている．このように定義すると明らかに，$\boldsymbol{a}$, $\boldsymbol{b}$, $\boldsymbol{a}\times\boldsymbol{b}$ は（$\boldsymbol{a}$, $\boldsymbol{b}$ が互いに平行でない限り）右手系をなす．$\boldsymbol{a}$, $\boldsymbol{b}$, $\boldsymbol{c}$ が右手系をなすとき，$\boldsymbol{a}\cdot(\boldsymbol{b}\times\boldsymbol{c})$ は $\boldsymbol{a}$, $\boldsymbol{b}$, $\boldsymbol{c}$ が張る平行六面体の体積を表している（図 1.7）．スカラー 3 重積に対しては次の公式が成り立つ．

$$\boldsymbol{a}\cdot(\boldsymbol{b}\times\boldsymbol{c})=\boldsymbol{b}\cdot(\boldsymbol{c}\times\boldsymbol{a})=\boldsymbol{c}\cdot(\boldsymbol{a}\times\boldsymbol{b})$$

基底ベクトルの大きさと直交関係を保ちながら連続的に向きを変えることを**基底の回転**と呼ぶ．したがって，基底 $(\boldsymbol{e}_1,\boldsymbol{e}_2,\boldsymbol{e}_3)$ を回転すると，$\boldsymbol{e}_1\cdot(\boldsymbol{e}_2\times\boldsymbol{e}_3)$ も連続的に変化する．だが，正規直交基底なのでこの量は 1 または -1 の値しか取ることができない．よって，結局基底が回転してもこの量は値が変化しないということになる．つまり，右手系，左手系という性質は基底の回転によって変わらない．ベクトル積の定義 (1.8) は用いる基底に依存するように見えるが，右手系の正規直交基底である限り基底ベクトルに対する演算 (1.9) は成り立つので，分配法則から同じ演算規則が使えることがわかる．つまり，同じベクトルが別の基底 $(\boldsymbol{e}'_1,\boldsymbol{e}'_2,\boldsymbol{e}'_3)$ を用いて，$\boldsymbol{a}=a'_1\boldsymbol{e}'_1+a'_2\boldsymbol{e}'_2+a'_3\boldsymbol{e}'_3$, $\boldsymbol{b}=b'_1\boldsymbol{e}'_1+b'_2\boldsymbol{e}'_2+b'_3\boldsymbol{e}'_3$ と表されていても，基底が右手系である限り，ベクトル積は

$$\boldsymbol{a}\times\boldsymbol{b}=(a'_2b'_3-a'_3b'_2)\boldsymbol{e}'_1+(a'_3b'_1-a'_1b'_3)\boldsymbol{e}'_2+(a'_1b'_2-a'_2b'_1)\boldsymbol{e}'_3 \qquad (1.13)$$

という (1.8) と全く同じ演算規則で計算できる．

レヴィ・チヴィタの記号とベクトル積

右手系の基底ベクトル $(\boldsymbol{e}_1,\boldsymbol{e}_2,\boldsymbol{e}_3)$ に対し，$\epsilon_{ijk}=\boldsymbol{e}_i\cdot(\boldsymbol{e}_j\times\boldsymbol{e}_k)$ と表すと，

$$\epsilon_{ijk}=\begin{cases} 1 & ((i,j,k)\in\{(1,2,3),(2,3,1),(3,1,2)\}) \\ -1 & ((i,j,k)\in\{(1,3,2),(2,1,3),(3,2,1)\}) \\ 0 & (\text{それ以外}) \end{cases}$$

である．この ϵ_{ijk} を**レヴィ・チヴィタ**（Levi-Civita）**の記号**と呼ぶ．式 (1.7) を適用すると，**ベクトル積**をレヴィ・チヴィタの記号を用いて表すことができる．すなわち，

$$\boldsymbol{a}\times\boldsymbol{b}=\sum_{k=1}^{3}[(\boldsymbol{a}\times\boldsymbol{b})\cdot\boldsymbol{e}_k]\boldsymbol{e}_k=\sum_{i,j,k}a_ib_j[(\boldsymbol{e}_i\times\boldsymbol{e}_j)\cdot\boldsymbol{e}_k]\boldsymbol{e}_k=\sum_{i,j,k}\epsilon_{ijk}a_ib_j\boldsymbol{e}_k$$

である．また，3 行 3 列の行列 $A=[a_{ij}]$ に対し，$\det A=\sum_{ijk}\epsilon_{ijk}a_{1i}a_{2j}a_{3k}$ を**行列式**という．展開した形で書けば，

$$\det A=a_{11}a_{22}a_{33}+a_{12}a_{23}a_{31}+a_{13}a_{32}a_{21}-a_{11}a_{23}a_{32}-a_{13}a_{22}a_{31}-a_{12}a_{21}a_{33}$$

である．行列式の性質については，p.14 の〔下欄〕を参照せよ．

位置ベクトル 粒子の位置の記述に戻ろう．すでに述べたように，点の位置は別の点からの相対的な位置として表される．そこで，基準となる点を一つ固定し，これを原点 O と呼ぼう．すると，原点から点 P への変位 $\boldsymbol{r} = [\overrightarrow{\mathrm{OP}}]$ によって点 P の位置を表すことができる．これを**位置ベクトル**，もしくは**動径ベクトル**と呼ぶ．位置ベクトルは始点を固定してしまったので，変位ではなく有向線分であり，厳密にはベクトルではない[†]が，慣用に従ってこの言い方を用いる．原点として別の点 O′ を採用すると，同じ点 P を表す位置ベクトルが $\boldsymbol{r}$ から $\boldsymbol{r}' = [\overrightarrow{\mathrm{O'P}}]$ に変わってしまうことに注意しよう．これは，喩えて言うなら，東京駅から渋谷駅へ行くのと，新宿駅から渋谷駅へ行くのでは行き方が違うというようなものである．

デカルト座標 さらに，基準となる向きを表す正規直交基底を一つ固定すると，位置ベクトルを成分に分解して表すことが可能になる．原点 O と基底 $(\boldsymbol{e}_x, \boldsymbol{e}_y, \boldsymbol{e}_z)$ に対して，位置ベクトル $\boldsymbol{r}$ が次のように成分に分解されたとしよう．

$$\boldsymbol{r} = x\boldsymbol{e}_x + y\boldsymbol{e}_y + z\boldsymbol{e}_z \tag{1.14}$$

このときの (x, y, z) を**デカルト**（Cartesian）**座標**と呼ぶ．位置ベクトルが与えられればデカルト座標の値は一意的に決まる．また，逆に任意の実数値 3 個の組 (x, y, z) が与えられると，式 (1.14) の位置ベクトルで表される点がた

[†]例えば，(位置ベクトル) + (位置ベクトル) という演算は意味がない．これに対し，(位置ベクトル) + (変位ベクトル) は位置ベクトルになる．

レヴィ・チヴィタの記号を用いた計算

レヴィ・チヴィタの記号については，次の公式が基本的である．

$$\epsilon_{ijk}\epsilon_{lmn} = \delta_{il}(\delta_{jm}\delta_{kn} - \delta_{jn}\delta_{km}) + \delta_{im}(\delta_{jn}\delta_{kl} - \delta_{jl}\delta_{kn}) + \delta_{in}(\delta_{jl}\delta_{km} - \delta_{jm}\delta_{kl})$$

これは i, j, k の中に同じものがあれば $\epsilon_{ijk} = 0$，i, j, k がすべて異なれば $\epsilon_{ijk}^2 = 1$ であることと $\epsilon_{ijk} = \epsilon_{jki} = \epsilon_{kij}$, $\epsilon_{ikj} = -\epsilon_{ijk}$ などの性質から導かれる．上の式で $n = k$ として和を取ると，

$$\sum_k \epsilon_{ijk}\epsilon_{lmk} = \delta_{il}\delta_{jm} - \delta_{im}\delta_{jl}$$

が得られる．これを用いると式 (1.11) が次のように証明できる．

$$\begin{aligned}
\boldsymbol{a} \times (\boldsymbol{b} \times \boldsymbol{c}) &= \sum_{i,j,k} \epsilon_{ijk} a_i (\boldsymbol{b} \times \boldsymbol{c})_j \boldsymbol{e}_k = \sum_{i,j,k,l,m} \epsilon_{ijk} a_i \epsilon_{lmj} b_l c_m \boldsymbol{e}_k \\
&= \sum_{i,k,l,m} \left(\sum_j \epsilon_{kij}\epsilon_{lmj} \right) a_i b_l c_m \boldsymbol{e}_k \\
&= \sum_{i,k,l,m} (\delta_{kl}\delta_{im} - \delta_{km}\delta_{il}) a_i b_l c_m \boldsymbol{e}_k \\
&= \sum_{i,k} (a_i b_k c_i - a_i b_i c_k)\, \boldsymbol{e}_k = (\boldsymbol{a} \cdot \boldsymbol{c})\boldsymbol{b} - (\boldsymbol{a} \cdot \boldsymbol{b})\boldsymbol{c}
\end{aligned}$$

だ一つに決まる．すなわち，デカルト座標と空間内の点とは 1 対 1 で対応する．原点から $\boldsymbol{e}_x, \boldsymbol{e}_y, \boldsymbol{e}_z$ それぞれの方向にのびた直線を考え，これらを順に x 軸，y 軸，z 軸と呼ぶと，座標は図 1.8 に示すような幾何学的意味を持つ．

常に 3 個の座標が必要なわけではない．特別な場合として，粒子の運動がある軸上に限られるような場合には，ただ一つの成分を用いて位置を表すことができる．記述を簡単にするそういった工夫は積極的に使うことにする．

このように，デカルト座標ではベクトルの成分をそのまま独立変数に選ぶ．しかし，デカルト座標で位置を表示するのが常に便利とは限らない．むしろ力学では，運動の表示を簡潔にしたり，法則性が明らかに見えるようにするために，適切な独立変数（座標）を選ぶことが重要になる．

よく使われる 2 種類の座標の選び方を紹介しておこう．

円筒座標 (ρ, ϕ, z) はデカルト座標 (x, y, z) と次の式で関係づけられる．

$$x = \rho\cos\phi, \quad y = \rho\sin\phi, \quad z = z \tag{1.15}$$

各座標の値の範囲を $0 \leq \rho < \infty$, $0 \leq \phi < 2\pi$, $-\infty < z < \infty$ とすると，デカルト座標 (x, y, z) と円筒座標 (ρ, ϕ, z) は，z 軸上を除いて 1 対 1 に対応する．また位置ベクトルは，

$$\boldsymbol{r} = \rho\cos\phi\,\boldsymbol{e}_x + \rho\sin\phi\,\boldsymbol{e}_y + z\,\boldsymbol{e}_z \tag{1.16}$$

と表される．各座標の幾何学的な意味は図 1.8（p.16）を見れば明らかだろう．

極座標 (r, θ, ϕ) はデカルト座標 (x, y, z) と次の式で関係づけられる．

行列式

行列式は正方行列に対して定義され，2 行 2 列の行列 $X = \begin{bmatrix} a & b \\ c & d \end{bmatrix}$ に対しては，$\det X = ad - bc$ である．3 行 3 列の行列に対してはすでに p.11 で定義した．一般の n 次正方行列の行列式の定義については線形代数の教科書を見よ．行列式は，次のような性質を示す．

$$\det(AB) = \det A \det B, \quad \det {}^t\!A = \det A, \quad \det I = 1 \quad ({}^t\!A \text{ は } A \text{ の転置行列}, I \text{ は単位行列})$$

$\det A \neq 0$ のとき，行列 A は逆行列 A^{-1} をもつ．A が 3 次正方行列であれば，ベクトル $\boldsymbol{a}_1$, $\boldsymbol{a}_2$, $\boldsymbol{a}_3$ を $\boldsymbol{a}_i = \sum_{j=1}^{3} a_{ij}\boldsymbol{e}_j$ により定義すると，これらは一次独立になる．これに対し，$\det A = 0$ のとき A の逆行列は存在せず，三つのベクトルは一次従属になる．また，行列式は $\det A = \boldsymbol{a}_1 \cdot (\boldsymbol{a}_2 \times \boldsymbol{a}_3)$ のようにスカラー 3 重積（p.12 参照）を用いて表すこともできる．また，ベクトル積を

$$\boldsymbol{a} \times \boldsymbol{b} = \det \begin{bmatrix} \boldsymbol{e}_1 & \boldsymbol{e}_2 & \boldsymbol{e}_3 \\ a_1 & a_2 & a_3 \\ b_1 & b_2 & b_3 \end{bmatrix}$$

のように表すこともできる．

$$x = r\sin\theta\cos\phi, \quad y = r\sin\theta\sin\phi, \quad z = r\cos\theta \tag{1.17}$$

各座標の値の範囲を $0 \leq r < \infty$, $0 \leq \theta \leq \pi$, $0 \leq \phi < 2\pi$ とすると，デカルト座標 (x, y, z) と極座標 (r, θ, ϕ) は，z 軸上（$\theta = 0$ または π）を除いて1対1に対応する．図 1.8 からわかるように角度 θ は緯度に相当し，ϕ は経度に相当する．また，式 (1.17) は座標 ϕ に関しては周期的だが，θ に関しては周期性はないことに注意しよう．極座標を用いると，位置ベクトルは

$$\boldsymbol{r} = r\sin\theta\cos\phi\,\boldsymbol{e}_x + r\sin\theta\sin\phi\,\boldsymbol{e}_y + r\cos\theta\,\boldsymbol{e}_z \tag{1.18}$$

と書ける．極座標は**球座標**とも呼ばれる．

1.2　速度と加速度

■基準系　粒子の運動は位置の時間変化だから，時刻 t の関数としての位置ベクトル $\boldsymbol{r}(t)$ によって表される．このような記述が可能であるためには各時刻において原点が定義されていなければならない．ボールの運動を記述するには地面に固定された点を原点とすればよいだろうし，列車内の物体の運動を列車に乗っている人が記述するときには，列車に固定された原点を選ぶのがよいだろう．いずれにせよ，観測者にとって原点の位置は不変である．

さらに，座標による運動の表現のためには，基準となる向きを固定する必要がある．そこで，デカルト座標の基底 $\boldsymbol{e}_x$, $\boldsymbol{e}_y$, $\boldsymbol{e}_z$ は時間変化しないものとする．このように，基準となる位置（原点）と基準となる向き（基底）を定めたものを**基準系**と呼ぶ．同じ物体の同じ運動であっても基準系が違えばそ

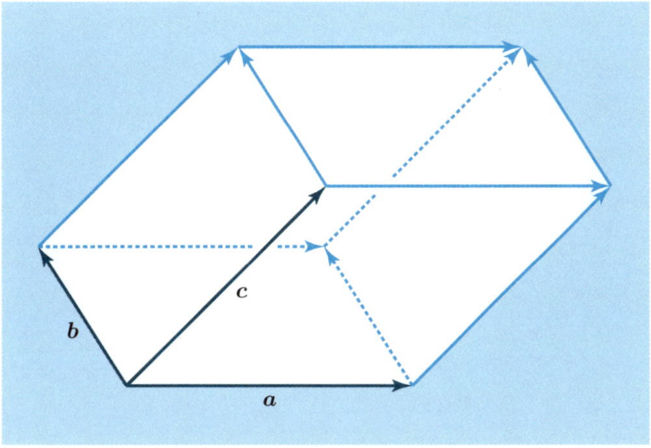

図 1.7　$|\boldsymbol{a} \cdot (\boldsymbol{b} \times \boldsymbol{c})|$ はベクトル $\boldsymbol{a}$, $\boldsymbol{b}$, $\boldsymbol{c}$ が張る平行六面体の体積を表す．

の表現は異なる．例えば，列車に乗っている人にとって静止している物体も，地面に立っている人から見れば高速で動いている．つまり，ある物体の位置が時間変化しているかどうか，運動の向きが変化しているかどうかなどは，基準系を決めて初めて語ることが可能になるである．一方，古典力学では，時間自体は基準系によらない普遍的なものである．例えば，ある基準系から見てある時刻に 2 個の粒子が衝突したとすれば，どの基準系から見ても同じ時刻にその衝突は起こっている．

■軌道　基準系を一つ定めたとしよう．時刻 t_0 から t_1 までの粒子の運動を考えると，粒子はある位置 $\boldsymbol{r}(t_0)$ から別の位置 $\boldsymbol{r}(t_1)$ まで曲線 $\{\boldsymbol{r}(t)|t_0 \leq t \leq t_1\}$ 上を動くことになる．このような曲線を**軌道**，もしくは**軌跡**と呼ぶ．また，位置 $\boldsymbol{r}(t_0)$ を軌道の**始点**，$\boldsymbol{r}(t_1)$ を軌道の**終点**と呼ぶ（図 1.9（p.19））．つまり軌道は始点から終点への向きをもつ曲線である．粒子がある場所で忽然と消えて別の場所に現れるというようなことはないので，軌道は連続である．さらに，軌道は少なくとも区分的には微分可能であるとして扱う．

■速度　位置ベクトルを時間に関して微分することで，運動状態を定量的に表す量を定義できる．まず，位置ベクトル $\boldsymbol{r}(t)$ の 1 階の導関数 $\boldsymbol{v}(t)$ を**速度**と呼ぶ．すなわち，

$$\boldsymbol{v}(t) = \frac{d\boldsymbol{r}(t)}{dt} = \lim_{\Delta t \to 0} \frac{\boldsymbol{r}(t+\Delta t) - \boldsymbol{r}(t)}{\Delta t} \tag{1.19}$$

である．時間に関する微分操作を記号の上に置いた点で表し，$\boldsymbol{v} = \dot{\boldsymbol{r}}$ と書くこともある．これは**ニュートン（Newton）の記号**と呼ばれる．また，ランダウ

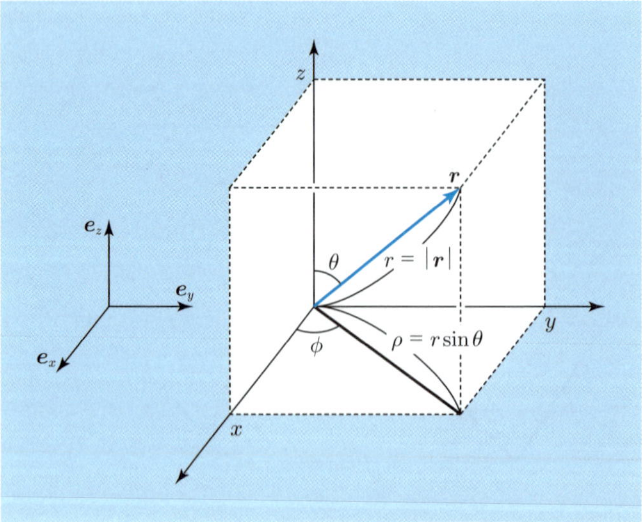

図 1.8　デカルト座標，円筒座標，極座標

の記号（〔下欄〕）を用いると，

$$\boldsymbol{r}(t+\Delta t)=\boldsymbol{r}(t)+\boldsymbol{v}(t)\Delta t+o(\Delta t)\quad(\Delta t\to 0)\tag{1.20}$$

と表すこともできる．さらに，速度を時刻で積分すると

$$\boldsymbol{r}(t_1)-\boldsymbol{r}(t_0)=\int_{t_0}^{t_1}\boldsymbol{v}(t)dt$$

となり，これは時刻 t_0 から t_1 までに粒子が行った変位を表す．

速度の座標表現を考えよう．デカルト座標を用いたとき，基底 $\boldsymbol{e}_x,\boldsymbol{e}_y,\boldsymbol{e}_z$ は定ベクトルなので時間変化せず，座標だけが時間変化する．したがって，式 (1.14) を微分して

$$\boldsymbol{v}=\dot{x}\boldsymbol{e}_x+\dot{y}\boldsymbol{e}_y+\dot{z}\boldsymbol{e}_z\tag{1.21}$$

を得る．ここでも記号の上の点は時間に関する微分を表す．

円筒座標を用いると，式 (1.16) より積と合成関数の微分の公式（p.20〔下欄〕）を用いて，速度は

$$\boldsymbol{v}=(\dot{\rho}\cos\phi-\rho\dot{\phi}\sin\phi)\boldsymbol{e}_x+(\dot{\rho}\sin\phi+\rho\dot{\phi}\cos\phi)\boldsymbol{e}_y+\dot{z}\boldsymbol{e}_z\tag{1.22}$$

と書けるが，次に述べる円筒座標から導かれる基底を用いるほうがより簡潔な式を得ることができる．

■偏微分と座標から導かれる基底　円筒座標を用いると x は ρ と ϕ の関数として表される．すなわち，$x=x(\rho,\phi)=\rho\cos\phi$ という 2 変数関数である．

微係数と無限大・無限小の次数 (1)

関数 $f(x)$ の x における微係数はもちろん

$$f'(x)=\lim_{\Delta x\to 0}\frac{f(x+\Delta x)-f(x)}{\Delta x}$$

で与えられる．したがって，$h(x,\Delta x)=f(x+\Delta x)-f(x)-f'(x)\Delta x$ とおくと，

$$\lim_{\Delta x\to 0}\frac{h(x,\Delta x)}{\Delta x}=0$$

となる．このことを

$$h(x,\Delta x)=o(\Delta x)\quad(\Delta x\to 0)$$

と書き，$h(x,\Delta x)$ は Δx より**高次の無限小**であるという．$o(\Delta x)$（$\Delta x\to 0$）は

$$\lim_{\Delta x\to 0}\frac{o(\Delta x)}{\Delta x}=0$$

となるような任意の量を表す記号で，**ランダウの記号**と呼ばれる（このランダウは数学者の E. Landau であり，理論物理学者の L.D. Landau ではない）．あるいは，これを用いて，

$$f(x+\Delta x)=f(x)+f'(x)\Delta x+o(\Delta x)\quad(\Delta x\to 0)$$

のように表す．物理で微係数を扱うときは，この式の形で考えることが多い．

ここで，変数 ϕ をある値 ϕ_0 に固定すると，$x(\rho,\phi_0)$ は変数 ρ の 1 変数関数と見なせる．この関数の $\rho=\rho_0$ における微係数を，関数 $x(\rho,\phi)$ の (ρ_0,ϕ_0) における ρ についての**偏微分係数**（もしくは単に偏微分）と呼び，

$$\frac{\partial x}{\partial \rho}(\rho_0,\phi_0)=\lim_{\Delta\rho\to 0}\frac{x(\rho_0+\Delta\rho,\phi_0)-x(\rho_0,\phi_0)}{\Delta\rho} \tag{1.23}$$

のような記号で表す．この結果は $\cos\phi_0$ になる．ρ に関する偏微分係数がすべての (ρ_0,ϕ_0) に対して存在するとき，$\dfrac{\partial x}{\partial \rho}$ は ρ,ϕ の関数となる．これを**偏導関数**と呼ぶ．同様に，変数 ϕ に関する偏微分係数は次のように計算される．

$$\frac{\partial x}{\partial \phi}(\rho,\phi)=\lim_{\Delta\phi\to 0}\frac{x(\rho,\phi+\Delta\phi)-x(\rho,\phi)}{\Delta\phi}=-\rho\sin\phi \tag{1.24}$$

このように偏微分の定義は何も難しくない．実際に使用する場合の注意点については，p.22, 23〔下欄〕を見よ．

軌道が与えられて，座標 ρ, ϕ がさらに時刻 t の関数 $\rho(t)$, $\phi(t)$ として決まるとき，これらを $x(\rho,\phi)$ に代入した $x(\rho(t),\phi(t))$ は時刻 t の関数になり，この関数の時刻 t に関する微係数は

$$\frac{dx(t)}{dt}=\frac{\partial x}{\partial \rho}\frac{d\rho}{dt}+\frac{\partial x}{\partial \phi}\frac{d\phi}{dt} \tag{1.25}$$

となる．これは多変数関数に対する合成関数の微分法の一例である（p.21〔下欄〕）．

さて，位置ベクトル自体も (ρ,ϕ,z) の関数と考えられるので，この ρ, ϕ, z に関して偏微分を行うことができる．

微係数と無限大・無限小の次数 (2)

(1)　関数 $f(x)$ が x_0 の近傍で $n-1$ 回微分可能，すなわち $f'(x)$, $f''(x)$, ..., $f^{(n-1)}(x)$ が x_0 を含むある開区間で存在し，さらに n 階の微係数 $f^{(n)}(x_0)$ が存在するものとする．このとき，

$$f(x)=f(x_0)+\frac{f'(x_0)}{1!}(x-x_0)+\cdots+\frac{f^{(n)}(x_0)}{n!}(x-x_0)^n+R_n(x,x_0)$$

とおくと，剰余項 $R_n(x,x_0)$ に対しては $R_n(x,x_0)=o((x-x_0)^n)$（$x\to x_0$）が成り立つ．関数 $f(x)$ を上のようなベキ級数の形に近似することを**テイラー**（Taylor）**展開**という．

(2)　ランダウの記号にはもう 1 種類あり，

$$\lim_{x\to a}\left|\frac{h(x)}{x-a}\right|<\infty$$

のとき，$h(x)=\mathcal{O}(x-a)$（$x\to a$）と表す．例えば $f(x)=x^5-x^3$ とすると，$f(x)=\mathcal{O}(x^3)$（$x\to 0$）であり，$f(x)=\mathcal{O}(x-1)$（$x\to 1$）でもある．この記号は $f(x)$ が 0 になる場合だけでなく発散する場合にも用いることができ，今の例であれば $f(x)=\mathcal{O}(x^5)$（$x\to\infty$）となる．

$$\frac{\partial \boldsymbol{r}}{\partial \rho}(\rho, \phi, z) = \cos\phi\, \boldsymbol{e}_x + \sin\phi\, \boldsymbol{e}_y \tag{1.26}$$

$$\frac{\partial \boldsymbol{r}}{\partial \phi}(\rho, \phi, z) = -\rho\sin\phi\, \boldsymbol{e}_x + \rho\cos\phi\, \boldsymbol{e}_y \tag{1.27}$$

$$\frac{\partial \boldsymbol{r}}{\partial z}(\rho, \phi, z) = \boldsymbol{e}_z \tag{1.28}$$

これらはそれぞれ ρ, ϕ, z が増加する向きのベクトルになる．$\dfrac{\partial \boldsymbol{r}}{\partial \rho}$, $\dfrac{\partial \boldsymbol{r}}{\partial \phi}$ と同じ向きの単位ベクトルをそれぞれ $\boldsymbol{e}_\rho$, $\boldsymbol{e}_\phi$ と表すことにすると，

$$\boldsymbol{e}_\rho = \frac{\frac{\partial \boldsymbol{r}}{\partial \rho}}{\left|\frac{\partial \boldsymbol{r}}{\partial \rho}\right|} = \cos\phi\, \boldsymbol{e}_x + \sin\phi\, \boldsymbol{e}_y \tag{1.29}$$

$$\boldsymbol{e}_\phi = \frac{\frac{\partial \boldsymbol{r}}{\partial \phi}}{\left|\frac{\partial \boldsymbol{r}}{\partial \phi}\right|} = -\sin\phi\, \boldsymbol{e}_x + \cos\phi\, \boldsymbol{e}_y \tag{1.30}$$

となる．このとき，$\boldsymbol{e}_\rho \cdot \boldsymbol{e}_\phi = \boldsymbol{e}_\phi \cdot \boldsymbol{e}_z = \boldsymbol{e}_z \cdot \boldsymbol{e}_\rho = 0$ となるから，$\boldsymbol{e}_\rho, \boldsymbol{e}_\phi, \boldsymbol{e}_z$ は互いに直交する単位ベクトルであり，しかも $\boldsymbol{e}_\rho \times \boldsymbol{e}_\phi = \boldsymbol{e}_z$ が成り立つ．すなわち，$(\boldsymbol{e}_\rho, \boldsymbol{e}_\phi, \boldsymbol{e}_z)$ は右手系をなす正規直交基底となる．これを円筒座標から導かれる基底と呼ぶことにしよう．この円筒座標のように，各座標が増加する向きのベクトルが互いに直交するような座標は，**直交曲線座標**と呼ばれる．

このような基底は，デカルト座標の基底とは異なり位置の関数であり，異なる位置では異なる向きを示す．これは混乱を招くだけのようにも思えるが，そうではない．例えば，東という向きは地球上のどの位置にいるかによって変わる．日本にいる人にとっての東とブラジルにいる人にとっての東とはほ

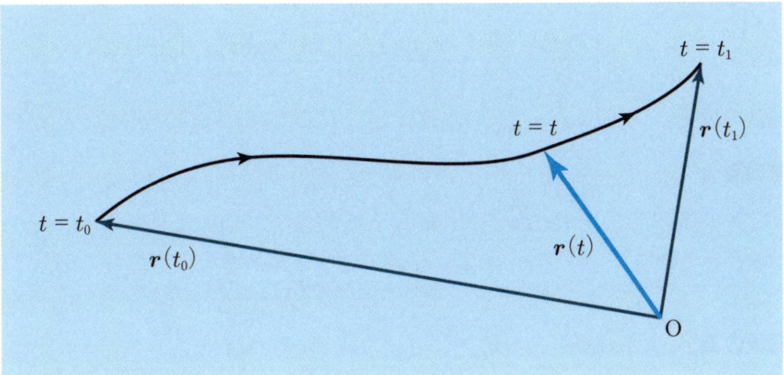

図 1.9　軌道

ぼ逆向きである．しかし，これらをともに東と呼んでも別に不都合はない．日本でもブラジルでも太陽は東から上ってくる．それと同じことである．

さて，位置ベクトル $\boldsymbol{r}$ が円筒座標 (ρ, ϕ, z) の関数として与えられ，さらに円筒座標の値は時間の関数として与えられるとすると，合成関数の微分より，

$$\boldsymbol{v} = \dot{\rho}\frac{\partial \boldsymbol{r}}{\partial \rho} + \dot{\phi}\frac{\partial \boldsymbol{r}}{\partial \phi} + \dot{z}\frac{\partial \boldsymbol{r}}{\partial z} \tag{1.31}$$

が成り立つ．$\dfrac{\partial \boldsymbol{r}}{\partial \phi} = \left|\dfrac{\partial \boldsymbol{r}}{\partial \phi}\right| \boldsymbol{e}_\phi = \rho \boldsymbol{e}_\phi$ などより，この式はさらに，

$$\boldsymbol{v} = \dot{\rho}\boldsymbol{e}_\rho + \rho\dot{\phi}\boldsymbol{e}_\phi + \dot{z}\boldsymbol{e}_z \tag{1.32}$$

と表される．これが円筒座標から導かれる基底 $(\boldsymbol{e}_\rho, \boldsymbol{e}_\phi, \boldsymbol{e}_z)$ を用いた速度ベクトルの成分表示である（式 (1.22) と比較せよ）．この基底は位置によって変化するが，式 (1.32) では，時刻 t における速度を表すのに，同時刻の位置 $\boldsymbol{r}(t)$ における基底を用いていることに注意せよ．

極座標 (r, θ, ϕ) もまた直交曲線座標である．この場合，

$$\boldsymbol{e}_r = \frac{\dfrac{\partial \boldsymbol{r}}{\partial r}}{\left|\dfrac{\partial \boldsymbol{r}}{\partial r}\right|} = \sin\theta\cos\phi\,\boldsymbol{e}_x + \sin\theta\sin\phi\,\boldsymbol{e}_y + \cos\theta\,\boldsymbol{e}_z \tag{1.33}$$

$$\boldsymbol{e}_\theta = \frac{\dfrac{\partial \boldsymbol{r}}{\partial \theta}}{\left|\dfrac{\partial \boldsymbol{r}}{\partial \theta}\right|} = \cos\theta\cos\phi\,\boldsymbol{e}_x + \cos\theta\sin\phi\,\boldsymbol{e}_y - \sin\theta\,\boldsymbol{e}_z \tag{1.34}$$

$$\boldsymbol{e}_\phi = \frac{\dfrac{\partial \boldsymbol{r}}{\partial \phi}}{\left|\dfrac{\partial \boldsymbol{r}}{\partial \phi}\right|} = -\sin\phi\,\boldsymbol{e}_x + \cos\phi\,\boldsymbol{e}_y \tag{1.35}$$

微分の公式

以下では独立変数による微分を $f'(x) = \dfrac{df(x)}{dx}$ のように表す．

積の微分	$[f(x)g(x)]' = f'(x)g(x) + f(x)g'(x)$
同上（内積）	$[\boldsymbol{A}(x)\cdot\boldsymbol{B}(x)]' = [\boldsymbol{A}(x)]'\cdot\boldsymbol{B}(x) + \boldsymbol{A}(x)\cdot[\boldsymbol{B}(x)]'$
同上（ベクトル積）	$[\boldsymbol{A}(x)\times\boldsymbol{B}(x)]' = [\boldsymbol{A}(x)]'\times\boldsymbol{B}(x) + \boldsymbol{A}(x)\times[\boldsymbol{B}(x)]'$
商の微分	$\left[\dfrac{f(x)}{g(x)}\right]' = \dfrac{f'(x)g(x) - f(x)g'(x)}{g(x)^2}$
合成関数の微分	$F(x) = f(g(x))$ のとき，$F'(x) = f'(g(x))\,g'(x)$
逆関数の微分	$\dfrac{dx}{dy} = \dfrac{1}{\dfrac{dy}{dx}}$
媒介変数による微分	$x = x(t)$, $y = y(t)$ ならば，$\dfrac{dy}{dx} = \dfrac{\dfrac{dy}{dt}}{\dfrac{dx}{dt}}$
初等関数の微分	$(x^n)' = nx^{n-1}$,　$(e^x)' = e^x$,　$(\log\lvert x\rvert)' = \dfrac{1}{x}$, $(\sin x)' = \cos x$,　$(\cos x)' = -\sin x$,　$(\tan x)' = \sec^2 x = \dfrac{1}{\cos^2 x}$

より，$\boldsymbol{e}_r, \boldsymbol{e}_\theta, \boldsymbol{e}_\phi$ は右手系の正規直交基底になる（演習問題 **1.4**）．これが極座標から導かれる基底である．この基底を用いると，速度ベクトルは

$$\boldsymbol{v} = \dot{r}\boldsymbol{e}_r + r\dot{\theta}\boldsymbol{e}_\theta + r\dot{\phi}\sin\theta\,\boldsymbol{e}_\phi \tag{1.36}$$

と表される（演習問題 **1.11**）．

■加速度とその座標表現　位置ベクトルの 2 階の導関数 $\boldsymbol{a}(t)$ を**加速度**と呼ぶ．すなわち，

$$\boldsymbol{a}(t) = \frac{d^2\boldsymbol{r}}{dt^2}(t) = \frac{d\boldsymbol{v}}{dt}(t) = \lim_{\Delta t\to 0}\frac{\boldsymbol{v}(t+\Delta t)-\boldsymbol{v}(t)}{\Delta t} \tag{1.37}$$

である．ニュートンの記号では $\boldsymbol{a} = \ddot{\boldsymbol{r}}$ と表す．

加速度の座標表現を考えよう．デカルト座標では，単に x, y, z をそれぞれ 2 階微分すればよく，

$$\boldsymbol{a}(t) = \ddot{x}(t)\boldsymbol{e}_x + \ddot{y}(t)\boldsymbol{e}_y + \ddot{z}(t)\boldsymbol{e}_z \tag{1.38}$$

となる．円筒座標では，式 (1.29), (1.30) より

$$\dot{\boldsymbol{e}}_\rho = \dot{\phi}\boldsymbol{e}_\phi, \qquad \dot{\boldsymbol{e}}_\phi = -\dot{\phi}\boldsymbol{e}_\rho \tag{1.39}$$

が成り立つので，速度の式 (1.32) を時間に関して微分して次式が得られる．

$$\begin{aligned}\boldsymbol{a} &= (\ddot{\rho}\boldsymbol{e}_\rho + \dot{\rho}\dot{\boldsymbol{e}}_\rho) + \Big((\dot{\rho}\dot{\phi} + \rho\ddot{\phi})\boldsymbol{e}_\phi + \rho\dot{\phi}\dot{\boldsymbol{e}}_\phi\Big) + \ddot{z}\boldsymbol{e}_z \\ &= (\ddot{\rho} - \rho\dot{\phi}^2)\boldsymbol{e}_\rho + (\rho\ddot{\phi} + 2\dot{\rho}\dot{\phi})\boldsymbol{e}_\phi + \ddot{z}\boldsymbol{e}_z \end{aligned} \tag{1.40}$$

多変数関数の微分可能性と合成関数の微分法

2 変数関数 $f(x,y)$ に対し，$f(x+\Delta x, y+\Delta y) = f(x,y) + \dfrac{\partial f}{\partial x}(x,y)\Delta x + \dfrac{\partial f}{\partial y}(x,y)\Delta y + o(\Delta)$ $(\Delta \to 0)$ が成り立つとき，$f(x,y)$ は点 (x,y) で**微分可能**（あるいは**全微分可能**）であるという．ただし，$\Delta = \sqrt{(\Delta x)^2 + (\Delta y)^2}$ である．これは，偏導関数 $\dfrac{\partial f}{\partial x}(x,y)$, $\dfrac{\partial f}{\partial y}(x,y)$ の存在より強い条件で，偏導関数が存在してかつ連続であることと等価である．関数 $f(x,y)$ が微分可能で，$x(t), y(t)$ がそれぞれ微分可能であれば，合成関数 $F(t) = f(x(t), y(t))$ の導関数は $\dfrac{dF(t)}{dt} = \dfrac{\partial f}{\partial x}(x(t),y(t))\dfrac{dx(t)}{dt} + \dfrac{\partial f}{\partial y}(x(t),y(t))\dfrac{dy(t)}{dt}$ と書ける．

一般には，微分可能な n 変数関数 $f(x_1,\dots,x_n)$ の独立変数 $x_1,\dots,x_n$ が，それぞれ m 個のパラメータ $u_1,\dots,u_m$ の微分可能な関数であれば，合成関数 $F(u_1,\dots,u_m) = f(x_1(u_1,\dots,u_m),\dots,x_n(u_1,\dots,u_m))$ に対して

$$\frac{\partial F}{\partial u_k} = \sum_{i=1}^{n}\frac{\partial f}{\partial x_i}\frac{\partial x_i}{\partial u_k} \tag{$*$}$$

が成り立つ．上の式の左辺の F の偏微分では u_k 以外の $u_1,\dots,u_m$ を固定して微分するのに対し，右辺の f の偏微分は x_i 以外の $x_1,\dots,x_n$ を固定して偏微分を行ったものであることに注意せよ．このような多変数の合成関数の微分の計算法を**連鎖律**（チェインルール）という．

■自然座標　速度，加速度の動力学的意味を考えるには，**自然座標**と呼ばれる座標を用いるのがよい．自然座標では，軌道上の固定点 A から軌道の向きに軌道に沿って測った長さ s によって軌道上の点の位置を表す（図 1.10 (b)（p.24）参照）．このとき粒子の運動は，時刻 t の関数として s が決まり，s の関数として位置ベクトル $\boldsymbol{r}$ が決まるという形で表される．

$$\boldsymbol{r} = \boldsymbol{r}(s(t)) \tag{1.41}$$

したがって合成関数の微分により，

$$\boldsymbol{v} = \frac{d\boldsymbol{r}}{dt} = \dot{s}\frac{d\boldsymbol{r}}{ds} \tag{1.42}$$

ここで，

$$\frac{d\boldsymbol{r}}{ds} = \lim_{\Delta s \to 0} \frac{\boldsymbol{r}(s+\Delta s) - \boldsymbol{r}(s)}{\Delta s} \tag{1.43}$$

であるが，$|\boldsymbol{r}(s+\Delta s) - \boldsymbol{r}(s)|$ は軌道上の微小に離れた 2 点間の直線距離，Δs は同じ 2 点間の軌道に沿って測った距離を表すので，$\Delta s \to 0$ の極限でこれらの比は 1 に近づく．すなわち，$\dfrac{d\boldsymbol{r}}{ds}$ は単位ベクトルである．これを $\boldsymbol{e}_{\mathrm{t}}$ と表し，**接線ベクトル**と呼ぶ．また，$v = |\boldsymbol{v}| = \dot{s}$（定義によりこの量は正である）は軌道に沿って測った単位時間あたりの移動距離を表す．こうして

$$\boldsymbol{v} = v\boldsymbol{e}_{\mathrm{t}} \tag{1.44}$$

を得る．

偏微分に関する注意 (1)

(1)　偏微分で常に注意しなければならないのは，独立変数は何かということである．物理では，一つの物理量をいろいろな座標や変数の関数として扱う．このとき，微分を取る変数が同じであっても，固定する変数が違っていれば偏微分の結果は変わってくる．例えば，$f(x,y) = x^2 + y^2$ とすると $\dfrac{\partial f}{\partial x} = 2x$ だが，$Y = x + y$ とおき独立変数を (x,y) から (x,Y) とする変換を考えると，

$$f(x,y) = x^2 + y^2 = x^2 + (Y-x)^2 = g(x,Y)$$

より，$\dfrac{\partial g}{\partial x} = 4x - 2Y$ となる．今はわかりやすいように (x,y) の関数と (x,Y) の関数とを別の文字を使って表示したが，物理では同じ物理量は同じ文字で表すのでさらに注意が必要になる．

(2)　関数 $f(x,y)$ の 2 階偏微分係数 $\dfrac{\partial}{\partial x}\left(\dfrac{\partial f}{\partial y}\right)$ と $\dfrac{\partial}{\partial y}\left(\dfrac{\partial f}{\partial x}\right)$ が，点 (x_0, y_0) においてともに存在して連続であるならば，これらは相等しい．すなわち，微分の順番によらない．偏微分係数が存在するだけでは偏微分の交換が許されないことは，$(x,y) \neq (0,0)$ のとき $f(x,y) = \dfrac{x^3 y}{x^2+y^2}$，$f(0,0) = 0$ という関数の点 $(0,0)$ における偏微分係数を考えてみればわかる．

さらに微分を行うと,

$$\boldsymbol{a} = \dot{v}\boldsymbol{e}_\mathrm{t} + v\dot{\boldsymbol{e}}_\mathrm{t} = \dot{v}\boldsymbol{e}_\mathrm{t} + v^2\frac{d\boldsymbol{e}_\mathrm{t}}{ds} \tag{1.45}$$

となるが,$\boldsymbol{e}_\mathrm{t}$ は常に単位ベクトル,すなわち $\boldsymbol{e}_\mathrm{t}(s)\cdot\boldsymbol{e}_\mathrm{t}(s) = 1$ であるから,

$$\frac{d\boldsymbol{e}_\mathrm{t}}{ds}\cdot\boldsymbol{e}_\mathrm{t} = 0$$

が成り立つ.すなわち $\boldsymbol{e}_\mathrm{t}$ と $\dfrac{d\boldsymbol{e}_\mathrm{t}}{ds}$ とは互いに直交する.そこで,$\lambda(s) = \left|\dfrac{d\boldsymbol{e}_\mathrm{t}}{ds}\right| \neq 0$ の場合には,$\dfrac{d\boldsymbol{e}_\mathrm{t}}{ds}$ の向きの単位ベクトルを $\boldsymbol{e}_\mathrm{n}$ と表し,**主法線ベクトル**と呼ぶ.こうすると,$\dfrac{d\boldsymbol{e}_\mathrm{t}}{ds}$ は

$$\frac{d\boldsymbol{e}_\mathrm{t}}{ds} = \lambda(s)\boldsymbol{e}_\mathrm{n} \tag{1.46}$$

と表すことができる†.$\boldsymbol{e}_\mathrm{t}(s+\Delta s)$ と $\boldsymbol{e}_\mathrm{t}(s)$ のなす角を $\Delta\psi$ とすると,

$$|\boldsymbol{e}_\mathrm{t}(s+\Delta s) - \boldsymbol{e}_\mathrm{t}(s)| = \Delta\psi + o(\Delta\psi) \tag{1.47}$$

であるから,

$$\lambda = \lim_{\Delta s\to 0}\frac{|\boldsymbol{e}_\mathrm{t}(s+\Delta s) - \boldsymbol{e}_t(s)|}{\Delta s} = \lim_{\Delta s\to 0}\frac{\Delta\psi}{\Delta s} \tag{1.48}$$

† 平面曲線の場合は,$\boldsymbol{e}_\mathrm{t}$ を正の向きに 90° 回転させたベクトルとして $\boldsymbol{e}_\mathrm{n}$ を定義する.したがって,曲率は負の値をとることができる.また,空間内の曲線の場合,$\lambda = 0$ のときには主法線ベクトルを定義することができない.

偏微分に関する注意 (2)

(3) デカルト座標 x を円筒座標 (ρ, ϕ) の関数と考えたとき,

$$\frac{\partial x}{\partial\rho} = \cos\phi = \frac{x}{\rho}$$

である.逆に円筒座標 ρ を (x, y) の関数と考えると $\rho = \sqrt{x^2+y^2}$ より,

$$\frac{\partial\rho}{\partial x} = \frac{x}{\sqrt{x^2+y^2}} = \frac{x}{\rho}$$

となる.すなわち,1 変数関数の場合の逆関数の微分公式に似た関係 $\dfrac{\partial\rho}{\partial x} = \left(\dfrac{\partial x}{\partial\rho}\right)^{-1}$ は成立しない.

これは,固定している変数が,前者では ϕ,後者では y であって異なるからである.この場合の正しい関係式は,次のように逆行列の関係になる.

$$\begin{bmatrix} \frac{\partial x}{\partial\rho} & \frac{\partial x}{\partial\phi} \\ \frac{\partial y}{\partial\rho} & \frac{\partial y}{\partial\phi} \end{bmatrix}^{-1} = \begin{bmatrix} \frac{\partial\rho}{\partial x} & \frac{\partial\rho}{\partial y} \\ \frac{\partial\phi}{\partial x} & \frac{\partial\phi}{\partial y} \end{bmatrix}$$

で与えられる(p.21〔下欄〕の式 (*) を用いて導出せよ).熱力学では $\dfrac{\partial x}{\partial y} = \left(\dfrac{\partial y}{\partial x}\right)^{-1}$ のような公式が出てくるが,これは考えている関数が $x(y,z)$ と $y(x,z)$ で,偏微分の際に固定する変数が同じだから成立する.

は，軌道に沿って進むとき，単位長さあたりに，接線ベクトルの向きがどれくらい変化するかを表す量になる．この量 λ を**曲率**と呼び

$$R = \frac{1}{\lambda}$$

を**曲率半径**と呼ぶ．以上より加速度は接線方向と法線方向に

$$\boldsymbol{a} = \dot{v}\boldsymbol{e}_{\mathrm{t}} + \frac{v^2}{R}\boldsymbol{e}_{\mathrm{n}} \tag{1.49}$$

のように分解される．加速度は速度ベクトルの変化率を表すものであったが，右辺第 1 項が速度の大きさの変化を表し，第 2 項が速度の向きの変化を表していることがわかる．

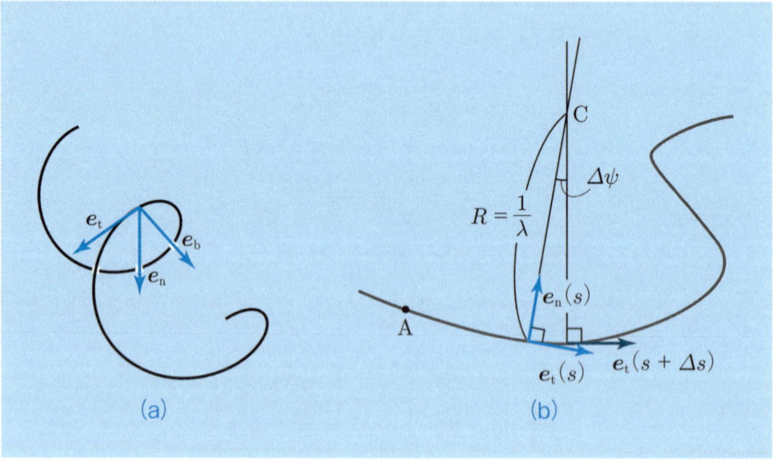

図 1.10 (a) 接線ベクトル，主法線ベクトル，従法線ベクトル（演習問題 **1.13** 参照）
(b) 主法線ベクトルと曲率半径

1.3 演習問題

1.1 ベクトル $\boldsymbol{a}$ を，基底 $\boldsymbol{e}_1, \boldsymbol{e}_2, \boldsymbol{e}_3$ を用いて成分に分解する仕方は一意的であることを示せ．

1.2 3 個のベクトルのベクトル積に対する式 (1.11) が成り立つことを示せ．

1.3 ベクトル積の大きさに関する式 (1.12) を導け．

1.4 式 (1.33)–(1.35) で定義される $(\boldsymbol{e}_r, \boldsymbol{e}_\theta, \boldsymbol{e}_\phi)$ が右手系の正規直交基底であることを示せ．

1.5 デカルト座標の基底 $\boldsymbol{e}_x, \boldsymbol{e}_y, \boldsymbol{e}_z$ を基底 $\boldsymbol{e}_r, \boldsymbol{e}_\theta, \boldsymbol{e}_\phi$ を用いて成分に分解せよ．

1.6 次の式を計算せよ．

(1) $\boldsymbol{e}_r \cdot \boldsymbol{e}_x$　(2) $\boldsymbol{e}_\theta \cdot \boldsymbol{e}_z$　(3) $\boldsymbol{e}_\phi \cdot \boldsymbol{e}_y$

(4) $\boldsymbol{e}_r \times \boldsymbol{e}_x$　(5) $\boldsymbol{e}_\theta \times \boldsymbol{e}_y$　(6) $\boldsymbol{e}_\phi \times \boldsymbol{e}_z$

(7) $(\boldsymbol{e}_r \times \boldsymbol{e}_y) \cdot \boldsymbol{e}_\theta$　(8) $(\boldsymbol{e}_\theta \times \boldsymbol{e}_z) \cdot \boldsymbol{e}_\phi$　(9) $(\boldsymbol{e}_\phi \times \boldsymbol{e}_x) \cdot \boldsymbol{e}_z$

(10) $\boldsymbol{e}_x \times (\boldsymbol{e}_\theta \times \boldsymbol{e}_\phi)$　(11) $(\boldsymbol{e}_x \times \boldsymbol{e}_\theta) \times \boldsymbol{e}_\phi$

1.7 デカルト座標 $(x,\ y,\ z)$ のそれぞれを極座標 (r, θ, ϕ) の関数と考えて，次の式を計算せよ．

(1) $\dfrac{\partial x}{\partial r}$　(2) $\dfrac{\partial y}{\partial \theta}$　(3) $\dfrac{\partial z}{\partial \phi}$

1.8 極座標 $(r,\ \theta,\ \phi)$ のそれぞれをデカルト座標 (x, y, z) の関数と考えて，次の式を計算せよ．

(1) $\dfrac{\partial r}{\partial x}$　(2) $\dfrac{\partial \theta}{\partial y}$　(3) $\dfrac{\partial \phi}{\partial z}$

1.9 $\boldsymbol{e}_r,\ \boldsymbol{e}_\theta,\ \boldsymbol{e}_\phi$ のそれぞれを極座標 (r, θ, ϕ) の関数と考えて，次の式を計算せよ．

(1) $\dfrac{\partial \boldsymbol{e}_r}{\partial \theta}$　(2) $\dfrac{\partial \boldsymbol{e}_\theta}{\partial \phi}$　(3) $\dfrac{\partial \boldsymbol{e}_\phi}{\partial r}$

1.10 $\boldsymbol{e}_r,\ \boldsymbol{e}_\theta,\ \boldsymbol{e}_\phi$ のそれぞれをデカルト座標 $(x,\ y,\ z)$ の関数と考えて，次の式を計算せよ．

(1) $\dfrac{\partial \boldsymbol{e}_r}{\partial x}$　(2) $\dfrac{\partial \boldsymbol{e}_\theta}{\partial y}$　(3) $\dfrac{\partial \boldsymbol{e}_\phi}{\partial z}$

1.11 式 (1.36) を導け．

1.12 加速度ベクトルを極座標と基底 $\boldsymbol{e}_r, \boldsymbol{e}_\theta, \boldsymbol{e}_\phi$ を用いて表せ．

1.13 接線ベクトルと主法線ベクトルのベクトル積 $\boldsymbol{e}_{\mathrm{b}} = \boldsymbol{e}_{\mathrm{t}} \times \boldsymbol{e}_{\mathrm{n}}$ を**従法線ベクトル**という．自然座標を用いるとき，$\dfrac{d\boldsymbol{e}_{\mathrm{b}}}{ds}$ は $\boldsymbol{e}_{\mathrm{t}}$ とも $\boldsymbol{e}_{\mathrm{b}}$ とも垂直であることを示せ．したがって，

$$\frac{d\boldsymbol{e}_{\mathrm{b}}}{ds} = -\kappa \boldsymbol{e}_{\mathrm{n}} \tag{1.50}$$

と書ける実数 κ が存在する．この κ を**捩**(ね)**じれ率**，$\dfrac{1}{\kappa}$ を**捩じれ率半径**という．また，$\boldsymbol{e}_{\mathrm{n}}$ については次の式が成り立つ．これを証明せよ．

$$\frac{d\boldsymbol{e}_{\mathrm{n}}}{ds} = -\lambda \boldsymbol{e}_{\mathrm{t}} + \kappa \boldsymbol{e}_{\mathrm{b}} \tag{1.51}$$

式 (1.46), (1.50), (1.51) を合わせて**フルネ–セレ**（Frenet–Serret）**の公式**[†]という．$\boldsymbol{\omega} = \kappa \boldsymbol{e}_{\mathrm{t}} + \lambda \boldsymbol{e}_{\mathrm{b}}$ とおくと，これらは

$$\frac{d\boldsymbol{e}_{\mathrm{t}}}{ds} = \boldsymbol{\omega} \times \boldsymbol{e}_{\mathrm{t}}, \qquad \frac{d\boldsymbol{e}_{\mathrm{n}}}{ds} = \boldsymbol{\omega} \times \boldsymbol{e}_{\mathrm{n}}, \qquad \frac{d\boldsymbol{e}_{\mathrm{b}}}{ds} = \boldsymbol{\omega} \times \boldsymbol{e}_{\mathrm{b}} \tag{1.52}$$

の形にまとめられる．

1.14 粒子が xy 平面上の曲線 $y = ax^2$ の上を一定の速さ v で x が増加する向きに運動している．粒子の加速度を x の関数として表せ．

[†] 平面曲線に対するフルネ–セレの公式は，

$$\frac{d\boldsymbol{e}_{\mathrm{t}}}{ds} = \lambda \boldsymbol{e}_{\mathrm{n}}, \quad \frac{d\boldsymbol{e}_{\mathrm{n}}}{ds} = -\lambda \boldsymbol{e}_{\mathrm{t}}$$

である．

2

運動の法則

本章では，粒子の運動に対して成り立つ法則について考察する．運動の決定性，すなわち現在の運動の様子がわかれば将来の運動が予言できるということから運動方程式が導かれる．慣性の法則は，慣性系と呼ばれる基準系が存在し，慣性系における力は他の物理的実体からの作用を表すことを示す．そして，作用反作用の法則が，並進運動の理想化と物体の構成要素という粒子の二つの側面を一貫したものにする．運動方程式を使うためには力の法則が必要である．これに関して，万有引力の法則がケプラーの法則から導かれることや地球上の重力の導出を行う．さらに，さまざまなレベルでのさまざまな力の法則についても触れる．

本章の内容

2.1 運動方程式

運動の法則は「ニュートンの運動の 3 法則」〔下欄〕という形でまとめられることが多いが，ここではその意味をもう少し踏み込んだ形で解説する．

■決定性原理と運動方程式 巨視的物体の運動の最も著しい特徴は，予言ができるということである．つまり，物体のある時刻における運動状態がわかれば，その後どういう運動をするかを知ることができる．実際，我々はこのことを感覚的に知っている．例えば，飛んでいるボールを見れば，どのあたりに落ちるか予測できる．また，日食や月食を予言できるという事実が示すように，現在の運動についての情報が精度良く得られれば，定量的に精度の良い予言を行うことができる．

この予言のために必要となるのは，ある時刻における粒子の位置と速度の情報である．同じ位置から同じ速度で石を投げれば，外的条件が同じである限り，同じような軌道を描いて飛ぶだろう．逆に位置と速度のどちらを変えても，その後の運動は違うものになる．

このように，任意のある時刻 t_0 における位置 $\boldsymbol{r}(t_0) = \boldsymbol{r}_0$ と速度 $\dot{\boldsymbol{r}}(t_0) = \boldsymbol{v}_0$ を与えると，その後の粒子の運動 $\boldsymbol{r}(t)$（$t \geq t_0$）は完全に決まってしまう．これを**決定性原理**と呼ぶ．したがって，特に加速度 $\ddot{\boldsymbol{r}}(t_0)$ は $(\boldsymbol{r}_0, \boldsymbol{v}_0, t_0)$ の関数として定まる．時刻 t_0 は任意の時刻でよいので，以上から

$$\ddot{\boldsymbol{r}}(t) = \boldsymbol{f}(\boldsymbol{r}(t), \dot{\boldsymbol{r}}(t), t) \tag{2.1}$$

ニュートンの運動の 3 法則

ニュートンの「プリンキピア（自然哲学の数学的諸原理）」では，運動の法則は次のように表されている．中央公論新社「世界の名著 31 ニュートン」河辺六男 責任編集より抜粋．

法則 I　**すべて物体は，その静止の状態を，あるいは直線上の一様な運動の状態を，外力によってその状態を変えられないかぎり，そのまま続ける．**

投射体は，空気の抵抗によって遅らされず，重力によって下方へ押しやられないかぎり，その運動を続ける．各部分が凝集することによってそれら自体をたえず直線運動から引きもどしている独楽は，空気によって遅らされないかぎり，回転することをやめない．諸惑星や諸彗星といったいっそう大きな物体は，抵抗の僅少な空間中においてそれらの前進運動も円運動もともにさらに長い時間継続する．

法則 II　**運動の変化は，及ぼされる起動力に比例し，その力が及ぼされる直線の方向に行なわれる．**

ある力がある運動を生ずるものとすると，2 倍の力は 2 倍の運動を，3 倍の力は 3 倍の運動を，全部一時に及ぼされようと，順次にひき続いて及ぼされようとかかわりなく生ずるであろう．そしてこの運動は（常にそれを生ずる力と同じ方向に向けられるから），物体がその前から動いていたとすると，その運動に向きが一致するときには加えられ，逆向きならば減ぜられ，斜めのときには斜めに加えられ，それと両者の向きに従って合成される．

法則 III　**作用に対し反作用は常に逆向きで相等しいこと．あるいは，二物体の相互の作用は常に相等しく逆向きであること．**

他のものを押したり引いたりするものはなんでも，同じだけそのものによって押されたり引かれたりする．指で石を押すと，指もまた石によって押される．馬が綱に縛りつけられた石を引くとき，馬もまた〔そういってよければ〕等しく石のほうに引きもどされる．(後略)

となるようなベクトル関数 $\boldsymbol{f}(\boldsymbol{r},\dot{\boldsymbol{r}},t)$ の存在が導かれたことになる．この同時刻の関係式を**運動方程式**と呼ぶ．こうして，決定性原理から運動方程式の存在が導かれる．

運動方程式 (2.1) の右辺のベクトル量 $\boldsymbol{f}$ は，粒子が置かれた物理的状況のみならず，観測に用いる基準系に依存する．例えばジェットコースターに乗っている人に固定された基準系から見ると，地上に静止した物体であってもその位置ベクトルは複雑な時間変化をする．それを反映して $\boldsymbol{f}$ も複雑な関数になるだろう．このように，簡単なはずの運動も基準系次第で複雑になり得る．そこで我々は，最も簡単な運動をするはずの物体が最も簡単な $\boldsymbol{f}$ をもつような基準系を選びたい．そのような基準系を選ぶことが可能だというのが，次の慣性の法則である．

> **慣性の法則**　他の物理的実体からの影響を受けないような粒子の運動が等速度運動として表される（したがってそういう粒子に対しては $\boldsymbol{f}=\boldsymbol{0}$ となる）基準系が存在する．

このような基準系を**慣性系**という．もちろん他の物理的実体からの影響を一切受けない物体など現実には存在しない．しかし，影響を小さくしていった極限を考えることは可能である．つまり，他のすべての粒子から遠く離れた極限的な一つの粒子を考え，その粒子の運動が等速度運動であるならば，そのとき採用した基準系は慣性系と考えてよい．地表に固定された基準系は，比較的狭い範囲で比較的短時間に行われる運動を議論する限り，慣性系とし

閉じた系

本文では1粒子の運動に関する決定性原理から出発したが，この形の決定性原理が成り立つためには，着目する粒子に影響を与えるものの運動についてもよくわかっていなければならない．例えば，ボールの運動には風の影響が重要であり，風の吹き方が異なれば，同じ位置から同じ速度でボールを投げたとしてもボールの運動は違ってくる．あるいは，別のボールも一緒に投げたとすると，そのボールと衝突するかどうかで運動は大きく変わる．したがって，完全な予言をするためには，粒子の運動に影響を及ぼしたり，及ぼされたりするすべてのもの（粒子）の運動を同時に考える必要がある．

そこで，互いに影響を及ぼし合うが，それ以外のものからは影響を受けないような N 個の粒子の運動を考えよう．粒子に1から N までの番号を割り振り，質量 m_i の粒子 i の位置ベクトルを $\boldsymbol{r}_i$ と表す．このとき，決定性原理は，ある時刻 t_0 における N 個の粒子の位置と速度 $(\boldsymbol{r}_1(t_0),\ldots,\boldsymbol{r}_N(t_0),\dot{\boldsymbol{r}}_1(t_0),\ldots,\dot{\boldsymbol{r}}_N(t_0))$ が与えられると，N 個の粒子の運動 $(\boldsymbol{r}_1(t),\ldots,\boldsymbol{r}_N(t))$ が決まり，したがって加速度 $(\ddot{\boldsymbol{r}}_1(t_0),\ldots,\ddot{\boldsymbol{r}}_N(t_0))$ が決まるということを主張する．これより，運動方程式は次のように書ける．

$$m_i\ddot{\boldsymbol{r}}_i=\boldsymbol{F}_i(\boldsymbol{r}_1,\ldots,\boldsymbol{r}_N,\dot{\boldsymbol{r}}_1,\ldots,\dot{\boldsymbol{r}}_N)\quad(i=1,2,\ldots,N)$$

これ以外に粒子の運動に影響を与えるものが存在しないとき，この N 個の粒子を**閉じた系**と呼ぶ．

て扱うことができる．しかし，大きいスケールの運動や長時間の運動を考える場合や，非常に精度の良い実験を考える場合には，自転の効果を無視することはできない．その場合は，自転しない座標軸を選ぶ必要がある．また，公転の影響も考慮する場合には，地球に固定された基準系は慣性系とはいえなくなる．その場合は，太陽や恒星に対して固定された基準系を考える必要があるだろう．重要なことは，問題に応じた適切な精度で，慣性系と見なすことのできる基準系をいつでも選ぶことができるということである．

慣性系を基準系とするとき，$\boldsymbol{f}$ は他の粒子や電磁場などの物理的実体が粒子に対して及ぼす影響を表す．この量は，粒子固有の物理的属性（後に述べる質量や電荷など）に依存してもよいが，粒子の運動を表す量に関しては，その瞬間における位置 $\boldsymbol{r}(t)$ と速度 $\boldsymbol{v}(t)$ だけの関数であり，過去の履歴や高階の微係数には依存しない．また，要求する精度と時間間隔により，考慮しなければならない範囲が変わってくる．例えば 50 数回の衝突後の気体分子の運動を正しく予言できるためには，10^{10} 光年のかなたにある電子の質量が及ぼす重力の影響まで考慮する必要があるという．(D. ルエール，「偶然とカオス」（岩波書店））

■力　一般的には，運動方程式は式 (2.1) でなく，次のように表すのが普通である．

$$m\frac{d^2\boldsymbol{r}}{dt^2} = \boldsymbol{F} \tag{2.2}$$

ここで，m は粒子の質量を表し，右辺の $\boldsymbol{F} = m\boldsymbol{f}$ は粒子に働く**力**を表す．

外力

前ページの〔下欄〕で述べたように，ニュートン力学による運動の記述は，閉じた系に対して行われるべきものである．慣性系における時間，空間の対称性も閉じた系に対してのみ意味をもつ．例えば，地上の物体の運動を考えるとき，閉じた系ならば，その物体だけでなく，地球の運動も考えなければならない．しかし，このように考える物体の質量に圧倒的な差がある場合には，式 (2.3) からわかるように，大きな質量の物体（地球）の運動は小さい質量の物体の運動に比べて無視できる．したがって，地球は静止しているとして，物体の運動だけを考える近似が許されるようになる．このとき，物体は地球から重力を受けるが，その反作用としての物体が地球に及ぼす重力は考慮されない．つまり，物体に対する重力は，その運動については考慮しないような物体からもたらされたものになる．このような力は**外力**（がいりょく）と呼ばれる．

外力は空間や（場合によっては）時間の対称性を破る．地上の物体にとって重力の向きは特別な向きであり，等方性は破れている．1 粒子の閉じた系では，粒子に対して働く力は存在せず，粒子は等速度運動をするだけである（**慣性の法則**）．式 (2.1) のような 1 粒子に対する運動方程式は，閉じた系から上のような近似を経て導かれたものだと解釈すべきである．

質量とは粒子の示す物理的属性の一つであり，各粒子ごとに決まった正の値をもつ．また，質量 m_1 の粒子と質量 m_2 の粒子が合体して一つの粒子になったとすると，その質量は $m_1 + m_2$ になる（核融合や核分裂のような核反応ではわずかな質量欠損が見られるが，これは相対論的効果である）．このような性質を**加法性**と呼ぶ．加法性を示す物理量は電荷など他にもあるが，質量はその代表的な例になっている．質量 m の粒子のことを「粒子 m」のような言い方をすることもある．

運動方程式を上のように表す一つの理由は，2.3 節，2.4 節で見るように，慣性系では重力（万有引力）以外の力は質量によらないからである[†]．したがって，力 $\boldsymbol{F}$ が粒子に働くと，粒子の質量に応じて加速度 $\ddot{\boldsymbol{r}}$ が生じる，という描像が可能になる．粒子 m_1, m_2 にそれぞれ同じ力 $\boldsymbol{F}$ が加えられたときの加速度を $\ddot{\boldsymbol{r}}_1, \ddot{\boldsymbol{r}}_2$ とすると，質量比は

$$\frac{m_1}{m_2} = \frac{|\ddot{\boldsymbol{r}}_2|}{|\ddot{\boldsymbol{r}}_1|} \tag{2.3}$$

のようになる．この式は質量を測定する手段として用いることができる．

■物理量の次元と単位系　質量の単位としては g, kg, t などがよく知られているが，**国際単位系**（**SI**）では kg を基本単位とする．また，長さの基本単位は m（メートル），時間の基本単位は s（秒）である（他に電流の A（アン

[†] 第 6 章で扱うような非慣性系における慣性力は，重力と同じように質量に比例する．この重力と慣性力の類似は，アインシュタインの一般相対論によって説明された．

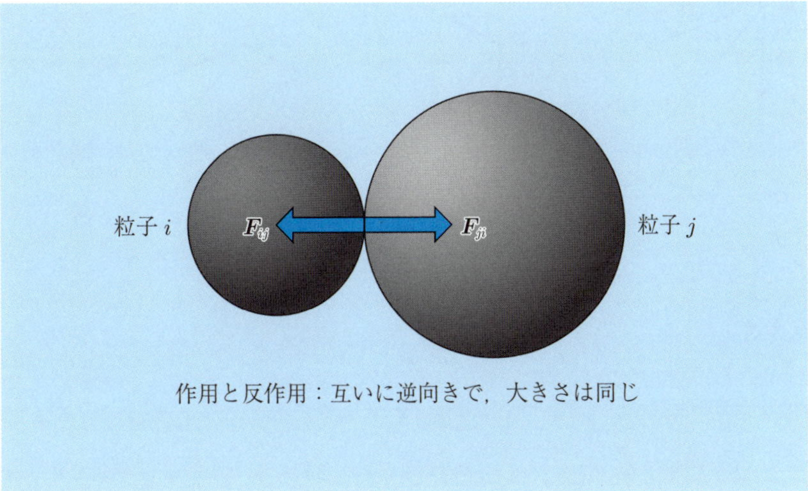

図 2.1　作用反作用の法則

ペア)，熱力学温度の K（ケルビン），物質量の mol（モル），光度の cd（カンデラ）が基本単位である）．他の力学量の単位はこれらの基本単位の積や商で表される．例えば，式 (2.2) より，力の単位は $\mathrm{kg \cdot m \cdot s^{-2}}$ である．これを N（ニュートン）と表す．つまり，質量 1 kg の粒子に $1\,\mathrm{m \cdot s^{-2}}$ の大きさの加速度が生ずるときの力の大きさが 1 N である．一方，cm, g, s を基本単位とする cgs 単位系では，$\mathrm{g \cdot cm \cdot s^{-2}}$ が力の単位になり，これを dyn（ダイン）と表す．$1\,\mathrm{dyn} = 10^{-5}\,\mathrm{N}$ である．

物理量を表す基本量の組合せを**次元**と呼ぶ．長さの次元を [L]，時間の次元を [T]，質量の次元を [M] と表すと，力の次元は $[\mathrm{MLT^{-2}}]$ である．二つの量の大小を論じたり和や差を考えるためには，それらが同じ次元をもった量でなければならない．また，等式や不等式の両辺は同じ次元でなければならないし，sin, cos, exp などの中身は無次元量でなければならない．

ここで，記号の使い方を注意しておく．本書では x や $\boldsymbol{F}$ などの記号は物理量を表すので，次元をもっている．したがって，$x = 1\,\mathrm{m} = 100\,\mathrm{cm}$ のような書き方ができる．決してある単位（例えば m）で表したときの数値を意味するのではないことに注意せよ．

2.2 作用反作用の法則と運動量

物体は接触している他の物体から力を及ぼされる．例えば，壁に立てかけた棒は，壁や床から力を受けている．また，直接接触してはいなくても，地球は重力を及ぼす．このようにある物体が他の物体から力（**作用**）を受けて

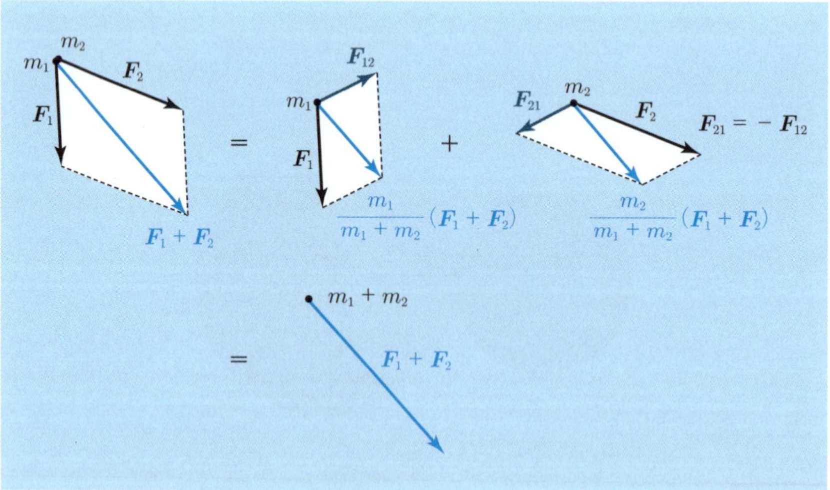

図 2.2　2 個の粒子が一体となって運動するとき，2 個を別々の粒子と考えても，一体となったものを 1 個の粒子を考えても同じ結果を導くためには，この 2 個の粒子間に働く力は作用反作用の法則を満たさなければならない．

いるとき，作用を及ぼした物体も逆に作用を及ぼされた物体から力を受けている．これを**反作用**と呼ぶが，その大きさは作用の大きさに等しく，向きは逆向きである．すなわち，粒子 i に粒子 j から力 $\boldsymbol{F}_{ij}$ が及ぼされるとき，同時に粒子 j は粒子 i から力 $\boldsymbol{F}_{ji}$ を受け，それらの力の間には

$$\boldsymbol{F}_{ji} = -\boldsymbol{F}_{ij} \tag{2.4}$$

という関係がある．これを**作用反作用の法則**という（図 2.1（p.31））．

作用反作用の法則が粒子の運動に与える影響は，運動量と呼ばれる物理量を用いるとわかりやすい．**運動量**とは，粒子の速度 $\boldsymbol{v}$ に質量 m をかけた $\boldsymbol{p} = m\boldsymbol{v}$ のことをいう．粒子 m_1 には粒子 2 が及ぼす力 $\boldsymbol{F}_{12}$ と外力（p.30〔下欄〕）．$\boldsymbol{F}_1$ が働き，粒子 m_2 には粒子 1 が及ぼす力 $\boldsymbol{F}_{21}$ と外力 $\boldsymbol{F}_2$ が働くとしよう（図 2.2）．このときの運動方程式は，

$$m_1\ddot{\boldsymbol{r}}_1 = \boldsymbol{F}_1 + \boldsymbol{F}_{12}, \quad m_2\ddot{\boldsymbol{r}}_2 = \boldsymbol{F}_2 + \boldsymbol{F}_{21} \tag{2.5}$$

となる．ここで，粒子 1 の運動量を $\boldsymbol{p}_1 = m_1\dot{\boldsymbol{r}}_1$，粒子 2 の運動量を $\boldsymbol{p}_2 = m_2\dot{\boldsymbol{r}}_2$ とすると，作用反作用の法則 $\boldsymbol{F}_{21} = -\boldsymbol{F}_{12}$ より

$$\frac{d}{dt}(\boldsymbol{p}_1 + \boldsymbol{p}_2) = \boldsymbol{F}_1 + \boldsymbol{F}_2 \tag{2.6}$$

が成り立つ．すなわち，粒子の運動量の和（全運動量）の時間変化は外力の和に等しい．特に，外力が働いていないような場合には

$$\frac{d}{dt}(\boldsymbol{p}_1 + \boldsymbol{p}_2) = \boldsymbol{0} \tag{2.7}$$

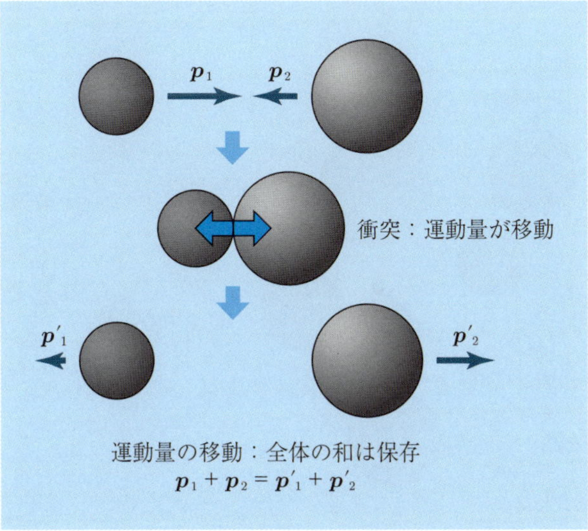

図 2.3　運動量保存則

となり，全運動量の値は時間変化しない．これを**運動量保存則**という（図 2.3）．

特別の場合として，この 2 個の粒子が一体となって運動している場合を考えよう．$\boldsymbol{p}_1 + \boldsymbol{p}_2 = (m_1 + m_2)\dot{\boldsymbol{r}}$ とおくとき，$\boldsymbol{r}$ は一体となって運動している 2 個の粒子を 1 個の粒子と見なしたときの位置ベクトルと解釈できる．このとき，$\boldsymbol{r} = \boldsymbol{r}_1 = \boldsymbol{r}_2$ であるためには，

$$\frac{\boldsymbol{F}_1 + \boldsymbol{F}_2}{m_1 + m_2} = \frac{\boldsymbol{F}_1 + \boldsymbol{F}_{12}}{m_1} = \frac{\boldsymbol{F}_2 + \boldsymbol{F}_{21}}{m_2}$$

すなわち，

$$\boldsymbol{F}_{12} = -\boldsymbol{F}_{21} = \frac{m_1\boldsymbol{F}_2 - m_2\boldsymbol{F}_1}{m_1 + m_2} \tag{2.8}$$

が成り立つことが必要になる．このように物体の構成要素を粒子と考えても，合体した粒子を 1 個の粒子と考えても，どちらも同じ結果になるを保証するためには $\boldsymbol{F}_{12} = -\boldsymbol{F}_{21}$ が必要なのである．この意味で，作用反作用の法則は，粒子という概念の一貫性を保証している．

■ ***N* 粒子系**　上の議論は，任意の個数の粒子に対して一般化できる．今，N 個の粒子があるとして，粒子 i に働く力は，他の粒子 j から及ぼされる力（内力）$\boldsymbol{F}_{ij}$ と，考えている粒子以外の環境から及ぼされる力（外力）$\boldsymbol{F}_i$ の和として表せたとする．このとき，運動方程式は $i = 1, 2, \ldots, N$ に対して，

$$m_i \frac{d^2\boldsymbol{r}_i}{dt^2} = \frac{d\boldsymbol{p}_i}{dt} = \sum_{\substack{j=1 \\ j \neq i}}^{N} \boldsymbol{F}_{ij} + \boldsymbol{F}_i \tag{2.9}$$

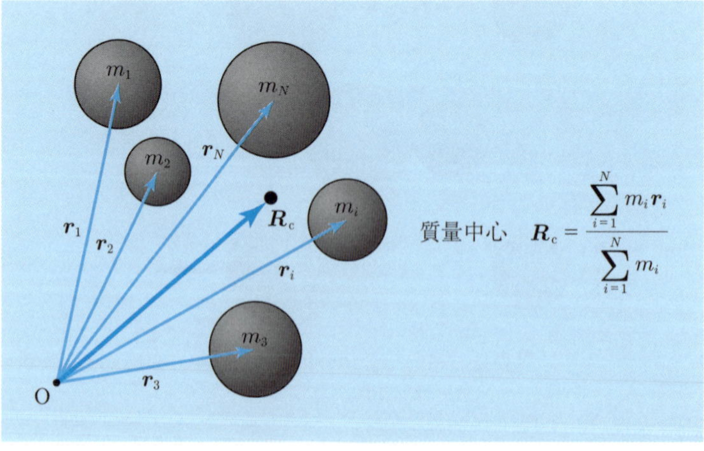

図 2.4　質量中心

となる．ここで，m_i は粒子 i の質量，$\boldsymbol{p}_i = m_i \dot{\boldsymbol{r}}_i$ は粒子 i の運動量を表す．

式 (2.9) の両辺それぞれについて i に関する和を取ると，

$$\frac{d^2}{dt^2}\sum_{i=1}^{N} m_i \boldsymbol{r}_i = \sum_{i=1}^{N}\sum_{\substack{j=1\\ j\neq i}}^{N} \boldsymbol{F}_{ij} + \sum_{i=1}^{N} \boldsymbol{F}_i \tag{2.10}$$

となる．しかし，内力 $\boldsymbol{F}_{ij}$ に対しては，作用反作用の法則

$$\boldsymbol{F}_{ji} = -\boldsymbol{F}_{ij} \tag{2.11}$$

が成り立つので，式 (2.10) の右辺第 1 項の内力の和は消える（外力に対しても粒子間の力であれば作用反作用の法則は成り立っているはずだが，$\boldsymbol{F}_i$ の反作用が及ぶ粒子の運動は我々の考慮の外にある）．そこで，全質量を $M = \sum_{i=1}^{N} m_i$，**質量中心**の位置ベクトル（図 2.4）を

$$\boldsymbol{R}_{\mathrm{c}} = \frac{1}{M}\sum_{i=1}^{N} m_i \boldsymbol{r}_i \tag{2.12}$$

とすると，全運動量は

$$\boldsymbol{P} = \sum_{i=1}^{N} \boldsymbol{p}_i = M\frac{d\boldsymbol{R}_{\mathrm{c}}}{dt} \tag{2.13}$$

と書けて，質量中心の運動に関しては，

$$M\frac{d^2\boldsymbol{R}_{\mathrm{c}}}{dt^2} = \frac{d\boldsymbol{P}}{dt} = \sum_{i=1}^{N} \boldsymbol{F}_i \tag{2.14}$$

という 1 粒子の運動方程式と全く同じ形の式が成り立つことがわかる．

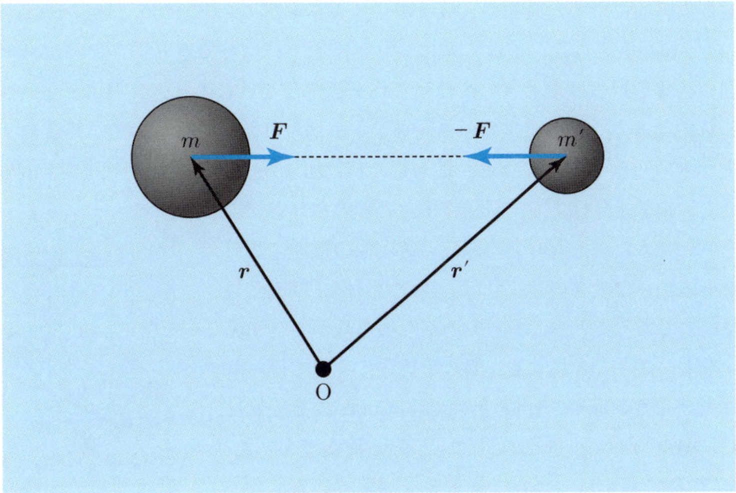

図 2.5　ニュートンの万有引力

2.3 惑星の運動とニュートンの万有引力の法則

与えられた環境の性質が十分よくわかっていれば，粒子に働く力を粒子の位置と速度の関数として表すことができるはずである．その具体的な関係を**力の法則**という．力の法則を明らかにすることは，物理学の重要な課題の一つである．そのためには，物体の運動についての精度の良い観測や実験が必要になる．実際に運動の法則性から力の法則を導いた最も有名な例として，ニュートンの万有引力の法則を取り上げてみよう．

■万有引力の法則 位置 $\boldsymbol{r}'$ に質量 m' の粒子が存在するとき，位置 $\boldsymbol{r}$ にある質量 m の粒子には次のような力が働く（図 2.5）．

$$\boldsymbol{F} = -\frac{Gmm'}{|\boldsymbol{r}-\boldsymbol{r}'|^2}\frac{\boldsymbol{r}-\boldsymbol{r}'}{|\boldsymbol{r}-\boldsymbol{r}'|} \tag{2.15}$$

あるいは，「粒子 m' が粒子 m に力 $\boldsymbol{F}$ を及ぼす」ともいう．この力を**万有引力**と呼び，万有引力が式 (2.15) に従うことをニュートンの**万有引力の法則**という．ここで，G は**万有引力定数**と呼ばれる普遍定数であり，

$$G = 6.67428 \times 10^{-11}\,\mathrm{m^3 \cdot kg^{-1} \cdot s^{-2}}$$

という値をもつ（平成 25 年版理科年表による）（測定については〔下欄〕参照）．粒子 m と粒子 m' の立場を入れ替えると，粒子 m' に対しても，式 (2.15) で m と m'，$\boldsymbol{r}$ と $\boldsymbol{r}'$ をそれぞれ入れ替えて得られる力が働くことになり，これは $-\boldsymbol{F}$ に等しい．つまり，万有引力の法則は作用反作用の法則を満たしている．また，同時に

万有引力定数の測定

万有引力定数を実験的に求めた最初の人はイギリスのキャヴェンディシュ（Henry Cavendish）であり，その結果は 1798 年に発表された．彼は，糸につり下げ水平に回転できるようにしたバーベルを用い，このバーベルに別の物体を近づけたときの糸のねじれを測定した．このとき，物体とバーベル間に働く万有引力と糸のねじれによる力（正確には力のモーメント）がつり合っているので，後者の法則性がわかっていれば万有引力が求められることになる．彼が得た値は $6.75 \pm 0.05 \times 10^{-11}\,\mathrm{kg^{-1} \cdot m^3 \cdot s^{-2}}$ であった．

キャヴェンディシュ以後今日まで，同様のまたは別のやり方による実験が繰り返されてきたが，万有引力定数の値は他の物理定数に比べて相対的な不確かさが大きい．これは，他の力（例えば電磁気力）に比べて弱い力であることや，引力であるため遮蔽ができず環境の影響を受けやすいことなどによる．異なる実験によって得られた値はしばしば大きく食い違い，1998 年の CODATA の推奨値は $6.673 \pm 0.010 \times 10^{-11}\,\mathrm{m^3 \cdot kg^{-1} \cdot s^{-2}}$ という低い精度であった．万有引力定数 G の精密測定は，現在でも重要な課題である．

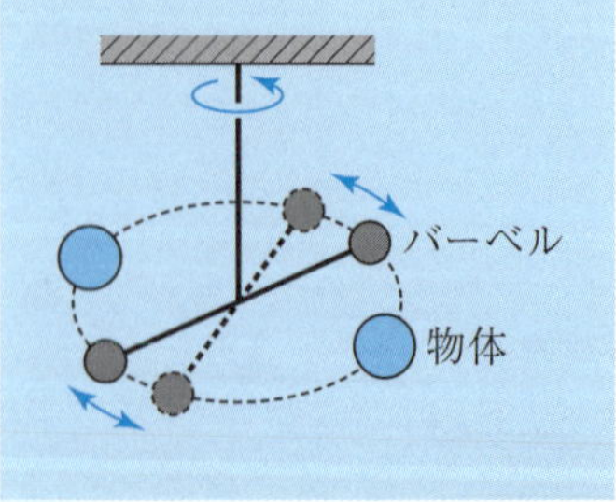

$$(\boldsymbol{r}-\boldsymbol{r}')\times\boldsymbol{F}=\boldsymbol{0} \tag{2.16}$$

も成り立つ．すなわち，力 $\boldsymbol{F}$ は位置ベクトルの差 $\boldsymbol{r}-\boldsymbol{r}'$ に平行である．この性質を示す力を**中心力**という．中心力については第5章で詳しく扱う．

ニュートンが万有引力の法則を発見したのは，惑星の運動の解析を通してであった．以下では，第1章で学んだベクトルについての知識を用いて，この解析の詳細を見ることにしよう．

ケプラーの法則 惑星の運動に関しては，ニュートン以前にケプラー（Kepler）によって次の3法則が成り立っていることが発見されていた．

第1法則 すべての惑星は，太陽を焦点とする楕円軌道上の運動する．

第2法則 太陽と惑星を結ぶ線分（動径）が単位時間に掃く面積は，時間によらず一定である．

第3法則 惑星の公転周期の2乗と軌道の長半径の3乗の比は，すべての惑星に対して等しい値を示す．

ケプラーがこの法則を発見した経緯については，科学史的にも非常に興味深いところであるが，本書では触れない．興味のある読者は，朝永振一郎「物理学とは何だろうか」などの本を参照されたい．

第1法則から，惑星の軌道は平面上にある．図2.6（p.38）のように楕円の焦点を原点とする円筒座標を用いると，楕円を表す式は

$$\rho=\frac{(1-\varepsilon^2)a}{1+\varepsilon\cos\phi} \tag{2.17}$$

楕円の式 (2.17) の導出

原点を中心とする長半径 a，短半径 b（したがって $a\geq b>0$）の楕円が，平面上のデカルト座標 (x,y) を用いて

$$\frac{x^2}{a^2}+\frac{y^2}{b^2}=1$$

という式で表されることは既知とする．ここで，離心率を $\varepsilon=\sqrt{1-\dfrac{b^2}{a^2}}$ と定義すると，$0\leq\varepsilon<1$ であり，楕円の式は

$$y^2=(1-\varepsilon^2)(a^2-x^2) \tag{$*$}$$

と書ける．ここで点 $\mathrm{S}(\varepsilon a,0)$ と $\mathrm{S}'(-\varepsilon a,0)$ を考える（図2.6）と，楕円上の任意の点 P は $\overline{\mathrm{PS}}+\overline{\mathrm{PS}'}=2a$ を満たす．この2点 S, S′ を楕円の**焦点**と呼ぶ．今，焦点 S を原点とする円筒座標 ρ,ϕ を導入すると，x, y と ρ,ϕ の関係は $x=\varepsilon a+\rho\cos\phi$, $y=\rho\sin\phi$ となる．これを上の楕円の式 $(*)$ に代入して，右辺を展開し，式を整理すると

$$\rho^2=\left[(1-\varepsilon^2)a-\varepsilon\rho\cos\phi\right]^2$$

が得られる．$(1-\varepsilon^2)a-\varepsilon\rho\cos\phi=a-\varepsilon x>0$ に注意して2乗をはずし，ρ について解いた形にすると，式 (2.17) が得られる．

となる（導出は前のページの〔下欄〕）．ここで，$a > 0$ は**長半径**，ε は $0 \leq \varepsilon < 1$ の定数であり**離心率**と呼ばれる（p.40 の表 2.1）．離心率は楕円の形を表すパラメターで，$\varepsilon = 0$ の場合は円を表し，$\varepsilon \to 1$ の極限では楕円は完全につぶれて長さ $2a$ の線分になる．

ここで，第 1 章で学んだように，粒子の位置は円筒座標を用いて，

$$\boldsymbol{r} = \rho \boldsymbol{e}_\rho \tag{2.18}$$

と表され，速度は

$$\boldsymbol{v} = \dot{\boldsymbol{r}} = \dot{\rho}\boldsymbol{e}_\rho + \rho\dot{\phi}\boldsymbol{e}_\phi \tag{2.19}$$

と書けることを思い出しておこう．

ケプラーの第 2 法則は動径が単位時間に掃く面積について述べている．微小な時間間隔 Δt を考えると，図 2.8（p.41）に示すように，$\boldsymbol{r}(t + \Delta t) = \boldsymbol{r}(t) + \boldsymbol{v}(t)\Delta t + o(\Delta t)$（$\Delta t \to 0$）であり，この間に動径が掃いた面積は $\Delta S = \frac{1}{2}|\boldsymbol{r} \times \boldsymbol{v}|\Delta t + o(\Delta t)$（$\Delta t \to 0$）となる．したがって単位時間に動径が掃く面積（**面積速度**）の大きさは

$$\frac{dS}{dt} = \frac{1}{2}|\boldsymbol{r} \times \boldsymbol{v}| \tag{2.20}$$

で与えられる．円筒座標で表した位置ベクトルと速度の式 (2.18), (2.19) を代入すると，

$$\frac{dS}{dt} = \frac{1}{2}\rho^2\dot{\phi} \tag{2.21}$$

が得られる．惑星の公転周期を T とすると，T の間に位置ベクトルはちょうど 1 回楕円を掃くから，$T\frac{dS}{dt}$ は楕円の面積 $\pi a^2\sqrt{1-\varepsilon^2}$ に等しい．したがって，

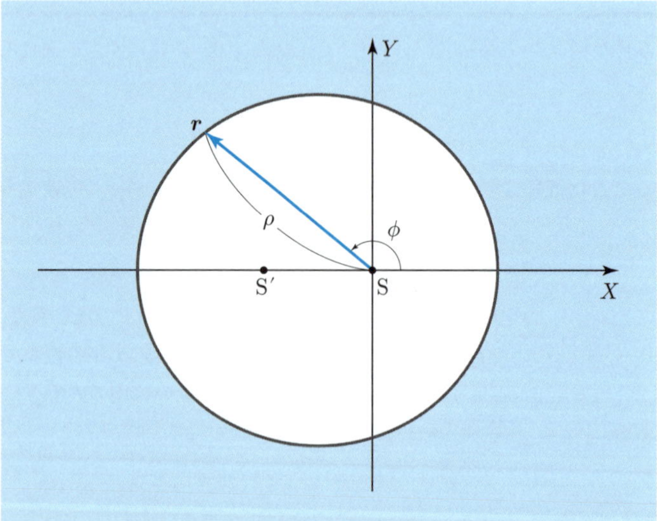

図 2.6　楕円軌道

$$\rho^2\dot{\phi} = \frac{2\pi a^2\sqrt{1-\varepsilon^2}}{T} \tag{2.22}$$

という関係式が得られる．これが第 2 法則の数式による表現である．

以上を踏まえて，惑星の加速度を計算してみよう．

$$\boldsymbol{a} = a_\rho \boldsymbol{e}_\rho + a_\phi \boldsymbol{e}_\phi \tag{2.23}$$

のように基底 $\boldsymbol{e}_\rho, \boldsymbol{e}_\phi$ を用いて成分に分解すると，式 (1.40) より

$$a_\rho = \ddot{\rho} - \rho\dot{\phi}^2, \quad a_\phi = \rho\ddot{\phi} + 2\dot{\rho}\dot{\phi} \tag{2.24}$$

である．まず，第 2 式は

$$a_\phi = \frac{1}{\rho}\frac{d}{dt}(\rho^2\dot{\phi}) \tag{2.25}$$

と表すこともできるので，式 (2.22) より恒等的に $a_\phi = 0$ である．また，ρ は式 (2.17) のように ϕ の関数として与えられているので，時間微分は

$$\dot{\rho} = \frac{d\rho}{d\phi}\frac{d\phi}{dt} \tag{2.26}$$

のように合成関数の微分として表せる．これに式 (2.22) から得られる

$$\dot{\phi} = \frac{2\pi a^2\sqrt{1-\varepsilon^2}}{T\rho^2} \tag{2.27}$$

を代入して，式 (2.17) を用いると，

$$\dot{\rho} = -\frac{2\pi a^2\sqrt{1-\varepsilon^2}}{T}\frac{d}{d\phi}\left(\frac{1}{\rho}\right) = \frac{2\pi\varepsilon a}{T\sqrt{1-\varepsilon^2}}\sin\phi \tag{2.28}$$

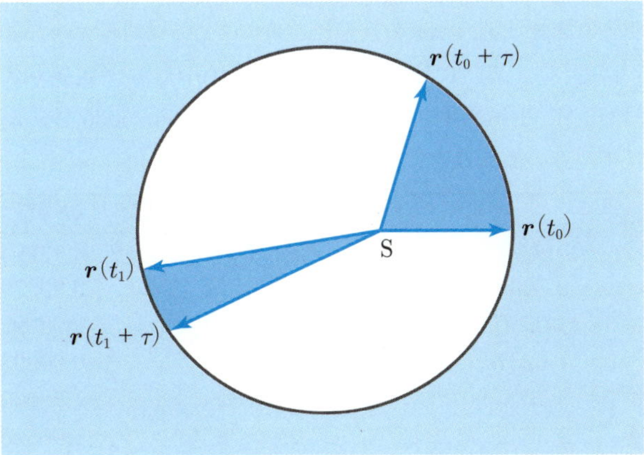

図 2.7 位置ベクトルが掃く面積とケプラーの第 2 法則．ある時間の間に位置ベクトルが通過した領域の面積を「位置ベクトルが掃く面積」と呼ぶ．ケプラーの第 2 法則は，同じ時間間隔 τ の間に位置ベクトルが掃いた面積は軌道の位置によらず等しいということを述べている．

が得られる．これをもう一度時間に関して微分して，式 (2.27) を用いると

$$\ddot{\rho} = \frac{2\pi\varepsilon a}{T\sqrt{1-\varepsilon^2}}\dot{\phi}\cos\phi = \frac{4\pi^2 a^3}{T^2\rho^2}\left[\frac{(1-\varepsilon^2)a}{\rho} - 1\right] \tag{2.29}$$

となる．また，式 (2.22) より，

$$\rho\dot{\phi}^2 = \frac{4\pi^2 a^4(1-\varepsilon^2)}{\rho^3 T^2} \tag{2.30}$$

であるから，式 (2.29), (2.30) を (2.24) の第 1 式の右辺に代入して

$$a_\rho = -\frac{4\pi^2 a^3}{\rho^2 T^2} \tag{2.31}$$

に到達する．ケプラーの第 3 法則より，$k = \frac{4\pi^2 a^3}{T^2}$ は全惑星に共通で太陽の性質のみによる定数である．こうして加速度は

$$\boldsymbol{a} = -\frac{k}{\rho^2}\boldsymbol{e}_\rho \tag{2.32}$$

と表される．すなわち，すべての惑星は太陽の向きに，太陽からの距離の 2 乗に反比例する大きさの加速度で運動していることになる．

加速度が得られたので，運動方程式より，質量 m の惑星に働く力 $\boldsymbol{F}$ は

$$\boldsymbol{F} = -\frac{mk}{\rho^2}\boldsymbol{e}_\rho$$

となる．一方，作用反作用の法則によれば，このとき太陽も惑星から同じ大きさの力を受けている．この力も太陽と惑星の役割を入れ替えただけの同じ

表 2.1 ケプラーの第 3 法則．軌道の長半径，および公転周期のデータは理科年表（平成 25 年版）による．1 天文単位は 149597870700 m と定義され，1 太陽年は 365.24219 日，1 恒星年（対恒星公転周期）は 365.25636 日に等しい．太陽年と恒星年の違いは地球の歳差運動による．

	長半径 a [天文単位]	対恒星公転周期 T [太陽年]	a^3/T^2	離心率
水星	0.3871	0.24085	0.99995	0.2056
金星	0.7233	0.61521	0.99979	0.0068
地球	1.0000	1.00004	0.99992	0.0167
火星	1.5237	1.88089	0.99993	0.0934
木星	5.2026	11.8622	1.00076	0.0485
土星	9.5549	29.4578	1.00526	0.0555
天王星	19.2184	84.0223	1.0055	0.0463
海王星	30.1104	164.774	1.0055	0.0090

形の法則に従うと仮定すると，惑星の性質だけで決まる定数を k'，太陽の質量を M として，

$$|\boldsymbol{F}| = \frac{mk}{\rho^2} = \frac{Mk'}{\rho^2}$$

が成り立つ．したがって，

$$\frac{k}{M} = \frac{k'}{m}$$

を得るが，左辺は太陽の性質だけで決まる量であるのに対し，右辺は惑星の性質だけで決まる量なので，結局どちらの性質も含まない普遍的な定数でなければならない．この定数（万有引力定数）を G とおくと，力 $\boldsymbol{F}$ は

$$\boldsymbol{F} = -\frac{GmM}{\rho^2}\boldsymbol{e}_\rho \tag{2.33}$$

と書けることになる．ニュートンは，以上のような考察を経て，万有引力の法則に到達したのであった（ただし，第 3 法則との関係について，5.4 節と演習問題 **5.2** を参照のこと）．

■地球上の物体に働く重力　地球上の物体には，地球からの万有引力が働く．しかし，地球上の物体にとって，地球は決して点と見なせるようなものではない．このような広がった質量分布をもつ物体が及ぼす重力は，物体を微小部分の和に分解して，各微小部分が及ぼす万有引力を足し上げたものになる．その結果，以下に見るように，球対称な物体が及ぼす引力は，物体の中心に置かれた物体の全質量と同じ質量をもつ粒子が及ぼす力と同じになる．

今，地球を半径 R の球（Ω_R）としよう．より精密には，地球の形は回転

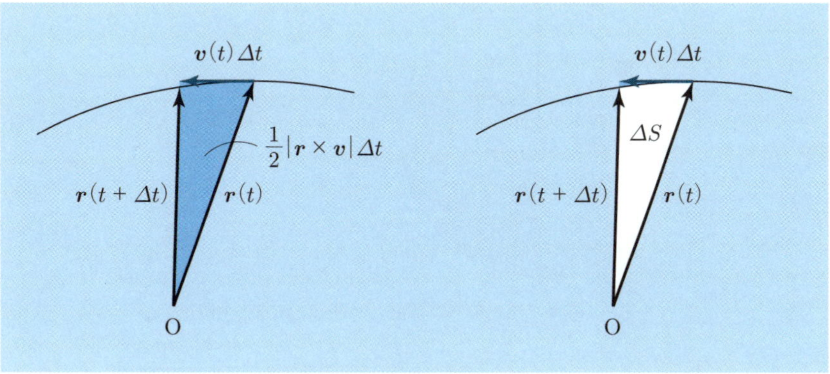

図 2.8　面積速度．時間 Δt の間に動径が掃く部分の面積 ΔS は，$\Delta t \to 0$ で $\boldsymbol{r}(t)$ と $\boldsymbol{v}\Delta t$ が張る三角形の面積 $\frac{1}{2}|\boldsymbol{r}(t) \times \boldsymbol{v}(t)|\Delta t$ に近づく．

楕円体に近いが，極半径と赤道半径の比の 1 からのずれは 1/300 程度なので，ほとんど球形と見なしてもそう悪い近似ではない．球の中心に原点を選び，地球から力を及ぼされる質量 m の粒子の位置ベクトルを $\boldsymbol{r}$ と表そう．地球を仮想的に N 個の細かい領域 $\Delta\Omega_i$（$i = 1, 2, \ldots, N$）に切り分け，領域 $\Delta\Omega_i$ 内に選んだ位置ベクトルを $\boldsymbol{r}_i$，この小領域における密度を $\sigma(\boldsymbol{r}_i)$，体積を ΔV_i とする（図 2.9）と，万有引力の法則より地球が粒子に及ぼす力は

$$\boldsymbol{F} = -\lim_{\substack{N\to\infty \\ \max\Delta V_i \to 0}} \sum_{i=1}^{N} \frac{Gm\sigma(\boldsymbol{r}_i)}{|\boldsymbol{r}-\boldsymbol{r}_i|^2} \frac{\boldsymbol{r}-\boldsymbol{r}_i}{|\boldsymbol{r}-\boldsymbol{r}_i|} \Delta V_i \tag{2.34}$$

となる．ただし，$N \to \infty$, $\max \Delta V_i \to 0$ という極限は，すべての部分体積 ΔV_i が 0 に収束するように，均等に無限に細かく切り分けることを意味する．右辺の極限が存在するとき，収束値を

$$-\int_{\Omega_R} \frac{Gm\sigma(\boldsymbol{r}')(\boldsymbol{r}-\boldsymbol{r}')}{|\boldsymbol{r}-\boldsymbol{r}'|^3} dV' \tag{2.35}$$

と表す．このような積分を**体積積分**と呼ぶ．

体積積分を実際に計算するためには，何らかの座標の関数として被積分関数を表し，体積積分を座標に関する重積分に書き換える必要がある．ここでは極座標を用いよう．極座標を用いると，地球が占める領域（原点を中心とする半径 R の球）は

$$\boldsymbol{r}' = r\sin\theta\cos\phi\,\boldsymbol{e}_x + r\sin\theta\sin\phi\,\boldsymbol{e}_y + r\cos\theta\,\boldsymbol{e}_z$$
$$(0 \le r \le R, 0 \le \theta \le \pi, 0 \le \phi < 2\pi) \tag{2.36}$$

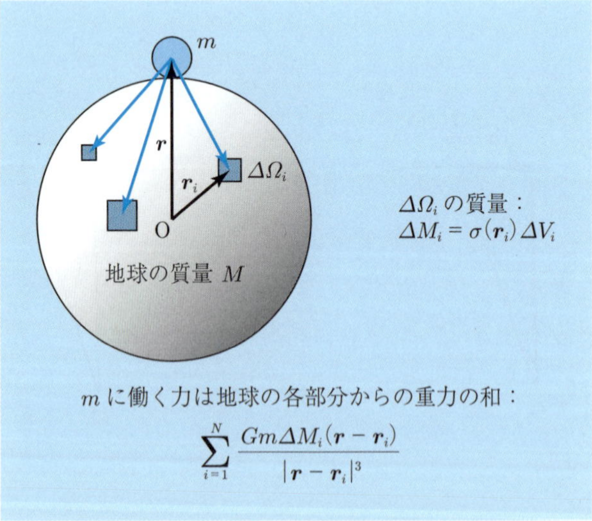

図 2.9　地球が及ぼす重力

と表される．そこで，この座標の値にしたがって次のように球を分割する．つまり，1 個 1 個の $\Delta\Omega_i$ は

$$\{\boldsymbol{r}'(r',\theta',\phi')|r \leq r' < r+\Delta r, \theta \leq \theta' < \theta+\Delta\theta, \phi \leq \phi' < \phi+\Delta\phi\}$$

のようにそれぞれの座標が幅 Δr, $\Delta\theta$, $\Delta\phi$ の微小範囲内の値をもつものとする．Δr, $\Delta\theta$, $\Delta\phi$ が微小のとき，このような領域の体積 ΔV_i は

$$\Delta V_i = \left(\frac{\partial \boldsymbol{r}}{\partial r}\Delta r, \frac{\partial \boldsymbol{r}}{\partial \theta}\Delta\theta, \frac{\partial \boldsymbol{r}}{\partial \phi}\Delta\phi \text{が張る直方体の体積}\right) + o(\Delta r\Delta\theta\Delta\phi)$$

となる．式 (1.33), (1.34), (1.35) よりこの直方体の体積は $r^2 \sin\theta \Delta r\Delta\theta\Delta\phi$ であることがわかるので，結局

$$\Delta V_i = r^2 \sin\theta\, \Delta r\Delta\theta\Delta\phi + o(\Delta r\Delta\theta\Delta\phi) \tag{2.37}$$

となる．このことを

$$dV = r^2 \sin\theta\, dr\, d\theta\, d\phi$$

と表し dV を**体積要素**と呼ぶ（p.44 の図 2.10 (b)）．一般の座標に対する体積要素については〔下欄〕を参照せよ．

さらに，粒子の位置ベクトルの向きが z 軸の正の向きと一致しているとしよう．球対称な質量分布，つまり密度 σ が地球の中心からの距離 r のみの関数である場合を考える限り，この仮定は一般性を失うものではない．また，粒子は地球の外にあるとする．このとき，$\boldsymbol{r} = z\boldsymbol{e}_z$（$z \geq R$）と表される．以上より，体積積分 (2.35) は

体積要素の表現

極座標の場合は $\frac{\partial \boldsymbol{r}}{\partial r}$，$\frac{\partial \boldsymbol{r}}{\partial \theta}$，$\frac{\partial \boldsymbol{r}}{\partial \phi}$ が直交するので，微小領域 ΔV_i は直方体で近似できた．一般のパラメター (u_1, u_2, u_3) で体積が表されている場合には，微小領域として

$$\Delta\Omega_i = \{\boldsymbol{r}(u_1', u_2', u_3')|\, u_1 \leq u_1' < u_1+\Delta u_1, u_2 \leq u_2' < u_2+\Delta u_2, u_3 \leq u_3' < u_3+\Delta u_3\}$$

を考えることになるが，$\frac{\partial \boldsymbol{r}}{\partial u_1}\Delta u_1$, $\frac{\partial \boldsymbol{r}}{\partial u_2}\Delta u_2$, $\frac{\partial \boldsymbol{r}}{\partial u_3}\Delta u_3$ は直交するとは限らず，一般にはこれらが張る平行六面体で近似されることになる．平行六面体の体積はスカラー 3 重積で表されるので，この場合には

$$dV = \left|\frac{\partial \boldsymbol{r}}{\partial u_1} \cdot \left(\frac{\partial \boldsymbol{r}}{\partial u_2} \times \frac{\partial \boldsymbol{r}}{\partial u_3}\right)\right| du_1 du_2 du_3$$

という式が導かれる．これが一般の体積要素に対する表現を与える．ちなみに，デカルト座標であれば，$dV = dx\, dy\, dz$（図 2.10 (a)），円筒座標では $dV = \rho d\rho\, d\phi\, dz$ となる．行列式を用いれば

$$dV = \left|\det\begin{pmatrix} \frac{\partial x}{\partial u_1} & \frac{\partial x}{\partial u_2} & \frac{\partial x}{\partial u_3} \\ \frac{\partial y}{\partial u_1} & \frac{\partial y}{\partial u_2} & \frac{\partial y}{\partial u_3} \\ \frac{\partial z}{\partial u_1} & \frac{\partial z}{\partial u_2} & \frac{\partial z}{\partial u_3} \end{pmatrix}\right| du_1 du_2 du_3 \tag{$*$}$$

と表すこともできる．式 $(*)$ の右辺の行列式を**ヤコビアン**という．

$$\boldsymbol{F} = \int_0^R dr \int_0^\pi d\theta \int_0^{2\pi} d\phi \frac{Gm\sigma(r)r^2 \sin\theta[r\sin\theta\cos\phi\boldsymbol{e}_x + r\sin\theta\sin\phi\boldsymbol{e}_y + (r\cos\theta - z)\boldsymbol{e}_z]}{\left[r^2\sin^2\theta + (z - r\cos\theta)^2\right]^{3/2}} \tag{2.38}$$

という 3 重積分の形に表される．あとは変数 ϕ, θ, r について順に積分していけば力が得られる．詳しい計算は，p.46 の〔下欄〕にあるが，結果は

$$\boldsymbol{F} = -\frac{GmM}{z^2}\boldsymbol{e}_z \tag{2.39}$$

である．ただし，

$$M = \int_0^R 4\pi r^2 \sigma(r) dr = \int_{\Omega_R} \sigma(\boldsymbol{r}) dV \tag{2.40}$$

は，地球の全質量を表す．今は粒子が z 軸上にあるとしたが，球対称性より $|\boldsymbol{r}| \geq R$ であるような任意の位置 $\boldsymbol{r}$ にある質量 m の粒子に対して働く力は

$$\boldsymbol{F} = -\frac{GmM}{|\boldsymbol{r}|^2}\boldsymbol{e}_r \tag{2.41}$$

である．このように，球対称な質量分布をもつ物体が物体の外にある粒子に対して及ぼす万有引力は，物体の中心に物体の全質量をもつ仮想的な粒子を考えたときのその粒子が及ぼす万有引力に等しい．

ここで，

$$\boldsymbol{g}(\boldsymbol{r}) = -\frac{GM}{|\boldsymbol{r}|^2}\boldsymbol{e}_r$$

とおくと，地球上の位置 $\boldsymbol{r}$ にある質量 m の粒子に働く力は $m\boldsymbol{g}$ と書ける．

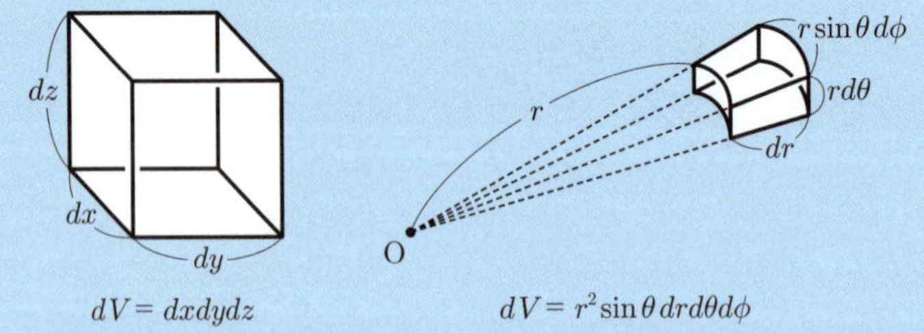

(a) デカルト座標での体積要素 (b) 極座標での体積要素

図 2.10 デカルト座標と極座標の体積要素

この $\boldsymbol{g}$ を**重力加速度**と呼ぶ．粒子が地表付近で，地球の半径よりも小さいスケールの運動をする場合には，$|\boldsymbol{r}|$, $\boldsymbol{e}_r$ を一定と見なしてもよいので，重力加速度を定ベクトルとして扱うことができる †．重力加速度 $\boldsymbol{g}$ の向きを**鉛直下向き**，その逆の向きを**鉛直上向き**という．また，$\boldsymbol{g}$ の大きさは場所により多少違うが，およそ $9.80\,\mathrm{m\cdot s^{-2}}$ である．

2.4　さまざまな力

ニュートンの万有引力以外にも粒子にはさまざまな力が働く．また，力の起源はさまざまなレベルで考えることができる．

■電磁気力　電荷を帯びた粒子には電磁気力が働く．例えば，位置 $\boldsymbol{r}'$ に静止した点電荷 q' があるとき，位置 $\boldsymbol{r}$ にある電荷 q をもつ粒子には静電気力

$$\boldsymbol{F} = \frac{1}{4\pi\varepsilon_0}\frac{qq'}{|\boldsymbol{r}-\boldsymbol{r}'|^2}\frac{\boldsymbol{r}-\boldsymbol{r}'}{|\boldsymbol{r}-\boldsymbol{r}'|} \qquad (2.42)$$

が働く．これを**クーロンの法則**という．定数 ε_0 は**真空の誘電率**と呼ばれ，

$$\varepsilon_0 = \frac{10^7}{4\pi c^2}\,\mathrm{F\cdot m^{-1}} \simeq 8.854\times 10^{-12}\,\mathrm{F\cdot m^{-1}}$$

という値をもつ．c は真空中の光の速さを SI 単位系で表したときの数値（$c = 2.99702458\times 10^8$）である．この式は，ニュートンの万有引力の法

† ここで求めたのは，慣性系における重力加速度である．地表に固定された基準系で観測される重力加速度には，自転の影響による遠心加速度が含まれている．これについては第 6 章で述べることにして，それまで自転の効果は無視する．

累次積分

1 変数関数の場合には，積分は原始関数を求めることで計算できた．多変数関数の場合も，同様の計算を繰り返すことで積分の計算ができる．すなわち，長方形 $K = [a,b]\times[c,d]$ 上で連続な関数 $f(x,y)$ の積分は

$$\int_K f(x,y)\,dxdy = \int_a^b\left[\int_c^d f(x,y)\,dy\right]dx = \int_c^d\left[\int_a^b f(x,y)\,dx\right]dy$$

のように，まず x について積分した結果を y について積分すること（あるいはその逆）で計算できる．積分領域 A が長方形でない場合でも，$A = \{(x,y)\,|\,a\le x\le b,\ c(x)\le y\le d(x)\}$ のように表すことができれば

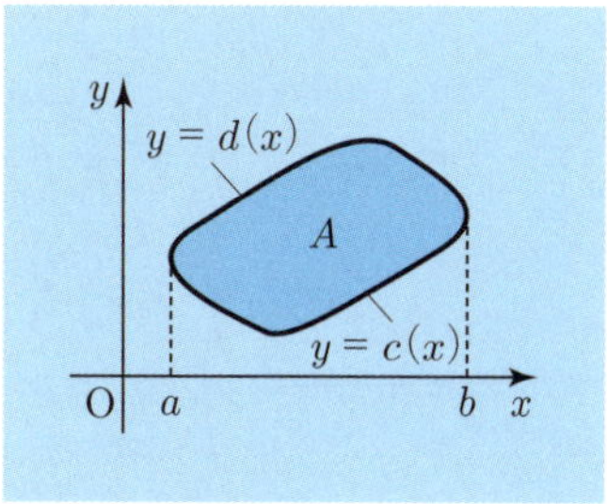

$$\int_A f(x,y)\,dxdy = \int_a^b\left[\int_{c(x)}^{d(x)} f(x,y)\,dy\right]dx$$

により求められる．このように 1 変数の積分の繰返しで多変数の積分を計算することを**累次積分**という．

則とよく似た形をしているが，質量と違って電荷は正負いずれの値も取ることができるので，同符号の点電荷の間には斥力，異符号の電荷の間には引力が働く．このように，引力と斥力の両方があるという点で重力と大きく違っており，引き起こされる自然現象は全く性質の異なるものになる．

荷電粒子が運動している場合には，電気的な力だけでなく磁気的な力も働く．しかし，これらの力を電荷を帯びた粒子間の相互作用として表すのは困難である．その代わりに，荷電粒子は電場 $\boldsymbol{E}(\boldsymbol{r},t)$ と磁場 $\boldsymbol{B}(\boldsymbol{r},t)$ の影響を受け，

$$\boldsymbol{F}(t) = q\boldsymbol{E}(\boldsymbol{r}(t),t) + q\boldsymbol{v}(t)\times\boldsymbol{B}(\boldsymbol{r}(t),t) \tag{2.43}$$

の力が働くと考えるほうがよい．この力を**ローレンツ力**という．荷電粒子は上のように電場，磁場から力を受けるが，電場，磁場もまた荷電粒子の運動の影響を受けて時間変化する．また，電場と磁場はお互いの時間発展に影響を及ぼし合っている．その詳しい内容については，電磁気学の教科書を参照されたい．

万有引力や電磁気力は，物体の構成要素である素粒子にまでさかのぼることのできる基本的な力である．原子や分子の間に働く原子間力，分子間力も，電磁気的相互作用の結果である．

しかし，巨視的物体に働く力は膨大な数の原子間力，分子間力の総和であるが，それを正確に表すことは一般には困難を伴う．そこでマクロな物体に働く力に対しては，実験を再現するように決めた現象論的法則を用いることも多い．

式 (2.39) の導出

式 (2.39) は，以下のように式 (2.38) の右辺を ϕ, θ の順に累次積分（p.45 の〔下欄〕）を実行して求めることができる．ただし，θ の積分は $u = -\cos\theta$ と変数変換して行い，式変形の際に $|z| > R$ であることに注意する．

$$\begin{aligned}
&(\text{式 (2.38) の右辺})\\
&= 2\pi Gm\int_0^R dr\int_{-1}^1 du r^2\sigma(r)\frac{-z-ru}{(r^2+2rzu+z^2)^{3/2}}\boldsymbol{e}_z\\
&= -2\pi Gm\int_0^R dr\int_{-1}^1 du r^2\sigma(r)\left(\frac{1}{2z}\frac{1}{\sqrt{r^2+2rzu+z^2}}+\frac{z^2-r^2}{2z}\frac{1}{(r^2+2rzu+z^2)^{3/2}}\right)\boldsymbol{e}_z\\
&= -2\pi Gm\int_0^R dr r^2\sigma(r)\left(\frac{1}{2rz^2}\sqrt{r^2+2rzu+z^2}-\frac{z^2-r^2}{2rz^2}\frac{1}{\sqrt{r^2+2rzu+z^2}}\right)_{-1}^{1}\boldsymbol{e}_z\\
&= -2\pi Gm\int_0^R dr r^2\sigma(r)\left[\frac{r+z-|r-z|}{2rz^2}-\frac{z^2-r^2}{2rz^2}\left(\frac{1}{r+z}-\frac{1}{|r-z|}\right)\right]\boldsymbol{e}_z\\
&= -2\pi Gm\int_0^R dr r^2\sigma(r)\frac{2}{z^2}\boldsymbol{e}_z = -\frac{Gm}{z^2}\int_0^R 4\pi r^2\sigma(r)dr\boldsymbol{e}_z
\end{aligned}$$

■弾性力　ばねの伸びる向きの単位ベクトルを $\boldsymbol{e}$ と表そう．ばねの先に付けた物体を，つり合いの位置から $x\boldsymbol{e}$ だけ微小変位させると，変位に比例した復元力 $-kx\boldsymbol{e}$ が働く．これを**フックの法則**と呼び，定数 k を**ばね定数**という．変位が大きくなると力はフックの法則からずれるようになり，さらに大きくなると，これ以上変形すると元に戻らなくなるという値が存在する．これを**弾性限界**という．

■流体からの抵抗　流体中を運動する物体は，流体からさまざまな力を受ける．特に，遠方で静止しているような流体中を物体が運動する場合，運動を妨げる向きの抵抗力が働く．その大きさは，流体の性質のみならず物体の形や大きさにも依存し，一般的に求めるのは容易ではないが，比較的遅い運動では粒子の速度に比例する抵抗力 $-\gamma\boldsymbol{v}$ が働くと考えてよい．これは，流体がまわりを引きずって動く**粘性**と呼ばれる効果によるものである．ある程度以上速く運動する場合には，むしろ速度の 2 乗に比例する抵抗を受けるようになる．

■拘束力　粒子の自由に動ける範囲が，ある曲面や曲線上に限定されているような運動を**拘束運動**，拘束を実現するために働く力を**拘束力**という．

斜面上を滑り落ちる物体の運動について考えてみよう．重力が鉛直下向きに働いているにもかかわらず，物体は斜面に沿って斜めに運動する．もちろん，これは斜面が下から支えているからである．斜面から働く力は，物体が及ぼす作用によって斜面がミクロスケールの変形を起こすことが原因だと考えられる．したがって，原理的には，斜面のごく微小な変形から粒子に働く

抵抗係数

動く物体に対する流体からの抵抗力を特徴づけるのに，次の**抵抗係数**と呼ばれる数値が用いられる．

$$C_{\mathrm{D}} = \frac{2|\boldsymbol{F}_{\mathrm{D}}|}{\rho A v^2}$$

ここで，ρ は流体の密度，A は物体の垂直断面積，$\boldsymbol{F}_{\mathrm{D}}$ は流体からの抵抗力，v は物体の速さである．球形の物体に対し抵抗係数は次ページのグラフ（図 2.11）のような振る舞いを示す．このグラフの横軸は**レイノルズ数**と呼ばれる無次元量で，半径 r の球では $\mathrm{Re} = \dfrac{2\rho r v}{\mu}$ と定義される．μ は**粘性率**と呼ばれ，流体がまわりを引きずって動く性質の度合いを表す量である．レイノルズ数が小さい，すなわち速度が小さい場合には，両対数グラフで傾きおよそ -1 の直線に沿っており，これは抵抗係数が Re に反比例していることを表す．つまり，このときの抵抗力は速度に比例している．これは流体の粘性によるもので，**ストークス抵抗**と呼ばれる（理論的には $C_{\mathrm{D}} = \dfrac{24}{\mathrm{Re}}$）．これに対して，レイノルズ数が 10^3 以上では C_{D} は一定に近い．この領域では抵抗力の大きさは速度の 2 乗に比例する．これを**ニュートンの抵抗則**と呼ぶ．レイノルズ数が大きいところで急に抵抗力が小さくなる現象が見られるが，これは物体近傍の流れが乱流化することによるもので，この現象が起こるレイノルズ数の値は球の表面の粗さなどに敏感に依存する．

力を求め，このミクロスケールの変形の時間変化を含めた粒子の運動が議論できるはずである．だが，それは困難であるし，そもそも斜面上の運動で問題となるのは，斜面に沿った向きの運動であって，斜面のごく微小な変形は興味の対象とならない（もちろん重い物体が斜面にめり込んでしまうような場合は別だが）．それならば，斜面に垂直な方向の運動は無視して，斜面に沿った向きの運動だけを議論するほうがよい．こう考えると，斜面から及ぼされる力は，物体の運動を斜面上に制限するという条件から決まる．この拘束力は**垂直抗力**とも呼ばれる．棒の先に重りが取りつけられた振り子，針金につけられたビーズなど，曲線上に拘束された粒子に対しても拘束を実現するような力が働く．

拘束力以外の力を $\boldsymbol{F}$，拘束力を $\boldsymbol{R}$ と表すと，運動方程式は

$$m\boldsymbol{a} = \boldsymbol{F} + \boldsymbol{R} \tag{2.44}$$

となる．時間変化しない曲面に拘束された粒子の場合，拘束力を $\boldsymbol{R} = \boldsymbol{R}_{\rm t} + \boldsymbol{R}_{\rm n}$ のように，接平面方向への射影 $\boldsymbol{R}_{\rm t}$ と法線方向への射影 $\boldsymbol{R}_{\rm n}$ に分解すると，$\boldsymbol{R}_{\rm t}$ は拘束の実現のためには必要ないことがわかる．そこで，$\boldsymbol{R}_{\rm t} = \boldsymbol{0}$ としよう．この場合，拘束はなめらかであるという．第 4 章を先取りしていえば，なめらかとは拘束力が仕事をしないということである．このとき，粒子の加速度，力 $\boldsymbol{F}$ も接平面方向と法線方向に分解すると，

$$m\boldsymbol{a}_{\rm t} = \boldsymbol{F}_{\rm t}, \quad m\boldsymbol{a}_{\rm n} = \boldsymbol{F}_{\rm n} + \boldsymbol{R} \tag{2.45}$$

となる．$\boldsymbol{F}$ が既知の力であれば，第 1 式から粒子の運動が決まる．また，第

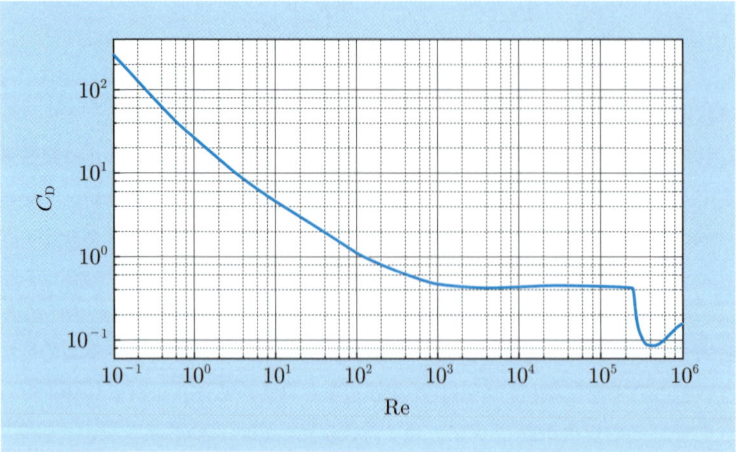

図 2.11　球の抵抗係数．両対数グラフであることに注意せよ．

2 式から拘束力 $\boldsymbol{R}$ が決まることになる．

時間変化しない曲線上に拘束された粒子の場合，第 1 章で見たように自然座標を用いれば $\dot{\boldsymbol{r}} = \dot{s}\boldsymbol{e}_{\rm t}$，$\boldsymbol{a} = \ddot{\boldsymbol{r}} = \ddot{s}\boldsymbol{e}_{\rm t} + \dfrac{v^2}{R}\boldsymbol{e}_{\rm n}$ と書ける．ただし，s は基準点からの軌道に沿った長さ，R は曲率半径，$\boldsymbol{e}_{\rm t}$ は接線ベクトル，$\boldsymbol{e}_{\rm n}$ は主法線ベクトルを表す．なめらかな拘束の場合，拘束力 $\boldsymbol{R}$ は $(\boldsymbol{e}_{\rm t}, \boldsymbol{e}_{\rm n}, \boldsymbol{e}_{\rm b})$ を基底として $\boldsymbol{R} = R_{\rm n}\boldsymbol{e}_{\rm n} + R_{\rm b}\boldsymbol{e}_{\rm b}$ と成分に分解される．力 $\boldsymbol{F}$ も $\boldsymbol{F} = F_{\rm t}\boldsymbol{e}_{\rm t} + F_{\rm n}\boldsymbol{e}_{\rm n} + F_{\rm b}\boldsymbol{e}_{\rm b}$ と表すと，

$$m\ddot{s} = F_{\rm t}, \quad \frac{mv^2}{R} = F_{\rm n} + R_{\rm n}, \quad 0 = F_{\rm b} + R_{\rm b} \tag{2.46}$$

となる．第 1 式と初期条件から s の時間発展は決まり，第 2，第 3 式から拘束力 $\boldsymbol{R}$ が決まる．平面上の曲線の場合は，第 3 式を考える必要はない．

曲面や曲線自体が時間変化するような場合も同様に扱うことができる．粒子の位置を記述するのに必要な独立変数の数を**自由度**というが，曲面に拘束された運動では自由度は 2，曲線に拘束された運動では自由度は 1 である．上で見たように，なめらかな拘束力の場合には，自由度が減るだけで，拘束力を考慮せずに運動を求めることができるのである．

N 粒子系の場合は空間内の曲線，曲面への拘束だけでなく，粒子間相互の位置関係に対する拘束を考えることができる．これを**ホロノーム拘束**（〔下欄〕参照）という．

■斜面上の物体の運動　拘束がなめらかな場合の斜面上の物体の運動について考えてみよう．斜面上の 1 点を原点とし，斜面の最大傾斜方向の下向きに $\boldsymbol{e}_x$ を，斜面上に沿って水平に $\boldsymbol{e}_y$ を，斜面に対して垂直上向きに $\boldsymbol{e}_z$ を選ぶ

ホロノーム拘束

複数の粒子の運動では，粒子が特定の面や線に拘束されるような場合だけでなく，粒子の相互の位置関係に対して拘束が生じる場合も考えられる．例えば，伸び縮みしない棒の両端に粒子が取り付けられているならば，それぞれの粒子が曲線や曲面に拘束されているわけではないが，粒子間の距離がいつも一定という条件でなければならない．このような場合も考慮に入れることで，拘束ということをもっと一般化して考えることができるようになる．

特に，M 個の拘束条件が位置ベクトル $\boldsymbol{r}_1, \boldsymbol{r}_2, \ldots, \boldsymbol{r}_N$（$N$ は粒子数）に対する等式の連立

$$f^{(\alpha)}(\boldsymbol{r}_1(t), \boldsymbol{r}_2(t), \ldots, \boldsymbol{r}_N(t), t) = 0 \quad (\alpha = 1, 2, \ldots, M)$$

で与えられるとき，これを**ホロノーム拘束**と呼ぶ．例えば，上に挙げた棒の両端の 2 粒子の場合ならば，棒の長さを l として，$|\boldsymbol{r}_1 - \boldsymbol{r}_2| - l = 0$ という式が拘束条件になる．ホロノーム拘束の場合も，拘束を満たすような変位に対し，拘束力が仕事をしなければ拘束はなめらかであるという．また，どの 2 粒子の間の距離も変わらないというホロノーム拘束を課した粒子系を剛体という．

(図 2.12). このとき, 斜面上の粒子の位置ベクトルは $\boldsymbol{r}(t) = x(t)\boldsymbol{e}_x + y(t)\boldsymbol{e}_y$ と表される. また, 斜面の傾斜角を α とすると, 重力加速度 $\boldsymbol{g}$ は

$$\boldsymbol{g} = g\sin\alpha\,\boldsymbol{e}_x - g\cos\alpha\,\boldsymbol{e}_z \tag{2.47}$$

となる. 拘束力を $\boldsymbol{R}$ と表すと, 運動方程式は

$$m\ddot{\boldsymbol{r}} = m\boldsymbol{g} + \boldsymbol{R} \tag{2.48}$$

であるが, なめらかな拘束の場合には $\boldsymbol{R} = R\boldsymbol{e}_z$ と書けるので, 運動方程式を成分で表すと,

$$m\ddot{x} = mg\sin\alpha, \quad m\ddot{y} = 0, \quad 0 = R - mg\cos\alpha \tag{2.49}$$

となる. これより, 拘束力は $\boldsymbol{R} = mg\cos\alpha\,\boldsymbol{e}_z$ であることがわかる.

■単振り子　次に, 質量 m の重りを長さ l の質量が無視できて伸縮しない棒の先に取り付けた単振り子の運動を考えよう (図 2.13). 振り子の支点を原点とし, 重りの位置ベクトルを $\boldsymbol{r}$ とすると, 拘束条件は $|\boldsymbol{r}| = l$ で与えられる. 振り子の運動が一つの鉛直面内に限られるとすれば, これは半径 l の円周上への拘束を表す. なめらかな拘束の場合, 拘束力は棒の張力に等しい. これを $\boldsymbol{T}$ とすると, 運動方程式は次のように表される.

$$m\frac{d^2\boldsymbol{r}}{dt^2} = m\boldsymbol{g} + \boldsymbol{T} \tag{2.50}$$

成分に分解するため, 水平の向きの単位ベクトルを $\boldsymbol{e}_x$, 鉛直上向きの単位ベクトルを $\boldsymbol{e}_y$, 鉛直下向きから測った棒の傾きを θ とおくと, 位置ベクトルは

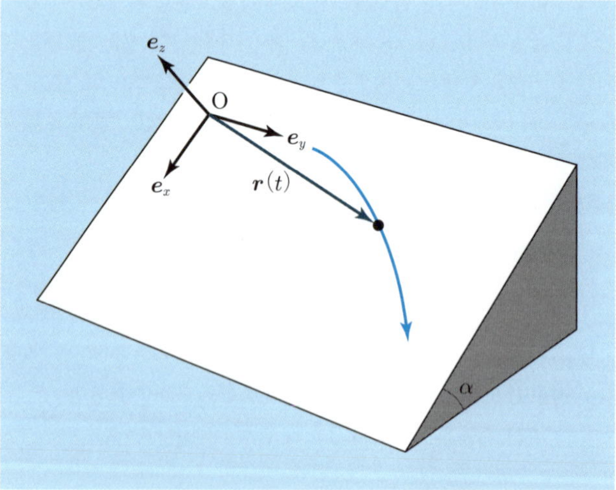

図 2.12　斜面上を運動する物体

$$\boldsymbol{r} = l\,(\sin\theta\,\boldsymbol{e}_x - \cos\theta\,\boldsymbol{e}_y) \tag{2.51}$$

速度は $\dot{\boldsymbol{r}} = l\dot{\theta}\,(\cos\theta\,\boldsymbol{e}_x + \sin\theta\,\boldsymbol{e}_y)$，加速度は

$$\ddot{\boldsymbol{r}} = l\left[(\ddot{\theta}\cos\theta - \dot{\theta}^2\sin\theta)\boldsymbol{e}_x + (\ddot{\theta}\sin\theta + \dot{\theta}^2\cos\theta)\boldsymbol{e}_y\right] \tag{2.52}$$

と表される．さらに，$\boldsymbol{g} = -g\boldsymbol{e}_y$, $\boldsymbol{T} = -T\sin\theta\,\boldsymbol{e}_x + T\cos\theta\,\boldsymbol{e}_y$ を用いると，運動方程式は成分に分解されて

$$ml\left(\ddot{\theta}\cos\theta - \dot{\theta}^2\sin\theta\right) = -T\sin\theta \tag{2.53}$$

$$ml\left(\ddot{\theta}\sin\theta + \dot{\theta}^2\cos\theta\right) = T\cos\theta - mg \tag{2.54}$$

となる．これより T を消去すると，θ に関して閉じた微分方程式

$$\ddot{\theta} = -\omega^2\sin\theta \tag{2.55}$$

が得られる．ただし，$\omega = \sqrt{\dfrac{g}{l}}$ である．この式を解いて振り子の運動を求めることは第 3 章の例題 3.6 で行う．また，張力の大きさは

$$T = \frac{mv^2}{l} + mg\cos\theta \tag{2.56}$$

となることもわかる．

■摩擦力　なめらかな拘束は理想化された条件であって，現実には他の物体との接触に伴って，接線方向の抵抗力を生じる場合がほとんどである．この力を**摩擦力**という．斜面上で物体が静止している場合を考えてみよう．物体

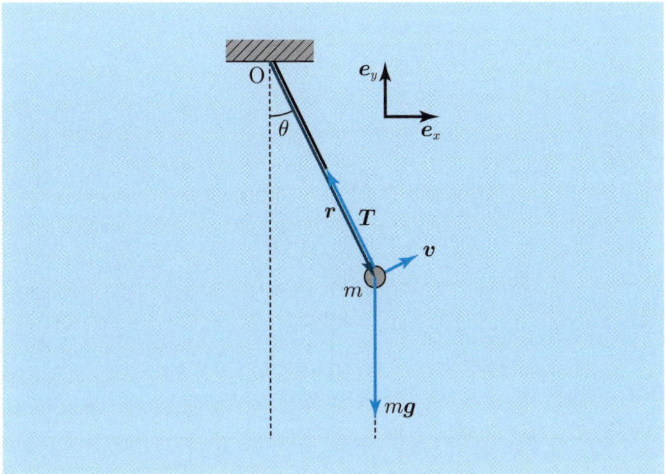

図 2.13　単振り子

に働く力 $\boldsymbol{F}$ の接平面への射影 $\boldsymbol{F}_{\mathrm{t}}$ が $\boldsymbol{0}$ でないのに物体が静止しているならば，$\boldsymbol{F}$ と法線方向の拘束力（垂直抗力）以外に $\boldsymbol{F}' = -\boldsymbol{F}_{\mathrm{t}}$ の力が加わっていることになる．このような力を**静止摩擦力**という．

$|\boldsymbol{F}_{\mathrm{t}}|$ が大きくなりすぎると，これに等しい大きさの静止摩擦力を生み出すことができなくなり，物体は動き出す．この限界の静止摩擦力を**最大静止摩擦力**という．最大静止摩擦力の大きさ F'_{max} は垂直抗力の大きさ R に比例することが経験的に知られている．すなわち，

$$F' \leq F'_{\mathrm{max}} = \mu R \tag{2.57}$$

となる定数 μ が存在する．この μ を**静止摩擦係数**と呼ぶ．μ は，物体や表面の状態には依存するが，垂直抗力が同じであれば見かけの接触面積にはよらない（つまり，重さが同じならばどの面を接触させても同じ摩擦係数になる）．

斜面の場合，傾斜角 α を大きくしていくと，上の不等式は満たされなくなる．このぎりぎりの角度を**摩擦角**という．$R = mg\cos\alpha$ と $F = mg\sin\alpha$ より，摩擦角 α_0 は

$$\tan\alpha_0 = \mu \tag{2.58}$$

から決まる．

物体が動いている状態で働く摩擦力を**動摩擦力**という．動摩擦力が働いているときの物体の運動は，動摩擦力が従う法則について十分な知識がないと解けない．動摩擦力の大きさ F_R についても，垂直抗力に比例し，速度にあまりよらないということが経験的に知られている．すなわち，

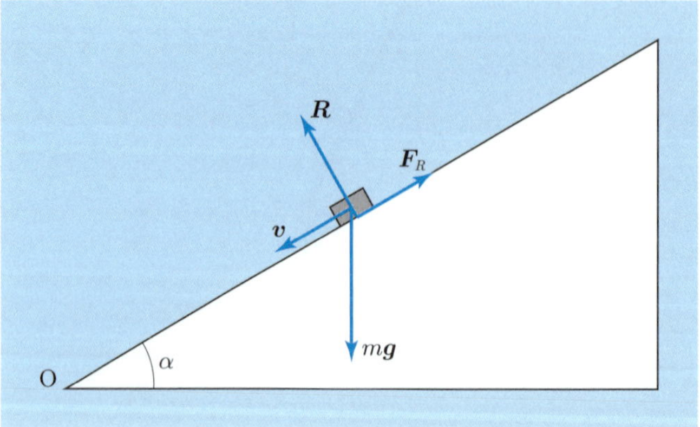

図 2.14　摩擦がある斜面上を運動する物体

$$F_R = \mu' R \tag{2.59}$$

が成り立つ．μ' は**動摩擦係数**と呼ばれ，静止摩擦係数との間には不等式

$$\mu' < \mu$$

の関係が成り立つ．図 2.14 のような傾斜角 α の斜面をまっすぐに滑り落ちる物体の場合，速度の大きさを v とすると，運動方程式は

$$\dot{v} = g \sin \alpha - \mu' g \cos \alpha \tag{2.60}$$

となる．$\mu' < \tan \alpha$ であれば右辺は正なので加速されながら滑り落ちるが，$\mu' > \tan \alpha$ の場合は次第に減速して最後には静止する．いったん静止すると，静止摩擦係数は $\tan \alpha$ より大きいので，再び動き出すことはない．

動摩擦係数も，静止摩擦係数と同じく，物体や表面の状態によって大きく変化する．また，動摩擦係数は物体の運動の速度にはあまりよらないが，微小な速度では速度を 0 に近づけていくと動摩擦係数の増大が見られる．また，この領域では一定速度の運動が安定でなくなり，滑ったり止まったりを繰り返す**スティックスリップ**と呼ばれる運動が起こることもある．

以上の四つの法則（1.「摩擦力の大きさは垂直抗力に比例する」，2.「摩擦力は見かけの接触面積にはよらない」，3.「静止摩擦力は動摩擦力よりも大きい」，4.「動摩擦力は速度によらない」）をまとめて**アモントン–クーロンの法則**という．これは運動の法則のような一般に成り立つ法則とは違い，限られた範囲で成り立つ現象論的力の法則である．

摩擦の微視的起源

摩擦力はどのような機構によって生じてくるのであろうか．これは現在でも未解決の問題であるが，次のような凝着説と呼ばれる考え方が有力とされている．まず，物体の接触面はミクロに見ると非常にでこぼこしており，本当に接触している部分は見かけの接触面積に比べて数百分の 1 から数万分の 1 に過ぎないことを認識しておこう．そのため真の接触部分での圧力は非常に大きく，物体の弾性限界を超えて流動的に変形し凝着が起こる．凝着説では，この凝着部分が動くときに引きちぎられる力が，マクロに摩擦力として観測されると考える．摩擦力はこの凝着を切るのに必要な力の強さ τ と凝着部分の面積（真の接触面積）の積で与えられる．一方，接触部分は流動化しているので圧力 p は一定であり，垂直抗力が大きくなると真の接触面積がそれに比例して増加しなければならない．こうして摩擦係数は $\mu = \dfrac{\tau}{p}$ で与えられることになり，アモントン–クーロンの法則の 1, 2 が成り立つことが説明される．

しかし，凝着を仮定しない説もあり，完全に証明されたわけではない．そもそも，すべての場合に対する統一的な理解が可能かどうかもわからないのが現状である．

2.5 演習問題

2.1 粒子が XY 平面上で下の (1), (2) それぞれの運動を行う場合について，速度 $\boldsymbol{v}(t)$ と面積速度の大きさ $\dfrac{dS}{dt} = \dfrac{1}{2}|\boldsymbol{r} \times \boldsymbol{v}|$ を求めよ．また，加速度 $\boldsymbol{a}$ を位置ベクトル $\boldsymbol{r}$ と速度ベクトル $\boldsymbol{v}$ の関数として表せ．ただし，a, b, ω, γ は定数とする．

(1) $\boldsymbol{r}(t) = ae^{-\gamma t}\cos\omega t\,\boldsymbol{e}_x + be^{-\gamma t}\sin\omega t\,\boldsymbol{e}_y$

(2) $\boldsymbol{r}(t) = a(e^{\gamma t} + e^{-\gamma t})\boldsymbol{e}_x + b(e^{\gamma t} - e^{-\gamma t})\boldsymbol{e}_y$

2.2 楕円上の点を P とするとき，常に $\overline{\mathrm{PS}} + \overline{\mathrm{PS'}} = 2a$ であることを示せ．

2.3 質量分布は一様だと仮定して，体積積分 (2.38) を $0 \leq z \leq R$ の場合について評価せよ．

2.4 電子の質量はおよそ 9.109×10^{-31} kg，陽子の質量はおよそ 1.673×10^{-27} kg，どちらも電荷の大きさは 1.602×10^{-19} C である．陽子と電子の間に働く静電気力と万有引力の大きさの比を求めよ．

2.5 地球の中心に向けて穴を掘ったとき，深さとともに重力の大きさが次の図のような変化を示すならば，地球の密度は深さによってどのように変化すると考えられるか．グラフにして示せ．ただし，地球は半径 6400 km の球であり，質量は球対称に分布していると仮定する．

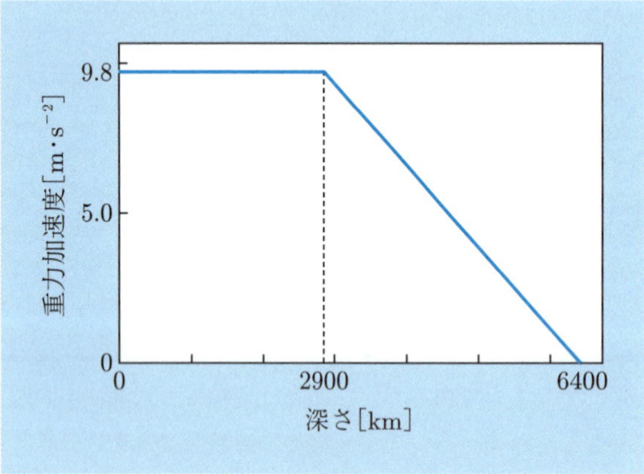

2.6 パラメター (q_1, q_2) の関数としての位置ベクトル $\boldsymbol{r}(q_1, q_2)$ によって表される曲面上になめらかに拘束された粒子の運動方程式から拘束力を消去することを考える．

(1) $\dot{\boldsymbol{r}}$ と $\ddot{\boldsymbol{r}}$ を q_1, q_2 とその導関数を用いて表せ．

(2) 拘束がなめらかという条件 $\boldsymbol{R} \cdot \dfrac{\partial \boldsymbol{r}}{\partial q_1} = \boldsymbol{R} \cdot \dfrac{\partial \boldsymbol{r}}{\partial q_2} = 0$ を用いて運動方程式 (2.44) から拘束力 $\boldsymbol{R}$ を消去せよ．

(3) 原点を中心とする半径 l の球になめらかに拘束され，一様重力を受けて運動する粒子の運動方程式を，極座標の (θ, ϕ) を用いて表せ．

3

運動方程式を解く

本章では，運動方程式の性質と解法について議論する．前章で学んだように，粒子に働く力の性質が与えられれば，運動方程式を書き下すことができる．運動方程式は，数学的には常微分方程式であり，力に対するある弱い条件の下で，解が一意的に定まることが保証される．ただし，解を求めることは一般には容易ではない．そこで，1粒子の運動を題材として，線形性や変数分離などの性質を利用して運動方程式を解くいくつかの初等的なテクニックを紹介する．また，解析的に解けない場合に役に立つ数値的な手法についても簡単に触れる．

本章の内容

3.1 微分方程式

前章では，運動の決定性から運動方程式を導いた．運動方程式とは，ある時刻における粒子の位置と速度が与えられたとき，それらの関数として粒子の加速度が決まることを表す式であった．さらに，惑星の運動の法則から万有引力の法則が導かれるように，運動の法則性から力の法則が得られることを知った．本章では，逆に力の法則がわかっている場合に，運動方程式を解いて粒子の運動を求めることについて考えよう．すなわち，運動方程式から解が決まる仕組みと運動方程式を解くための具体的な手法について学ぶ．

数学的に見ると，運動方程式は関数（今の場合は運動 $\boldsymbol{r}(t)$）とその微係数（速度 $\dot{\boldsymbol{r}}(t)$，加速度 $\ddot{\boldsymbol{r}}(t)$）の間の関係を表す**微分方程式**である．今の場合，独立変数は時刻 t ただ一つであり，最高階の微係数が 2 階の微係数なので，**2 階常微分方程式**と呼ばれる（これに対して，独立変数が 2 個以上存在して，それらに関する偏微分係数の間の関係を与える方程式は**偏微分方程式**と呼ばれる）．また，与えられた微分方程式を満足する関数（解）を求めることを「微分方程式を解く」という．

最も簡単な場合について，運動方程式がどういう役割を果たすかを見てみよう．すなわち，真空中の放物運動について考える．粒子に働く力は地球が及ぼす重力だけであり，しかも運動の範囲は地球の大きさに比べてずっと小さいので，重力加速度は一定であるとしてよい（図 3.1）．したがって，運動方程式は

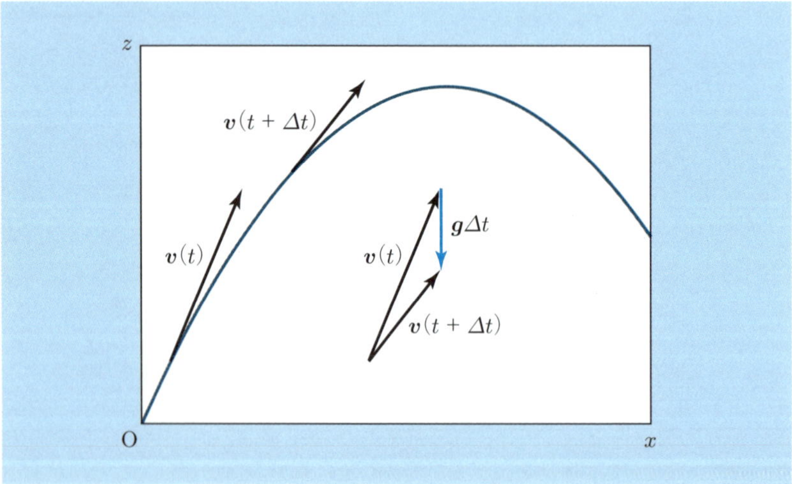

図 3.1　真空中の放物運動における速度と加速度

$$\frac{d^2\boldsymbol{r}}{dt^2} = \boldsymbol{g} \tag{3.1}$$

と書ける．右辺は定ベクトルなので，両辺を積分すると

$$\frac{d\boldsymbol{r}}{dt} = \boldsymbol{g}t + \boldsymbol{C}_1 \tag{3.2}$$

が得られる．ここで，$\boldsymbol{C}_1$ は任意の定ベクトルを表す．さらにもう 1 回積分すると，

$$\boldsymbol{r}(t) = \frac{1}{2}\boldsymbol{g}t^2 + \boldsymbol{C}_1 t + \boldsymbol{C}_2 \tag{3.3}$$

（$\boldsymbol{C}_2$ も任意の定ベクトル）となり，位置ベクトルが時間の関数として得られる．ただし，この関数は任意定ベクトルを含んでいるので，運動を一つに決めたことにはなっていない．そもそも決定性というのは，任意のある時刻 t_0 における位置と速度が与えられれば，運動が決まるということであった（2.1 節）．そこで，

$$\boldsymbol{r}(t_0) = \boldsymbol{r}_0, \quad \boldsymbol{v}(t_0) = \boldsymbol{v}_0 \tag{3.4}$$

のように，時刻 t_0 における位置と速度が与えられたとしよう．式 (3.2), (3.3) の右辺に $t = t_0$ を代入した式を $\boldsymbol{C}_1, \boldsymbol{C}_2$ について解くと，

$$\boldsymbol{C}_1 = \boldsymbol{v}_0 - t_0\boldsymbol{g} \tag{3.5}$$

$$\boldsymbol{C}_2 = \boldsymbol{r}_0 - t_0\boldsymbol{v}_0 + \frac{t_0^2}{2}\boldsymbol{g} \tag{3.6}$$

となる．これらを再び式 (3.3) に代入すると，粒子の運動が

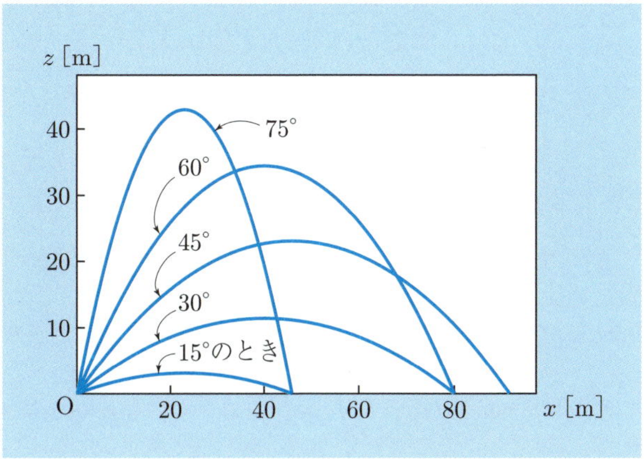

図 3.2　空気抵抗がないときの粒子の運動．初速 $30\,\mathrm{m\cdot s^{-1}}$ は同じにして，仰角 15°, 30°, 45°, 60°, 75° の向きに投げ上げた粒子の軌道．重力加速度の大きさ g は $9.8\,\mathrm{m\cdot s^{-2}}$ とした．45° のときに最も遠くまで飛ぶ．

$$\boldsymbol{r}(t) = \boldsymbol{r}_0 + \boldsymbol{v}_0(t - t_0) + \frac{1}{2}\boldsymbol{g}(t - t_0)^2 \tag{3.7}$$

と決まる．こうして運動方程式が解けたわけである．この解から軌道は図 3.2 (p.57) のように求められる．

式 (3.3) のように任意定数（またはベクトル）を含む解は**一般解**と呼ばれる．また，特定の時刻における位置と速度の値を与えることを**初期条件**と呼び，初期条件として与える位置と速度の値を**初期値**という．解が初期条件を満たすことを要請すると，任意定数の値は一つに決まる．このように一般解の任意定数に特定の値を代入して得られる解を**特解**と呼ぶ．初期条件を満たすような解を求めることを微分方程式の**初期値問題**という．

上の例は簡単すぎると思うかもしれないが，初期値問題の解が一意的に定まるという性質は，かなり一般的な条件の下で成り立つ．

$$\frac{d\boldsymbol{x}(t)}{dt} = \boldsymbol{f}(\boldsymbol{x}(t), t) \tag{3.8}$$

という微分方程式を用いて考えてみよう．この式は 1 階の常微分方程式で，運動方程式のような 2 階の常微分方程式とは一見異なって見えるが，運動方程式を

$$\frac{d\boldsymbol{r}}{dt} = \boldsymbol{v}, \quad \frac{d\boldsymbol{v}}{dt} = \boldsymbol{f}(\boldsymbol{r}, \boldsymbol{v}, t)$$

と書き直してみればわかるように，従属変数を増やして $\boldsymbol{x}$ は $\boldsymbol{r}$ と $\boldsymbol{v}$ をまとめて表したものと考えれば 1 階の常微分方程式になるのである．ここで，式 (3.8) の右辺の関数 $\boldsymbol{f}(\boldsymbol{x}, t)$ は，$\boldsymbol{x}$, t に関し連続，かつある $L > 0$ が存在し

解の存在

式 (3.10) より，$t_{k-1} < t < t_k$ に対して $\dot{\boldsymbol{x}}^{(N)}(t) = \boldsymbol{f}(\boldsymbol{x}^{(N)}(t_{k-1}), t_{k-1})$ が成り立つ．$\boldsymbol{f}$ と $\boldsymbol{x}^{(N)}$ の連続性より，任意の $\varepsilon > 0$ に対して，ある N_0 が存在して，$n > N_0$ なる任意の n に対して

$$|\dot{\boldsymbol{x}}^{(n)}(t) - \boldsymbol{f}(\boldsymbol{x}^{(n)}(t), t)| < \varepsilon \tag{$*$}$$

が成り立つ．この式を t_0 から t（$t_0 < t < t_0 + \tau$）まで積分すると，

$$\left|\boldsymbol{x}^{(n)}(t) - \boldsymbol{x}_0 - \int_{t_0}^{t} \boldsymbol{f}(\boldsymbol{x}^{(n)}(s), s)ds\right| \leq \varepsilon(t - t_0) \leq \varepsilon\tau \tag{$**$}$$

が得られる．この不等式とリプシッツ条件より，$n, m > N_0$ に対して次式が成り立つことがわかる．

$$\left|\boldsymbol{x}^{(m)}(t) - \boldsymbol{x}^{(n)}(t)\right| \leq L\int_{t_0}^{t} \left|\boldsymbol{x}^{(m)}(s) - \boldsymbol{x}^{(n)}(s)\right| ds + 2\varepsilon\tau$$

この右辺を $B(t)$ とおくと $B(t_0) = 2\varepsilon\tau$ かつ $\dfrac{dB}{dt} = L\left|\boldsymbol{x}^{(m)}(t) - \boldsymbol{x}^{(n)}(t)\right| \leq LB(t)$ なので $B(t) \leq 2\varepsilon\tau e^{L\tau}$ が成り立つ．ε は任意だから，これは $\boldsymbol{x}^{(N)}(t)$ が一様収束することを示している．したがって，式 ($**$) の左辺の $n \to \infty$ の極限を考えるとき，極限と積分を交換することができて，極限関数 $\boldsymbol{x}(t)$ は $\boldsymbol{x}(t) = \boldsymbol{x}_0 + \int_{t_0}^{t} \boldsymbol{f}(\boldsymbol{x}(s), s)ds$ を満たす．これは $\boldsymbol{x}(t)$ が微分方程式 (3.8) の解であることと同値である．

て，任意の $\boldsymbol{x}, \boldsymbol{y}$ に対して

$$|\boldsymbol{f}(\boldsymbol{x},t)-\boldsymbol{f}(\boldsymbol{y},t)| < L|\boldsymbol{x}-\boldsymbol{y}| \tag{3.9}$$

が成り立つことを仮定しよう．これを**リプシッツ**（Lipschitz）**条件**と呼ぶ．この条件は，例えば $\boldsymbol{f}$ のすべての偏微分係数が連続であれば満たされる．さて，初期条件を $\boldsymbol{x}(t_0)=\boldsymbol{x}_0$ とし，これを満たす解を $t_0 \le t \le t_0+\tau$ の範囲で考える．そのため，時間間隔を N 等分して，$k=1,2,\ldots,N$ に対し，

$$t_k = t_0 + \frac{k}{N}\tau$$

と定義し，$\boldsymbol{x}^{(N)}(t_0)=\boldsymbol{x}_0$，各 $t_{k-1} < t \le t_k$ に対して

$$\boldsymbol{x}^{(N)}(t) = \boldsymbol{x}^{(N)}(t_{k-1}) + (t-t_{k-1})\boldsymbol{f}(\boldsymbol{x}^{(N)}(t_{k-1}), t_{k-1}) \tag{3.10}$$

によって，$\boldsymbol{x}^{(N)}(t)$ を定義する．これを**コーシーの折れ線近似**という．このとき，$N \to \infty$ の極限で $\boldsymbol{x}^{(N)}(t)$ が収束し，極限関数が求める微分方程式の解になること（**解の存在**）を示すことができる．また，初期条件を満たす微分方程式の解はこれ以外にないこと（**解の一意性**）も証明することができる（p.58, 59 の〔下欄〕参照のこと）．

リプシッツ条件が解の一意性に必要なことは次の例でもわかる（p.60 の図 3.3）．すなわち，微分方程式 $\dot{x} = \sqrt{x}$ の初期条件 $x(0)=0$ に対する解を考えてみると，$x(t)=t^2/4$ と $x(t)=0$ という二つの解があることがすぐにわかる．これは $\sqrt{x}$ が $x=0$ でリプシッツ条件を満たしていないために起こる現象である．

解の一意性

$\boldsymbol{x}_1(t), \boldsymbol{x}_2(t)$ がどちらも初期条件 $\boldsymbol{x}(t_0)=\boldsymbol{x}_0$ を満たす微分方程式 (3.8) の連続な解であるとしよう．このとき，

$$|\boldsymbol{x}_1(t)-\boldsymbol{x}_2(t)| = \left|\int_{t_0}^{t} [\boldsymbol{f}(\boldsymbol{x}_1(s),s)-\boldsymbol{f}(\boldsymbol{x}_2(s),s)]\,ds\right| \le \int_{t_0}^{t} |\boldsymbol{f}(\boldsymbol{x}_1(s),s)-\boldsymbol{f}(\boldsymbol{x}_2(s),s)|\,ds$$

であるが，ここでリプシッツ条件を用いると，

$$|\boldsymbol{x}_1(t)-\boldsymbol{x}_2(t)| \le L\int_{t_0}^{t} |\boldsymbol{x}_1(s)-\boldsymbol{x}_2(s)| ds \tag{$*$}$$

が成り立つことが導かれる．そこで，$|\boldsymbol{x}_1(s)-\boldsymbol{x}_2(s)|$ の最大値を M とおくと，式 $(*)$ の右辺は $LM(t-t_0)$ で上から押さえられる．したがって，$|\boldsymbol{x}_1(t)-\boldsymbol{x}_2(t)| \le LM(t-t_0)$．これを再び式 $(*)$ の右辺の積分の中の $|\boldsymbol{x}_1(s)-\boldsymbol{x}_2(s)|$ に適用すると，$|\boldsymbol{x}_1(t)-\boldsymbol{x}_2(t)| \le \frac{1}{2}M[L(t-t_0)]^2$ が得られる．さらにこれを式 $(*)$ の右辺に代入して，$\cdots$ という操作を繰り返すと，任意の正の整数 n に対し

$$|\boldsymbol{x}_1(t)-\boldsymbol{x}_2(t)| \le \frac{1}{n!}M[L(t-t_0)]^n$$

が得られる．右辺は $n \to \infty$ で 0 に収束するので，$\boldsymbol{x}_1(t)=\boldsymbol{x}_2(t)$ でなければならない．

3.2 運動方程式の例とその解法

方程式の解が存在することと，解を実際に求めることとは，全く別の話である．微分方程式の解を求めることは必ずしも容易ではない．実際，変数分離形や線形の場合を除くと，解析的に解を求める一般的な手法は存在しない．それどころか，初等関数とその積分の有限回の組合せでは解を求めることが不可能であることを証明できる場合も存在する．以下では，解析的な解法が可能であるようないくつかの例について考える．これらの例を通して，運動方程式がどういう場合に解けるかということについて，ある程度の感覚を得ることができるだろう．

例題 3.1 一様な重力 $m\boldsymbol{g}$ の他に，速度に比例する抵抗力 $-k\boldsymbol{v}$ が働く場合の粒子の運動を求めよ．

解答 質点に働く力は $\boldsymbol{F} = m\boldsymbol{g} - k\boldsymbol{v}$ となるので，運動方程式は，

$$m\frac{d^2\boldsymbol{r}}{dt^2} = m\boldsymbol{g} - k\frac{d\boldsymbol{r}}{dt} \tag{3.11}$$

と書ける．そこで，鉛直上向きに z 軸，水平面上に x 軸，y 軸を選び，デカルト座標を用いて速度を $\boldsymbol{v} = v_x\boldsymbol{e}_x + v_y\boldsymbol{e}_y + v_z\boldsymbol{e}_z$ と表すと，式 (3.11) は

$$\dot{v}_x = -\gamma v_x \tag{3.12}$$

$$\dot{v}_y = -\gamma v_y \tag{3.13}$$

$$\dot{v}_z = -g - \gamma v_z \tag{3.14}$$

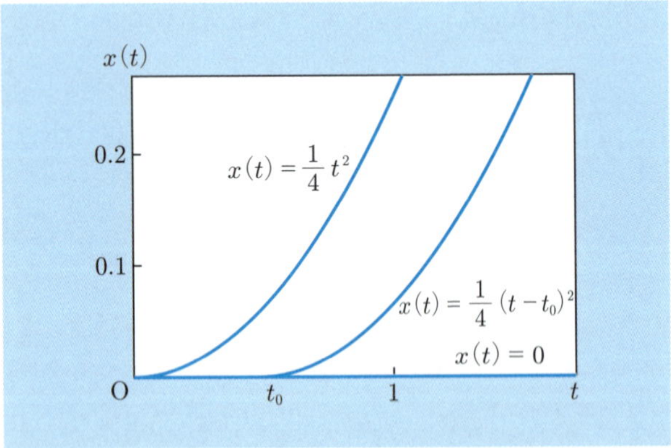

図 3.3 解の一意性が満たされない例．$\dot{x} = \sqrt{x}$，初期条件 $x(0) = 0$ の解は一つに決まらない．本文で述べた二つの解の他に，任意の t_0 に対し，$0 \le t \le t_0$ で $x(t) = 0$，$t \ge t_0$ で $x(t) = \frac{1}{4}(t - t_0)^2$ という関数も解になる．

のように成分に分解される．ただし，$\gamma = \dfrac{k}{m}$ である．

式 (3.12) は，

$$\frac{1}{v_x}\frac{dv_x}{dt} = \frac{d}{dt}\log|v_x|$$

であることを用いると直ちに積分できて，

$$v_x = C_1 e^{-\gamma t}$$

を得る．C_1 は積分定数である．これを時間に関してもう一度積分することにより，

$$x(t) = C_2 - \frac{C_1}{\gamma}e^{-\gamma t} \tag{3.15}$$

が得られる．C_2 も積分定数を表す．ここで，初期条件を，$t=0$ で $\boldsymbol{r}(0) = \boldsymbol{r}_0 = x_0\boldsymbol{e}_x + y_0\boldsymbol{e}_y + z_0\boldsymbol{e}_z$, $\boldsymbol{v}(0) = \boldsymbol{v}_0 = v_{0x}\boldsymbol{e}_x + v_{0y}\boldsymbol{e}_y + v_{0z}\boldsymbol{e}_z$ とすると，$C_1 = v_{0x}$, $C_2 = x_0 + \dfrac{v_{0x}}{\gamma}$ となり，結局 $x(t)$ は

$$x(t) = x_0 + \frac{v_{0x}}{\gamma}(1 - e^{-\gamma t}) \tag{3.16}$$

となる．全く同様にして，$y(t) = y_0 + \dfrac{v_{0y}}{\gamma}(1 - e^{-\gamma t})$ が求められる．

式 (3.14) については，$v_z + \dfrac{g}{\gamma}$ を改めて v_z' と表せば，v_z' に対して式 (3.12) と同じ式が成り立つので，上と同様に解くことができる．

しかし，ここでは別のやり方として，

$$v_z(t) = f(t)e^{-\gamma t} \tag{3.17}$$

とおいて，$f(t)$ を求めることを考えてみよう．これは p.66〔下欄〕で説明している定数変化法である．この式を式 (3.14) に代入して整理すると，

$$\frac{df}{dt} = -ge^{\gamma t} \tag{3.18}$$

が得られる．右辺は t のみの関数なので，積分が実行できて

---

1 階常微分方程式の解法（1）

1 変数の 1 階常微分方程式 $\dfrac{dx}{dt} = f(x,t)$ について，解けるいくつかの場合を紹介する．初期条件は $x(t_0) = x_0$ とする．

[1] $f(x,t)$ が t だけの関数の場合は，単に両辺を積分するだけで解ける．

$$\frac{dx}{dt} = F(t) \quad \Rightarrow \quad x(t) = x_0 + \int_{t_0}^{t} F(s)\,ds$$

[2] $f(x,t)$ が x だけの関数の場合も簡単である．

$$\frac{dx}{dt} = G(x) \quad \Rightarrow \quad \int_{x_0}^{x(t)} \frac{dx}{G(x)} = t - t_0$$

右の式を $x(t)$ について解いたものが解になる．実際，右側の式の両辺を t で微分すると，$\dfrac{1}{G(x(t))}\dfrac{dx(t)}{dt} = 1$ となって，左側の式に戻る．特に $G(x) = ax$（a は定数）の場合には，

$$\int_{x_0}^{x(t)} \frac{dx}{G(x)} = \frac{1}{a}\int_{x_0}^{x(t)} \frac{dx}{x} = \frac{1}{a}\log\left|\frac{x(t)}{x_0}\right| = t - t_0$$

より，$x(t) = x_0 e^{a(t-t_0)}$ が得られる．（p.65 に続く）

$$f(t) = C_1' - \frac{g}{\gamma} e^{\gamma t}$$

と求められる．これを式 (3.17) に代入して，

$$v_z(t) = -\frac{g}{\gamma} + C_1' e^{-\gamma t} \tag{3.19}$$

さらに積分して，

$$z(t) = -\frac{g}{\gamma} t - \frac{C_1'}{\gamma} e^{-\gamma t} + C_2' \tag{3.20}$$

を得る．初期条件を満たすように定数 C_1', C_2' を選ぶと $z(t)$ は次のように決まる．

$$z(t) = z_0 + \frac{1}{\gamma}\left(v_{0z} + \frac{g}{\gamma}\right)\left(1 - e^{-\gamma t}\right) - \frac{g}{\gamma} t \tag{3.21}$$

以上をベクトルの形にまとめ，元の記号を用いると，位置ベクトルは

$$\boldsymbol{r}(t) = \boldsymbol{r}_0 + \frac{m}{k}\left(1 - e^{-kt/m}\right)\left(\boldsymbol{v}_0 - \frac{m}{k}\boldsymbol{g}\right) + \frac{mt}{k}\boldsymbol{g} \tag{3.22}$$

速度は

$$\boldsymbol{v}(t) = e^{-kt/m}\boldsymbol{v}_0 + \frac{m}{k}\left(1 - e^{-kt/m}\right)\boldsymbol{g} \tag{3.23}$$

と書ける．軌道の形は図 3.4，図 3.5 に示すようになる．特に $t \to \infty$ では初期条件によらず $\boldsymbol{v} \to \boldsymbol{v}_\infty = \dfrac{m}{k}\boldsymbol{g}$ となる．これを**終端速度**という．終端速度は重力と空気抵抗がちょうどつり合う速度である（図 3.6）． ■

指数関数のテイラー展開の式 $e^x = \displaystyle\sum_{n=0}^{\infty} \frac{x^n}{n!}$ を用いると，式 (3.22) は，

$$\boldsymbol{r}(t) = \boldsymbol{r}_0 + \boldsymbol{v}_0 t \sum_{n=0}^{\infty} \frac{1}{(n+1)!}\left(-\frac{kt}{m}\right)^n + \boldsymbol{g} t^2 \sum_{n=0}^{\infty} \frac{1}{(n+2)!}\left(-\frac{kt}{m}\right)^n \tag{3.24}$$

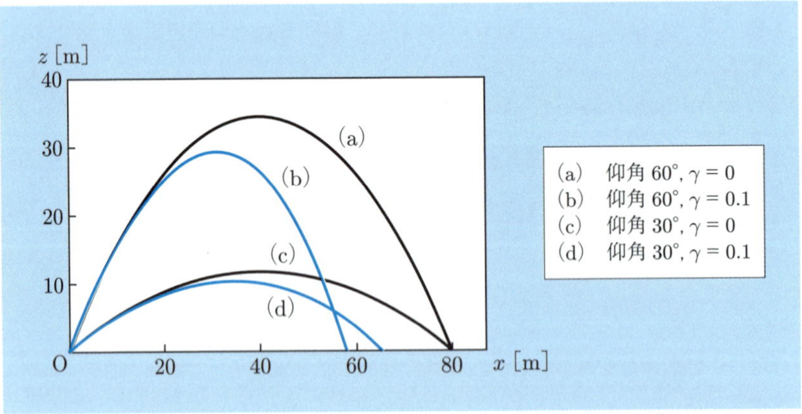

図 3.4 空気抵抗がある場合とない場合の粒子の運動の比較．初期速度の大きさ $30\,\mathrm{m \cdot s^{-1}}$，仰角 30° と 60° のそれぞれについて $\gamma = 0$ すなわち空気抵抗がない場合と $\gamma = 0.1\,\mathrm{s^{-1}}$ の場合の軌道を描いた．

と書けるので，$|t| \ll \dfrac{m}{k}$ であり，上式の右辺の n についての和を第 1 項だけで近似できるとき，式 (3.22) は空気抵抗がない場合の解 (3.7)（において $t_0 = 0$ としたもの）に一致する．

■方程式が線形の場合　次の例題のように，微分方程式が線形の場合には一般的な解法が存在する．

例題 3.2　ばね定数 k のばねにつながれた質量 m の粒子の水平な直線上での運動を求めよ．

解答　ばねの伸びの向きの単位ベクトルを $\boldsymbol{e}$ としよう．フックの法則（2.4 節）より，つり合いの位置からの粒子の変位が $x\boldsymbol{e}$ のとき，$-kx\boldsymbol{e}$ の力が粒子に働く．したがって，運動方程式は $m\dfrac{d^2x}{dt^2} = -kx$，あるいは

$$\frac{d^2x}{dt^2} = -\omega^2 x \tag{3.25}$$

と表される．ここで $\omega = \sqrt{\dfrac{k}{m}}$ とおいた．これを**調和振動**もしくは**単振動**の方程式と呼び，この方程式に従う物理系を**調和振動子**という．

調和振動の方程式は線形である．すなわち，次の二つの性質が成り立つ．

線形性 1　$x = x_1(t)$ が解のとき，その定数倍 $x = \lambda x_1(t)$ も解である．

線形性 2　$x = x_1(t)$, $x = x_2(t)$ がどちらも解であれば，$x = x_1(t) + x_2(t)$ は解である．

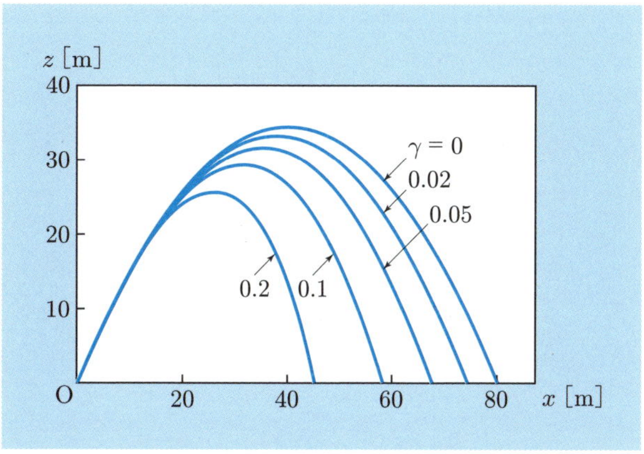

図 3.5　空気抵抗係数 γ による軌道の違い．初期速度の大きさ $30\,\mathrm{m\cdot s^{-1}}$，仰角 60° は共通に取り，$\gamma = 0, 0.02, 0.05, 0.1, 0.2\,\mathrm{s^{-1}}$ のそれぞれ場合の軌道を描いた．

したがって，互いに相手の定数倍で表されない二つの解（これを**独立な解**という）$x_1(t)$, $x_2(t)$ が求められれば，一般解は任意定数 C_1, C_2 を用いて，

$$x(t) = C_1 x_1(t) + C_2 x_2(t) \tag{3.26}$$

と書ける．このとき $x_1(t)$, $x_2(t)$ は**基本解**と呼ばれ，上の式の右辺のように基本解を定数倍したものの和のことを「基本解の重ね合わせ」という．

ところで式 (3.25) については，$x = \cos\omega t$, $x = \sin\omega t$ が基本解となることは，代入してみれば明らかである．したがって一般解は

$$x(t) = C_1 \cos\omega t + C_2 \sin\omega t \tag{3.27}$$

初期条件を $t = 0$ で $x(0) = x_0$, $\dot{x}(0) = v_0$ とすると，初期値問題の解は，

$$x(t) = x_0 \cos\omega t + \frac{v_0}{\omega} \sin\omega t \tag{3.28}$$

となる．この運動は**周期** $T = \dfrac{2\pi}{\omega}$ で同じことを繰り返す周期運動である．ω は**角振動数**，$\dfrac{\omega}{2\pi}$ は**振動数**と呼ばれる．■

上の解答では $\cos\omega t$ や $\sin\omega t$ が解であることを天下り的に使ったが，次のようにすれば系統的に求めることもできる．α を未定の定数として，解を $x = e^{\alpha t}$ とおいて調和振動の式 (3.25) に代入してみると，

$$(\alpha^2 + \omega^2)e^{\alpha t} = 0 \tag{3.29}$$

となるが，$e^{\alpha t} \neq 0$ より，$\alpha = \pm i\omega$．したがって，$x = e^{i\omega t}$ と $x = e^{-i\omega t}$ が基本解であることがわかる．

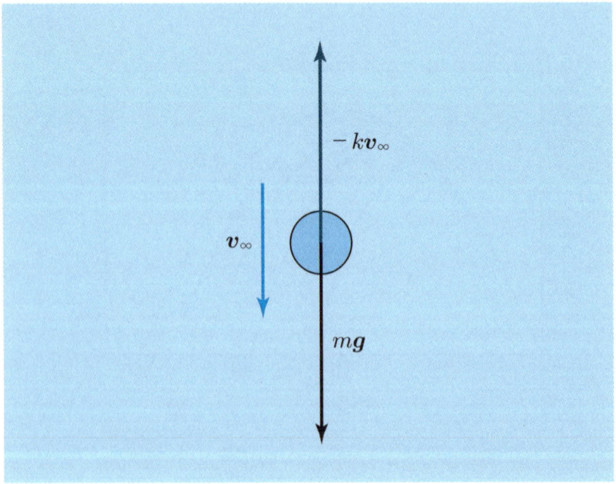

図 3.6　終端速度では重力と空気抵抗がつり合っている．

虚数の指数関数が出てきたが，この正体については後で考えることにして，定数 C_+, C_- を用いて一般解を

$$x(t) = C_+ e^{i\omega t} + C_- e^{-i\omega t} \tag{3.30}$$

と表し，初期条件 $(x(0), v(0)) = (x_0, v_0)$ に対する解を求めよう．速度の計算では虚数の指数関数の微分が必要になるが，式 (3.29) を導くときに $\dfrac{d}{dt}e^{\alpha t} = \alpha e^{\alpha t}$ が成り立つことを用いたので，この関係を用いて求めることにする．すると，初期条件より任意定数の値が $C_\pm = \dfrac{x_0 \pm \frac{v_0}{i\omega}}{2}$ と求められ，

$$x(t) = x_0 \frac{e^{i\omega t} + e^{-i\omega t}}{2} + \frac{v_0}{\omega}\frac{e^{i\omega t} - e^{-i\omega t}}{2i} \tag{3.31}$$

が初期値問題の解となることがわかる．解 (3.28) と (3.31) を比較すると，

$$\cos\omega t = \frac{e^{i\omega t} + e^{-i\omega t}}{2}, \quad \sin\omega t = \frac{e^{i\omega t} - e^{-i\omega t}}{2i} \tag{3.32}$$

あるいは，

$$e^{\pm i\omega t} = \cos\omega t \pm i \sin\omega t \quad \text{（複号同順）} \tag{3.33}$$

という関係があることがわかる．

実は一般に，複素数 $z = x + iy$（x, y は実数）の指数関数を

$$e^z = e^{x+iy} = e^x(\cos y + i \sin y) \tag{3.34}$$

によって定義できることが知られている．

---

1 階常微分方程式の解法（2）——変数分離形

（p.61 の続き） [**3**] $f(x,t) = F(t)G(x)$ のように，t だけの関数と x だけの関数の積の場合（これを**変数分離形**という），

$$\frac{dx}{dt} = F(t)G(x) \quad \Rightarrow \quad \int_{x_0}^{x(t)} \frac{dx}{G(x)} = \int_{t_0}^{t} F(s)ds$$

を $x(t)$ について解いたものが解になる．確かに，右側の式の両辺を t で微分すれば左側の式に戻る．特に $G(x) = x$ の場合には，p.61 の [2] の場合と同様にして，$\displaystyle\int_{x_0}^{x(t)} \frac{dx}{x} = \int_{t_0}^{t} F(s)ds$ より

$$x(t) = x_0 \exp\left(\int_{t_0}^{t} F(s)\, ds\right)$$

が導かれる．これは，本文で取り扱う線形方程式の簡単な例である．

変数変換によって変数分離形に帰着できる場合もある．例えば，$f(x,t) = F(x/t)$ のように，右辺が x/t のみの関数である場合，$u = x/t$ とおくと，微分方程式は

$$\frac{du}{dt} = [F(u) - u]t$$

のように変数分離形になる．

複素数は物理の問題を扱う上で非常に便利である．ここでいくつか記号を導入しておこう．複素数 $z = x + iy$（x, y は実数）に対して，

$$x = \mathrm{Re}\, z, \quad y = \mathrm{Im}\, z \tag{3.35}$$

と表し，それぞれ複素数 z の**実部**および**虚部**と呼ぶ．また，$z^* = x - iy$ を z の**複素共役**といい，$|z| = \sqrt{z^* z} = \sqrt{x^2 + y^2}$ を複素数 z の**絶対値**という．例えば，$\mathrm{Re}\, e^z = e^x \cos y$, $\mathrm{Im}\, e^z = e^x \sin y$, $(e^z)^* = e^{z^*} = e^{x-iy}$ であり，$|e^z| = e^x$ となる．特に，$|e^{iy}| = 1$ である．

実数が数直線上の点として表されるように，複素数 $z = x + iy$ はデカルト座標 (x, y) で表される平面上の点と同一視できる．この平面を**複素平面**という（p.68 の図 3.7）．複素平面の x 軸は**実軸**，y 軸は**虚軸**と呼ばれる．また，x, y ではなく，実数 r, θ を用いて $z = re^{i\theta}$ のように表すこともできる．これを**極座標表示**という．x, y と r, θ の関係は $x = r\cos\theta$, $y = r\sin\theta$ で与えられ，円筒座標の ρ, ϕ とデカルト座標 x, y の関係と同じである．特に r は複素数 z の絶対値に等しい．角度 θ は**偏角**と呼ばれる．

調和振動子の初期値問題の解を，複素数を用いて

$$x(t) = A\cos(\omega t + \delta) = \mathrm{Re}\, \mathcal{A} e^{i\omega t} \tag{3.36}$$

と表すこともできる．ただし，$A = \sqrt{x_0^2 + \left(\dfrac{v_0}{\omega}\right)^2}$, $\mathcal{A} = Ae^{i\delta} = 2C_+ = x_0 + \dfrac{v_0}{i\omega}$ であり，δ は $\tan\delta = -\dfrac{v_0}{\omega x_0}$ を満たす角を表す．A を**振幅**，$\mathcal{A}$ を**複素振幅**，$\omega t + \delta$ を**位相**と呼ぶ．

1 階常微分方程式の解法（3）——定数変化法

[4]　$f(x, t) = F(t)x + K(t)$ の場合．この形の微分方程式は，**非同次形の線形方程式**と呼ばれる．このとき，$x(t) = C(t)\exp\left(\int_{t_0}^{t} F(s)\, ds\right)$ の形を仮定して方程式に代入すると†，

$$\frac{dC(t)}{dt} = K(t)\exp\left(-\int_{t_0}^{t} F(s)\, ds\right)$$

が得られる．これは，p.61 の [1] の形の式なので，$C(t) = C(t_0) + \int_{t_0}^{t} K(t')\exp\left(-\int_{t_0}^{t'} F(s)\, ds\right) dt'$ となる．これを元の方程式に代入し，$C(t_0) = x(t_0) = x_0$ であることを用いると，

$$x(t) = x_0 \exp\left(\int_{t_0}^{t} F(s)\, ds\right) + \int_{t_0}^{t} K(t')\exp\left(\int_{t'}^{t} F(s)\, ds\right) dt'$$

が解であることがわかる．この方法を**定数変化法**という．

† この式は，関数 $C(t)$ を定義しただけで，$x(t)$ に対して条件をつけたことにはなっていない．

例題 3.3 調和振動子に，さらに速度に比例する抵抗力 $-\eta\dot{x}\boldsymbol{e}$ が加わる場合の運動を求めよ（**減衰振動子**）.

解答 運動方程式は

$$m\frac{d^2x}{dt^2} = -kx - \eta\frac{dx}{dt} \tag{3.37}$$

となるが，これも線形の方程式である．$x = e^{\alpha t}$ とおいて代入すると，

$$\alpha^2 + 2\gamma\alpha + \omega^2 = 0 \tag{3.38}$$

を得る．ただし，$\omega = \sqrt{\frac{k}{m}}, \gamma = \frac{\eta}{2m}$ である．したがって，$\gamma \neq \omega$ ならば，

$$\alpha_{\pm} = -\gamma \pm \sqrt{\gamma^2 - \omega^2} \quad （複号同順） \tag{3.39}$$

とすると，$e^{\alpha_+ t}, e^{\alpha_- t}$ が基本解となり，運動方程式の一般解は任意定数 C_+, C_- を用いて，

$$x(t) = C_+e^{\alpha_+ t} + C_-e^{\alpha_- t} \tag{3.40}$$

と表される．

$\gamma > \omega$ の場合，基本解はどちらも実数解だが，$\gamma < \omega$ の場合は互いに複素共役な解になる．以下，初期条件を $t = 0$ で $x(0) = x_0$, $\dot{x}(0) = v_0$ とする．

$\gamma < \omega$ の場合の解は

$$x(t) = x_0e^{-\gamma t}\cos\omega' t + \frac{v_0 + \gamma x_0}{\omega'}e^{-\gamma t}\sin\omega' t \tag{3.41}$$

となる．ただし，$\omega' = \sqrt{\omega^2 - \gamma^2}$ である．あるいは，調和振動子の場合と同じように

$$x(t) = Ae^{-\gamma t}\cos(\omega' t + \delta) \tag{3.42}$$

1 階常微分方程式の解法（4）——完全微分形

[5] $f(x,t) = -\frac{P(x,t)}{Q(x,t)}$，ただし，

$$P(x,t) = \frac{\partial\Phi(x,t)}{\partial t}, \quad Q(x,t) = \frac{\partial\Phi(x,t)}{\partial x}$$

となるような関数 $\Phi(x,t)$ が存在する場合，この形の微分方程式は**完全微分形**と呼ばれる．この場合の一般解は

$$\Phi(x(t),t) = C \quad （C は任意定数）$$

で与えられる．これも上式を微分すると，

$$\frac{d\Phi(x(t),t)}{dt} = \frac{\partial\Phi(x(t),t)}{\partial x}\frac{dx(t)}{dt} + \frac{\partial\Phi(x,t)}{\partial t} = Q(x(t),t)\frac{dx(t)}{dt} + P(x(t),t) = 0$$

となることからわかる．初期条件を満たすように $C = \Phi(x_0,t_0)$ とすれば，初期値問題の解が得られる．

のように表すこともできる．ただし，$A = \sqrt{x_0^2 + \left(\frac{v_0 + \gamma x_0}{\omega'}\right)^2}$，$\delta$ は $\cos\delta = \frac{x_0}{A}$，$\sin\delta = -\frac{v_0 + \gamma x_0}{\omega' A}$ を満たす角である．つまり，振動するのだが，その振幅が時間とともに減少していく．これを**減衰振動**と呼ぶ（図 3.8）．

一方，$\gamma > \omega$ の場合の解は，

$$x(t) = x_0 e^{-\gamma t} \cosh\gamma' t + \frac{v_0 + \gamma x_0}{\gamma'} e^{-\gamma t} \sinh\gamma' t \tag{3.43}$$

（ただし，$\gamma' = \sqrt{\gamma^2 - \omega^2}$）と表される．ここで，右辺の $\cosh\gamma' t$ や $\sinh\gamma' t$ は**双曲線関数**と呼ばれる関数である．双曲線関数の定義と主な性質を p.71, p.72 の〔下欄〕にまとめておこう．この解は振動せず，ある時刻からは単調に 0 に近づいていく．この解の振る舞いを**過減衰**という（図 3.9）．

$\gamma = \omega$ の場合には，式 (3.38) の解は $\alpha = -\omega$ ただ一つ（重解）になり，指数関数の解は 1 個しか求まらないが，この場合には $te^{-\omega t}$ がもう一つの独立解となる（演習問題 3.4）．したがって，一般解は A, B を任意定数として $x(t) = (A + Bt)e^{-\omega t}$ と書け，初期値問題の解は

$$x(t) = [x_0 + (v_0 + \omega x_0)t]e^{-\omega t} \tag{3.44}$$

となる．この場合を**臨界減衰**と呼ぶ．

以上，3 種類の解を求めたが，これらはすべて $t \to \infty$ で $x \to 0$ となるが，グラフからわかるように，臨界減衰の解が最も速く 0 に近づく．これは次のように理解できる．まず，γ が小さすぎると振動がなかなか収まらない．一方，γ が大きすぎると x があまり変化しないうちに速度が小さくなってしまい，x はなかなか 0 に近づけない．■

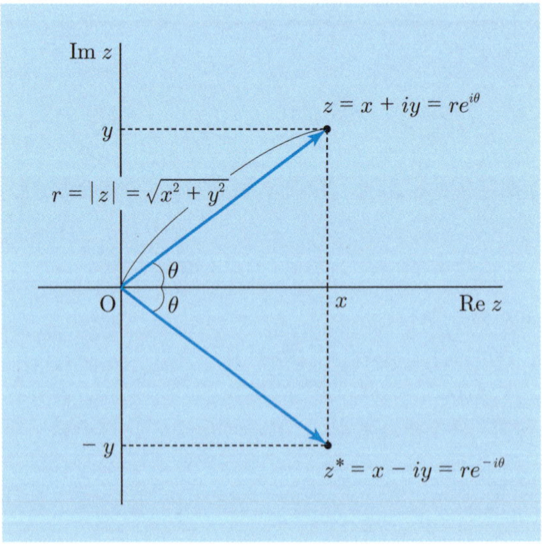

図 3.7　複素平面

例題 3.4 減衰振動子がさらに外力 $f(t)$ を受ける場合の運動を求めよ．

解答 運動方程式は

$$m\frac{d^2x}{dt^2}+\eta\frac{dx}{dt}+kx=f(t) \tag{3.45}$$

と書ける．この形の方程式は**非同次形**の線形方程式と呼ばれる．これに対して，減衰振動子の場合のようにすべて x およびその微係数に比例する項ばかりである場合を**同次形**という．非同次形の線形方程式の一般解については，次のことが成立する．

$$\text{非同次形の一般解} = \text{同次形の一般解} + \text{非同次形の特解} \tag{3.46}$$

式 (3.45) に対応する同次形の方程式は減衰振動子の式なので，その一般解は式 (3.40) で与えられる．そこで式 (3.45) の特解を定数変化法により求めてみよう．

前と同様に $\omega=\sqrt{\dfrac{k}{m}}$, $\gamma=\dfrac{\eta}{2m}$ とおくと，式 (3.45) は行列を用いて

$$\frac{d}{dt}\begin{bmatrix} x \\ v \end{bmatrix}=\begin{bmatrix} 0 & 1 \\ -\omega^2 & -2\gamma \end{bmatrix}\begin{bmatrix} x \\ v \end{bmatrix}+\begin{bmatrix} 0 \\ m^{-1}f(t) \end{bmatrix} \tag{3.47}$$

と書ける．また，同次形の一般解は

$$\begin{bmatrix} x(t) \\ v(t) \end{bmatrix}=\begin{bmatrix} C_+ \\ \alpha_+C_+ \end{bmatrix}e^{\alpha_+t}+\begin{bmatrix} C_- \\ \alpha_-C_- \end{bmatrix}e^{\alpha_-t} \tag{3.48}$$

と表される．ただし，α_+, α_- は式 (3.39) で与えられ，C_+, C_- は任意定数を表す．そこで式 (3.47) の特解を

$$\begin{bmatrix} x(t) \\ v(t) \end{bmatrix}=\begin{bmatrix} C_+(t) \\ \alpha_+C_+(t) \end{bmatrix}e^{\alpha_+t}+\begin{bmatrix} C_-(t) \\ \alpha_-C_-(t) \end{bmatrix}e^{\alpha_-t} \tag{3.49}$$

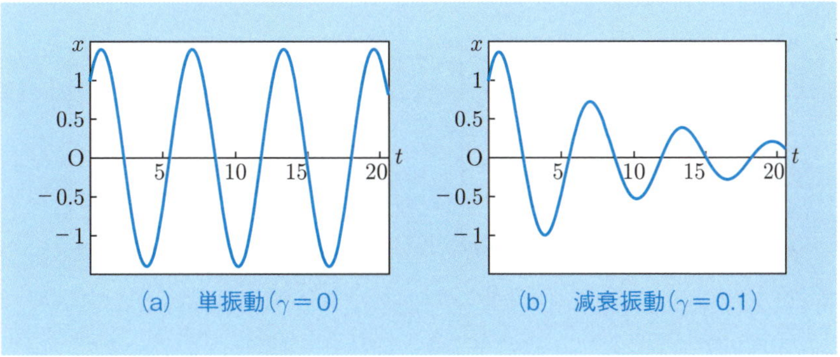

図 3.8 単振動と減衰振動．γ 以外は $x_0=1$, $v_0=1$, $\omega=1$．

の形に仮定して求めることを考える．式 (3.49) を (3.47) に代入して整理すると，$\alpha_+ \neq \alpha_-$ であるならば

$$\begin{bmatrix} \dot{C}_+(t) \\ \dot{C}_-(t) \end{bmatrix} = \frac{1}{m(\alpha_+ - \alpha_-)} \begin{bmatrix} e^{-\alpha_+ t} f(t) \\ -e^{-\alpha_- t} f(t) \end{bmatrix} \tag{3.50}$$

となる．したがって，これを積分して式 (3.49) に代入することにより，

$$x(t) = \frac{1}{m(\alpha_+ - \alpha_-)} \int_0^t \left(e^{\alpha_+(t-s)} - e^{\alpha_-(t-s)} \right) f(s) ds \tag{3.51}$$

が得られる．また，$\alpha_+ = \alpha_- = -\omega$ の場合には，式 (3.49) の代わりに

$$\begin{bmatrix} x(t) \\ v(t) \end{bmatrix} = \begin{bmatrix} A(t) \\ B(t) - \omega A(t) \end{bmatrix} e^{-\omega t} + \begin{bmatrix} B(t) \\ -\omega B(t) \end{bmatrix} t e^{-\omega t} \tag{3.52}$$

の形を仮定すると，同様にして

$$x(t) = \frac{1}{m} \int_0^t (t-s) e^{-\omega(t-s)} f(s) ds \tag{3.53}$$

が解であることがわかる．こうして非同次形の式 (3.45) の特解が得られた．この解では

$$x(0) = \dot{x}(0) = 0$$

であるので，初期値問題の解は減衰振動子の初期値問題の解にこの特解を加えたものになる．また，減衰振動子の一般解は $t \to \infty$ で 0 に収束するので，十分時間が経過した後の運動は上で求めた特解に漸近する． ■

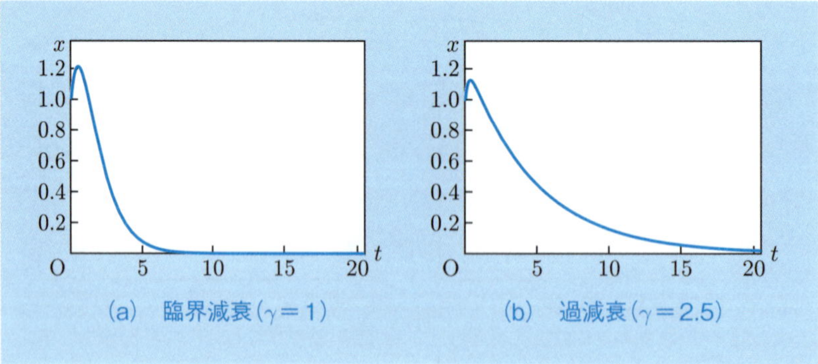

図 3.9 臨界減衰と過減衰．γ 以外は $x_0 = 1$, $v_0 = 1$, $\omega = 1$.

具体例として，$f(t)$ が次のような振動外力である場合を考えよう．

$$f(t) = f_0 \cos \varOmega t \tag{3.54}$$

式 (3.51) に上の式を代入すると，一般解が

$$x(t) = C_+ e^{\alpha_+ t} + C_- e^{\alpha_- t} + A\cos(\varOmega t - \delta) \tag{3.55}$$

となることがわかる．ただし，

$$A = \frac{f_0}{m\sqrt{(\omega^2 - \varOmega^2)^2 + (2\gamma\varOmega)^2}} \tag{3.56}$$

であり，δ は

$$\tan\delta = \frac{2\gamma\varOmega}{\omega^2 - \varOmega^2} \tag{3.57}$$

で与えられる外力に対する位相の遅れである．$t \to \infty$ では式 (3.55) の右辺第 3 項だけが残る．すなわち，減衰振動子に振動外力が加えられると，外力の振動数で振動するようになるが，その位相は外力の位相からの遅れを示す．このような振動を**強制振動**という．強制振動の振幅 A と位相の遅れ δ は，$\varOmega$ を変えたときに図 3.10，図 3.11 のように変化する．$\gamma < \dfrac{\omega}{\sqrt{2}}$ の場合，$\varOmega = \sqrt{\omega^2 - 2\gamma^2}$ で振幅 A は極大を示す．特に，γ が小さければ $\varOmega \simeq \omega$ で振幅は急激に増大する．これを**共鳴**という．

双曲線関数（1）

(a)　$\cosh x = \dfrac{e^x + e^{-x}}{2}$

(b)　$\sinh x = \dfrac{e^x - e^{-x}}{2}$

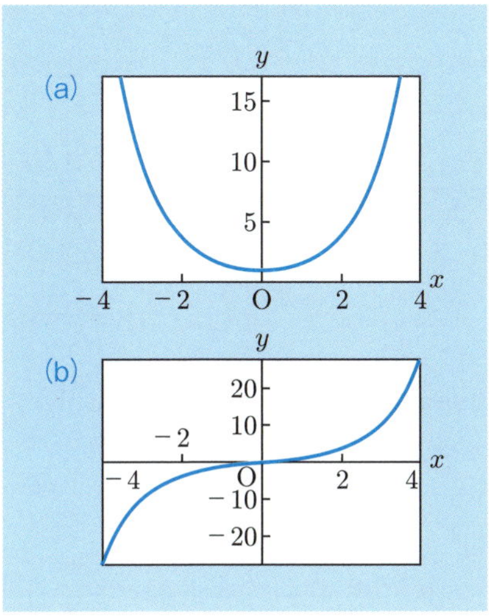

例題 3.5　質量 m の粒子を初速 v_0 で鉛直上向きに投げ上げる．一様な重力の他に速度の 2 乗に比例する抵抗力が働くとして，粒子の運動を求めよ．

解答　物体に働く力は k を正の定数として

$$\boldsymbol{F} = m\boldsymbol{g} - k|\boldsymbol{v}|\boldsymbol{v}$$

と書ける．今，初速度が鉛直成分しかもたないので，その後の運動は鉛直方向に限られることがわかる．そこで，速度の鉛直上向き成分を v とすると，運動方程式は

$$m\frac{dv}{dt} = \begin{cases} -mg - kv^2 & (v \geq 0 \text{ の場合}) \quad (3.58) \\ -mg + kv^2 & (v < 0 \text{ の場合}) \quad (3.59) \end{cases}$$

となる．これらは線形ではないが変数分離形なので解くことができる．まず，初期条件 $v(0) = v_0 > 0$ を用いると，式 (3.58) より

$$\int_{v_0}^{v(t)} \frac{v_\infty dv}{v^2 + v_\infty^2} = -\int_0^t \alpha dt \tag{3.60}$$

が得られる．ここで，$v_\infty = \sqrt{\dfrac{mg}{k}}$, $\alpha = \sqrt{\dfrac{kg}{m}}$ とおいた．この積分は $v = v_\infty \tan\theta$ とおくと実行できて，

$$\theta - \theta_0 = -\alpha t$$

が得られる．ただし，θ_0 は $v_0 = v_\infty \tan\theta_0 \left(0 < \theta_0 < \dfrac{\pi}{2}\right)$ から決まる数を表す．したがって，

$$v(t) = v_\infty \tan\left[\tan^{-1}\left(\frac{v_0}{v_\infty}\right) - \alpha t\right] \tag{3.61}$$

となる．ただし，$\tan^{-1} x$ は $-\dfrac{\pi}{2} < \theta < \dfrac{\pi}{2}$ における $x = \tan\theta$ の逆関数を表す．こ

双曲線関数（2）

(c)　$\tanh x = \dfrac{\sinh x}{\cosh x} = \dfrac{e^x - e^{-x}}{e^x + e^{-x}}$

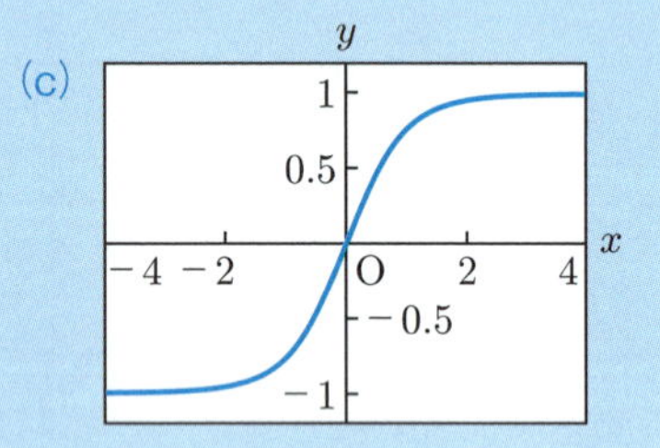

(d)　導関数　$(\cosh x)' = \sinh x$,　$(\sinh x)' = \cosh x$,　$(\tanh x)' = \dfrac{1}{\cosh^2 x}$

(e)　三角関数との関係　$\cos ix = \cosh x$,　$\sin ix = i\sinh x$,

$\cosh ix = \cos x$,　$\sinh ix = i\sin x$

(f)　関係式　$\cosh^2 x - \sinh^2 x = 1$

(g)　その他の双曲線関数　$\coth x = \dfrac{1}{\tanh x}$,　$\mathrm{sech}\, x = \dfrac{1}{\cosh x}$,　$\mathrm{cosech}\, x = \dfrac{1}{\sinh x}$

の解は

$$t = t_1 = \alpha^{-1} \tan^{-1}\left(\frac{v_0}{v_\infty}\right)$$

で $v(t_1) = 0$ となるので，$0 \leq t \leq t_1$ において有効な解である．

$t > t_1$ では式 (3.59) より，

$$\int_0^{v(t)} \frac{v_\infty dv}{v^2 - v_\infty^2} = \int_{t_1}^{t} \alpha dt \tag{3.62}$$

から $v(t)$ が得られる．この積分は $v = v_\infty \tanh u$ とおくと実行できて，

$$u = -\alpha(t - t_1)$$

が得られる．したがって，速度は

$$v(t) = -v_\infty \tanh\left[\alpha(t - t_1)\right] \tag{3.63}$$

となる．$\lim_{x\to\infty} \tanh x = 1$ だから，v_∞ はこの場合の終端速度の大きさを表す．

時刻 t における粒子の地面からの高さを $z(t)$ とすると，

$$z(t) = \int_0^t v(t')dt'$$

だから，式 (3.61), (3.63) より，

$$z(t) = \begin{cases} \dfrac{v_\infty}{\alpha}\log\left(\cos\alpha(t-t_1)\right) + \dfrac{v_\infty}{2\alpha}\log\left(1 + \dfrac{v_0^2}{v_\infty^2}\right) & (0 \leq t \leq t_1) \\ \dfrac{v_\infty}{2\alpha}\log\left(1 + \dfrac{v_0^2}{v_\infty^2}\right) - \dfrac{v_\infty}{\alpha}\log\left(\cosh\alpha(t-t_1)\right) & (t \geq t_1) \end{cases}$$

■

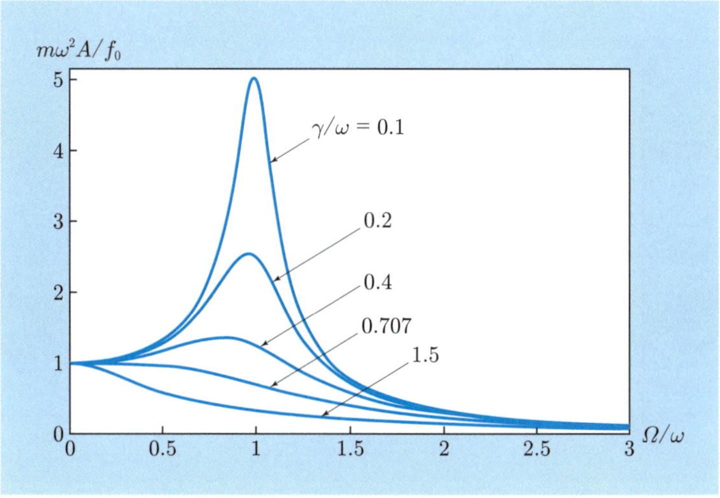

図 3.10 強制振動—振幅

例題 3.6 単振り子の運動方程式 (2.55) の解を求めよ．ただし，$\theta(0)=0$, $\dot\theta(0)=\alpha\geq 0$ とする．

解答 式 (2.55) の両辺に $\dot\theta$ をかけると，

$$\frac{d}{dt}\frac{\dot\theta^2}{2}=\dot\theta\ddot\theta=-\omega^2\dot\theta\sin\theta=\frac{d}{dt}\left(\omega^2\cos\theta\right)$$

となるので，これを積分し，初期条件を用いると

$$\dot\theta^2=2\omega^2(\cos\theta-1)+\alpha^2=\alpha^2-4\omega^2\sin^2\frac{\theta}{2} \tag{3.64}$$

が得られる．ここで場合分けを行う．

$\alpha\leq 2\omega$ の場合は，$\alpha=2\omega\sin\dfrac{\theta_0}{2}$ $(0\leq\theta_0\leq\pi)$ とおくと，右辺全体は非負でなければならないので，θ の取り得る値の範囲は $-\theta_0\leq\theta\leq\theta_0$ となる．また，

$$\frac{d\theta}{dt}=\pm 2\omega\sqrt{\sin^2\frac{\theta_0}{2}-\sin^2\frac{\theta}{2}} \tag{3.65}$$

となるが，これは変数分離形である．したがって積分ができて

$$\omega t=\pm\frac{1}{2}\int_0^\theta\frac{d\varphi}{\sqrt{\sin^2\frac{\theta_0}{2}-\sin^2\frac{\varphi}{2}}} \tag{3.66}$$

となる．ここで，$k=\sin\dfrac{\theta_0}{2}$ とおき，さらに $\left|\sin\dfrac{\varphi}{2}\right|\leq k$ より，積分変数を $\sin\dfrac{\varphi}{2}=k\sin u$ により φ から u に変換すると，

$$\omega t=\int_0^x\frac{du}{\sqrt{1-k^2\sin^2 u}} \tag{3.67}$$

となる．ここで x は $\sin\dfrac{\theta}{2}=k\sin x$ により定義される．$0<k<1$ のとき，この

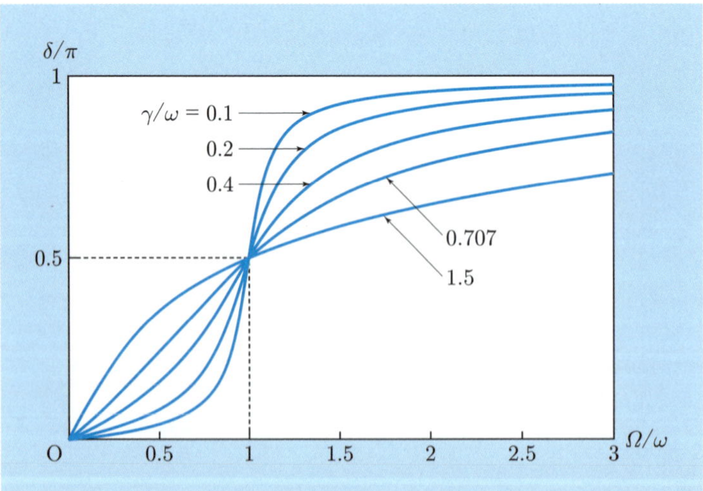

図 3.11 強制振動—位相の遅れ

積分を初等関数を用いて表すことはできないが，ヤコビの楕円関数を用いれば，

$$x = \mathrm{am}(\omega t, k), \quad \sin\frac{\theta}{2} = k\,\mathrm{sn}(\omega t, k) \tag{3.68}$$

と表すことができる．これは，周期 $\dfrac{4}{\omega}K(k)$ の周期関数である．ただし，$K(k)$ は第 1 種の完全楕円積分（p.77 の〔下欄〕参照）であり，k について展開すると

$$\begin{aligned} K(k) &= \frac{\pi}{2}\left[1 + \left(\frac{1}{2}\right)^2 k^2 + \left(\frac{1\cdot 3}{2\cdot 4}\right)^2 k^4 + \cdots\right] \\ &= \frac{\pi}{2}\left(1 + \frac{k^2}{4} + \frac{9}{64}k^4 + \cdots\right) \end{aligned}$$

である．

次に $\alpha > 2\omega$ の場合は，$k_1 = \dfrac{2\omega}{\alpha}$ とすると，

$$\omega t = \frac{k_1}{2}\int_0^\theta \frac{d\varphi}{\sqrt{1 - k_1^2 \sin^2\frac{\varphi}{2}}} \tag{3.69}$$

となるので，楕円関数を用いると，

$$\theta = 2\,\mathrm{am}\left(\frac{\omega t}{k_1}, k_1\right) \tag{3.70}$$

となる．これは，重りが支点のまわりをぐるぐる回転する運動を表す． ■

粒子の質量は不変であるが，粒子の分裂や結合を考えることで，一体となって運動する部分の質量が変化するような運動について考えることができる．このような場合には運動量保存則を用いるのが有効である．

無次元化

例題 3.5 で導入した v_∞ は速度の次元，α は時間の逆数の次元をもつ量である．そこで，

$$T = \alpha t, \quad V = \frac{v}{v_\infty}$$

とおくと，T や V は次元をもたない量（無次元量）になる．これらを用いると，式 (3.58), (3.59) は，

$$\frac{dV}{dT} = -1 - V\,|V|$$

という式になる．このように無次元量だけで方程式を表すことを**無次元化**と呼ぶ．この式には m, g, k などのパラメターが入っていないことに注意しよう．この微分方程式の解 $V = V(T)$ が求められれば，元の方程式の解は

$$v = v_\infty V(\alpha t) = \sqrt{\frac{mg}{k}}\,V\left(\sqrt{\frac{gk}{m}}\,t\right)$$

のように得られる．つまり，無次元化された方程式の解さえ得られれば，パラメター値のどのような組合せに対しても，簡単な変数変換によって元の方程式の解を書き下すことができるのである．無次元化の方法は物理の広い分野で用いられる．問題によっては，無次元化された方程式の中に無次元パラメターが残ることがあるが，そのようなパラメターは解の定性的な振る舞いを決める重要なものであることが多い．

例題 3.7　ロケットは，燃料をロケットに対して速度 u で後方に噴射することで推力を得る．今，ロケット本体の質量を m，燃料の質量を M_0 とすると，燃料をすべて使い切ったときのロケットの速度はいくらになるか．ただし，ロケットの初速を 0 とし，重力は無視できるものとする．

解答　ロケットが積む燃料の質量が M であるときのロケットの速度を $v(M)$ としよう．燃料を $-\Delta M$（$\Delta M < 0$）だけ噴出することで，ロケットの速度が

$$v(M + \Delta M) \simeq v(M) + \Delta v$$

に変化したとすると，ロケットの運動量の変化は

$$(m + M + \Delta M)(v(M) + \Delta v) - (m + M)v(M) = (m + M)\Delta v + \Delta M v(M)$$

噴出した燃料の運動量は $-\Delta M(v(M) - u)$ だから，運動量保存則より，

$$(m + M)\Delta v + \Delta M u = 0 \tag{3.71}$$

となる．すなわち，

$$\frac{dv(M)}{dM} = -\frac{u}{m + M} \tag{3.72}$$

である．これを積分して，$v(M_0) = 0$ を用いると，

$$v(M) = u \log \frac{m + M_0}{m + M}$$

となり，燃料を使い切ったときの速度は

$$v(0) = u \log \frac{m + M_0}{m} \tag{3.73}$$

であることがわかる．■

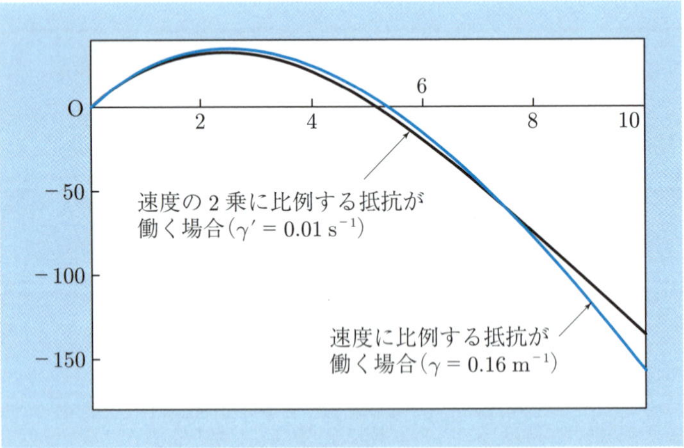

図 3.12　速度に比例する抵抗が働く場合と速度の 2 乗に比例する抵抗が働く場合の粒子の運動の比較．初速 $30\,\mathrm{m \cdot s^{-1}}$ で鉛直上向きに投げ上げた場合の高さの時間変化を表す．ただし，$\gamma' = k/m = 0.01\,\mathrm{m}^{-1}$ とした．

■数値解法 運動方程式が解析的に解ける場合は実は多くない．例えば，例題 3.5 で鉛直方向だけでなく水平方向の運動も行う場合を考えよう．鉛直上向きに z 軸，水平面上に x 軸を選び，運動が xz 面内で起こると仮定すると，運動方程式は $\gamma' = \dfrac{k}{m}$ として

$$\dot{v}_x = -\gamma' v_x \sqrt{v_x^2 + v_z^2} \tag{3.74}$$

$$\dot{v}_z = -g - \gamma' v_z \sqrt{v_x^2 + v_z^2} \tag{3.75}$$

となるが，この方程式の解を初等的な関数の組合せで表すことはできない．

しかし，このような場合でも数値的に近似解を求めることは可能である．コーシーの折れ線近似 (3.10) を適用して，$\Delta t = \dfrac{\tau}{N}$ とおき，$\{v_{x,n}, v_{z,n} | 0 \leq n \leq N\}$ を

$$v_{x,n+1} = v_{x,n} - \gamma' v_{x,n} \sqrt{v_{x,n}^2 + v_{z,n}^2}\, \Delta t \tag{3.76}$$

$$v_{z,n+1} = v_{z,n} - \left(g + \gamma' v_{z,n} \sqrt{v_{x,n}^2 + v_{z,n}^2} \right) \Delta t \tag{3.77}$$

によって決まる数列としよう．漸化式 (3.76), (3.77) を一般的に解くのは困難だが，コンピュータを用いれば，$(v_{x,0}, v_{z,0})$ を与えて $(v_{x,1}, v_{z,1})$, $(v_{x,2}, v_{z,2})$, $(v_{x,3}, v_{z,3})$, ... と順番に計算させるのは容易である．この数列 $(v_{x,n}, v_{z,n})$ は，$\Delta t \to 0$ の極限で初期条件 $(v_x(t_0), v_z(t_0)) = (v_{x,0}, v_{z,0})$ に対する真の解 $(v_x(t), v_z(t))$ の $t = t_n = t_0 + n\Delta t$ における値 $(v_x(t_n), v_z(t_n))$ に一様に

第 1 種楕円積分とヤコビの楕円関数

次の積分を**第 1 種楕円積分**という．

$$u = \int_0^\theta \frac{d\varphi}{\sqrt{1 - k^2 \sin^2 \varphi}}$$

ただし，k は母数と呼ばれる $0 \leq k \leq 1$ を満たす定数である．u は θ の単調増加関数なので，逆関数が存在する．これを**振幅関数**と呼び $\theta = \mathrm{am}(u, k)$ と表す．また，関数 sn, cn を $\mathrm{sn}(u, k) = \sin(\mathrm{am}(u, k))$, $\mathrm{cn}(u, k) = \cos(\mathrm{am}(u, k))$ によって定義する．これらは周期 $4K(k)$ の周期関数になる．ただし，

$$K(k) = \int_0^{\pi/2} \frac{d\varphi}{\sqrt{1 - k^2 \sin^2 \varphi}}$$

であり，これは**第 1 種完全楕円積分**と呼ばれる．$K(0) = \dfrac{\pi}{4}$ であり，$K(k)$ は k とともに単調に増加し，$k \to 1 - 0$ で $K(k) \to +\infty$ となる．また，$k = 0$ では $\mathrm{sn}(u, 0) = \sin u$, $\mathrm{cn}(u, 0) = \cos u$ である．また，$k = 1$ では $\mathrm{sn}(u, 1) = \tanh u$, $\mathrm{cn}(u, 1) = \mathrm{sech}\, u$ となる．楕円関数は多くの物理の問題で役に立つ．

収束する．したがって，Δt を十分小さく取れば，時刻 t_0 から $t_0+\tau$ までの (v_x, v_z) の時間発展が近似的に求められたことになる．このようにして微分方程式の近似解を得る方法を**オイラー**（Euler）**法**という．つまり，オイラー法とは，微分方程式

$$\frac{d\boldsymbol{x}(t)}{dt} = \boldsymbol{f}(\boldsymbol{x}(t), t) \tag{3.78}$$

の解の $t_n = n\Delta t$（$n = 0, 1, \ldots$）における値を

$$\boldsymbol{x}_{n+1} = \boldsymbol{x}_n + \boldsymbol{f}(\boldsymbol{x}_n, t_n)\Delta t \tag{3.79}$$

を満たす数列 $(\boldsymbol{x}_n)$ で近似する方法である．

方程式 (3.74), (3.75) をオイラー法で解いた結果を図 3.13 に示す．Δt が十分小さければ，近似解はほとんど収束しているので，実際の解とほとんど変わらないと考えられる．$(v_{x,n}, v_{z,n})$ が求められれば，

$$x_n = x(t_0) + \sum_{i=0}^{n-1} v_{x,i}\Delta t$$
$$z_n = z(t_0) + \sum_{i=0}^{n-1} v_{z,i}\Delta t$$

により $(x(t_0+n\Delta t), z(t_0+n\Delta t))$ の近似解も求められる．その結果を図 3.14 に示す．

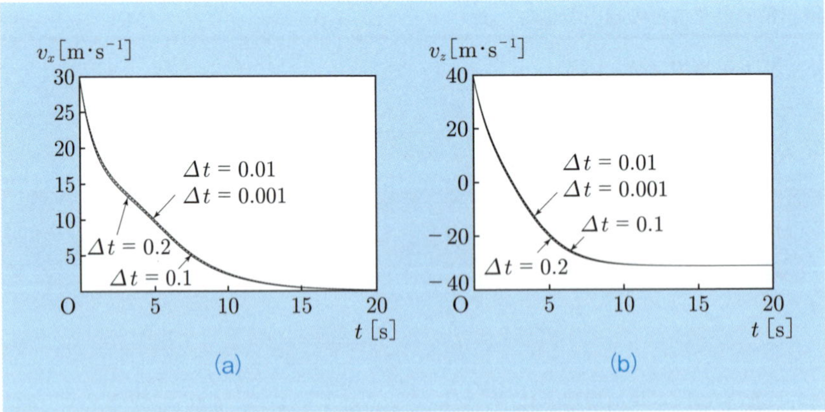

図 3.13 速度の 2 乗に比例する抵抗が働く場合の粒子の運動をオイラー法で解いた結果．ただし，$\gamma' = 0.01\,\mathrm{m}^{-1}$．$t = 0$ で $v_x = 30\,\mathrm{m \cdot s^{-1}}$, $v_z = 40\,\mathrm{m \cdot s^{-1}}$ とした．$\Delta t = 0.001, 0.01, 0.1, 0.2\,\mathrm{s}$ の各場合に $0 \leq t \leq 20\,\mathrm{s}$ の範囲で解いた．$\Delta t = 0.01\,\mathrm{s}$ の場合と $\Delta t = 0.001\,\mathrm{s}$ の場合のグラフはほとんど一致しており，見分けがつかない．

数値解法の注意点 オイラー法は簡便であり，上の問題のように短い時間の運動を求めるには有効であるが，長時間の振る舞いを調べようとするとうまくいかないことが多い．これは誤差が指数関数的に大きくなるためである．オイラー法では，1ステップでの誤差は $(\Delta t)^2$ に比例し，長時間では $C\Delta t$ となるが，微分方程式の一意性の証明からもわかるように，この係数 C は時間とともに指数的に大きくなり得る．

そこで，もっと精度の良い解法がいろいろと工夫されている．例えば，微分方程式 (3.78) に対し，$\boldsymbol{k}_1 = \boldsymbol{f}(\boldsymbol{x}_n, t_n)\Delta t$, $\boldsymbol{k}_2 = \boldsymbol{f}(\boldsymbol{x}_n + \boldsymbol{k}_1/2, t_n + \Delta t/2)\Delta t$ として，

$$\boldsymbol{x}_{n+1} = \boldsymbol{x}_n + \boldsymbol{k}_2 \tag{3.80}$$

で与えられる数列 $(\boldsymbol{x}_n)$ を考えると，1ステップでの誤差は $(\Delta t)^3$ のオーダーになる．これを2次の**ルンゲ–クッタ法**という．

調和振動子 (3.25) を2次のルンゲ–クッタ法で解くことを考えてみよう．このとき，$\boldsymbol{x} = (x, v)$, $\boldsymbol{f}(\boldsymbol{x}, t) = (v, -\omega^2 x)$ より，漸化式は

$$x_{n+1} = x_n + v_n\Delta t - \frac{1}{2}\omega^2 x_n(\Delta t)^2 \tag{3.81}$$

$$v_{n+1} = v_n - \omega^2 x_n\Delta t - \frac{1}{2}\Omega^2 v_n(\Delta t)^2 \tag{3.82}$$

特に式 (3.81), (3.82) は厳密に解くことができて $\alpha_\pm = 1 \pm i\omega\Delta t - \frac{1}{2}(\omega\Delta t)^2$（複号同順）とすると，

$$x_n = \frac{\alpha_+^n}{2}\left(x_0 + \frac{v_0}{i\omega}\right) + \frac{\alpha_-^n}{2}\left(x_0 - \frac{v_0}{i\omega}\right) \tag{3.83}$$

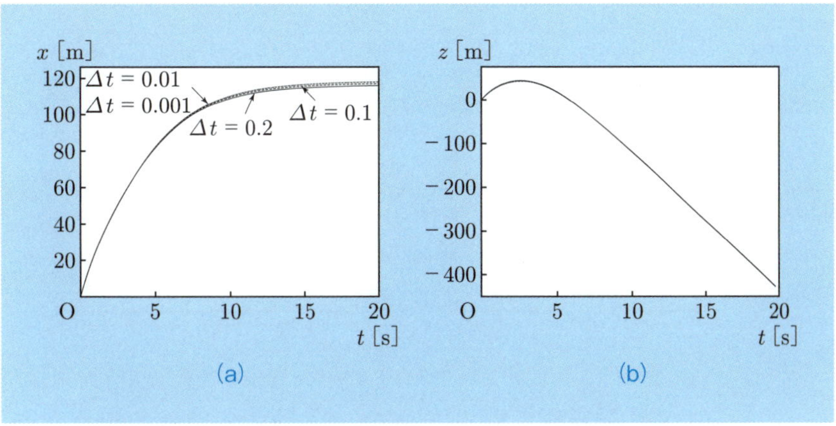

図 3.14 速度の2乗に比例する抵抗が働く場合の粒子の運動をオイラー法で解いた結果．ただし，$\gamma' = 0.01\,\mathrm{m^{-1}}$．$t = 0$ で $v_x = 30\,\mathrm{m \cdot s^{-1}}$, $v_z = 40\,\mathrm{m \cdot s^{-1}}$ とした．$\Delta t = 0.001$, 0.01, 0.1, 0.2 s の各場合に $0 \leq t \leq 20$ s の範囲で解いた（図 3.13 と同じ条件）．$\Delta t = 0.01$ s の場合と $\Delta t = 0.001$ s の場合のグラフはほとんど一致しており，見分けがつかない．

となることがわかる．式 (3.81), (3.82) の右辺の $(\Delta t)^2$ に比例する項を落としたものがオイラー法の式になる．これも厳密に解けて，答は式 (3.83) の $\alpha_\pm$ を $\alpha^{\rm e}_\pm = 1 \pm i\omega\Delta t$ で置き換えたものになる．

さて，別の近似を考えてみよう．調和振動子のように加速度が位置の関数として $a(x) = -\omega^2 x$ と決まる場合，

$$x_{n+1} = x_n + v_{n+1/2}\Delta t, \quad v_{n+1/2} = v_{n-1/2} + a(x_n)\Delta t \tag{3.84}$$

というやり方も考えられる．ただし，$v_{1/2} = v_0 + a(x_0)\Delta t/2$ とする．これを**かえる跳び法**という．2 次のルンゲ–クッタ法の場合と同様に，1 ステップでの誤差は $(\Delta t)^3$ のオーダーになることがわかる．また，この場合も厳密に解くことができて，解は $\cos(\alpha\Delta t) = 1 - \dfrac{\omega^2(\Delta t)^2}{2}$ で定義される定数 $\alpha > 0$ を用いて，次のように表される．

$$x_n = x_0 \frac{\cos\left[\left(n+\frac{1}{2}\right)\alpha\Delta t\right]}{\cos\left(\frac{\alpha}{2}\Delta t\right)} + v_0\Delta t\frac{\sin[n\alpha\Delta t]}{\sin(\alpha\Delta t)} \tag{3.85}$$

実際にコンピュータを用いて計算させてみると図 3.15 のようになる．オイラー法の解では振幅が時間とともに増大してしまうのに対して，2 次のルンゲ–クッタ法やかえる跳び法ではそのような振る舞いは見られない．これはオイラー法では

$$\left|\alpha^{\rm e}_\pm\right| = \sqrt{1+(\omega\Delta t)^2} \simeq 1 + \frac{1}{2}(\omega\Delta t)^2$$

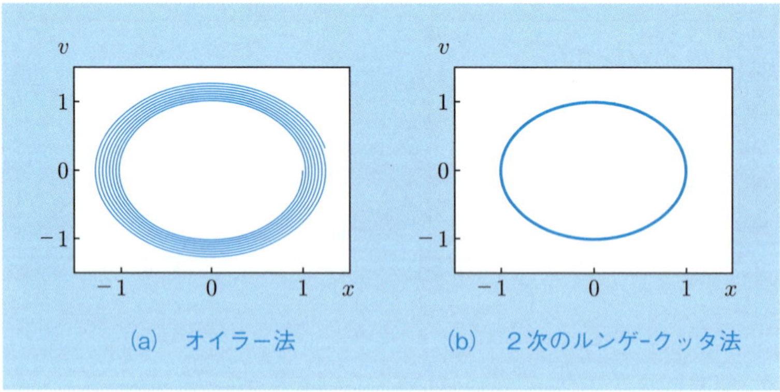

図 3.15 オイラー法とかえる跳び法の比較．$\omega = 1$, $x_0 = 1$, $v_0 = 0$, $\Delta t = 0.01$ として，10000 ステップの数値解を求めた．オイラー法（図 (a)）では振幅が徐々に増大しているが，2 次のルンゲ–クッタ法（図 (b)）ではそのようなことはない．

が1より大きいので $\left(\alpha_{\pm}^{\mathrm{e}}\right)^n$ の絶対値が n とともに指数関数的に大きくなるためである．実は，2次のルンゲ–クッタ法でも

$$|\alpha_{\pm}| \simeq 1 + \frac{1}{8}(\omega \Delta t)^4 > 1$$

なのだが，$(\omega \Delta t)^4$ は1より非常に小さいので，この時間範囲では影響が現れないのである．しかし，もっと長時間の計算を行うと，図3.16のように，振幅増大の傾向が見えてくる．一方，かえる跳び法の場合は，振幅は短時間で変動するが，時間とともに増大したり減少したりすることはない．

実は調和振動の式(3.25)は，$x(t)$ が解であるならば $x(-t)$ も解であるという著しい性質（時間反転対称性）を有している．かえる跳び法はその性質を保って差分に置き換えているのに対して，オイラー法や2次のルンゲ–クッタ法はその性質を壊してしまう．また，次章で学ぶように，調和振動子では $\dot{x}^2 + \omega^2 x^2$ という量が時間によらず一定値を取るという特徴がある（エネルギー保存則）．これに対し，かえる跳び法では

$$v_{n+1/2}^2 + x_n x_{n+1} = v_{n-1/2}^2 + x_{n-1} x_n$$

が成り立つので対応する保存則が存在するが，オイラー法やルンゲ–クッタ法ではそのような量は存在しない．この違いが振幅の増大という結果を導いたのである．対称性や保存則は物理系の最も基本的な性質であり，数値計算でもそれらの性質を十分に考慮する必要がある．

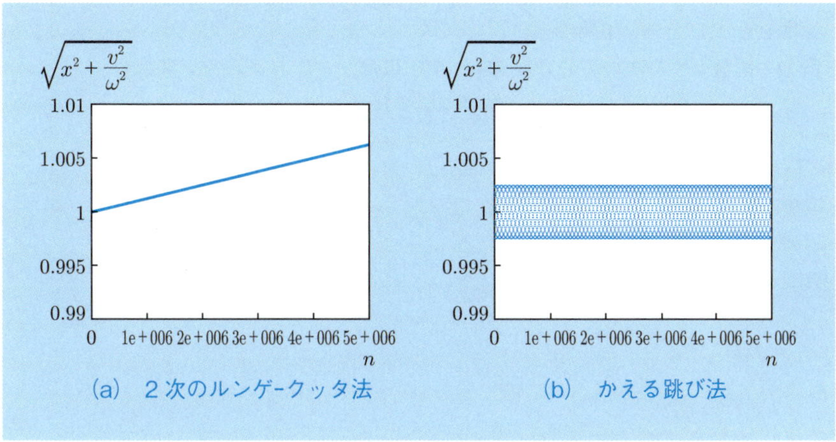

図3.16　オイラー法とかえる跳び法の比較．図3.15と同じ条件で 5×10^6 ステップの数値解を求め，$\sqrt{x^2 + \omega^{-2} v^2}$ の変化を示す．2次のルンゲ–クッタ法（図(a)）では振幅が単調に増大しているが，かえる跳び法（図(b)）では振幅の変化はあるが時間とともに増大したり減少したりする傾向はない．

3.3 演習問題

3.1 図のように粒子を水平面からの角度 α の向きに速さ v_0 で投げ上げた場合の運動について考える．ただし粒子には，一様な重力 $m\boldsymbol{g}$（$\boldsymbol{g}$ は重力加速度）の他に速度に比例する空気抵抗 $-k\boldsymbol{v}$ が働くとする．

(1) 始点を原点，水平に x 軸，鉛直上向きに z 軸を選び，粒子は xz 平面上を運動するものとする．このときの軌道の式を $z = f(x)$ の形に表せ．

(2) 最高点に達したときの位置を求めよ．

(3) 最大の水平到達距離が得られるのは，投射角 α と落下角 β が $\alpha + \beta = \dfrac{\pi}{2}$ の関係を満たす場合であることを示せ．

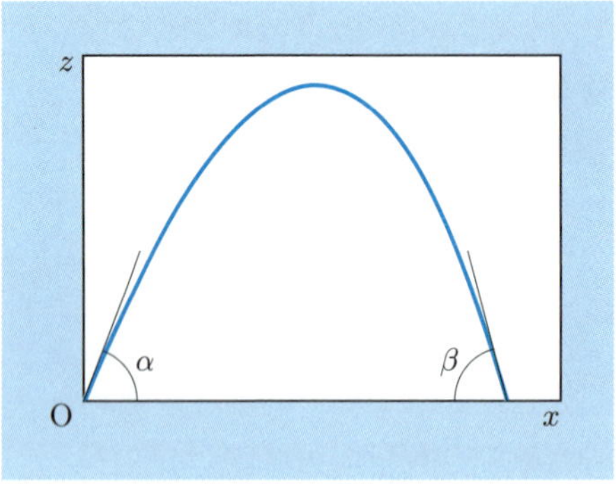

3.2 式 (3.42) で表される減衰振動の場合，次の事象はいずれも時間 $T = \dfrac{2\pi}{\omega'}$ ごとに起こることを示せ．

(1) $x(t)$ が極大値をとる．

(2) $x(t)$ が曲線 $x = Ae^{-\gamma t}$ に接する．

(3) 正の速度をもって $x(t) = 0$ となる．

3.3 $f(t)$ を既知の関数とする次の微分方程式 (1)–(3) には，$f(t)$ によらない関数 $K(s)$ を用いて $x(t) = \displaystyle\int_0^t K(t-s)f(s)ds$ の形に表される特解が存在する．それぞれについて $K(s)$ を求めよ．ただし，(3) の左辺の k は正の定数である．
（(1), (3) については初期条件 $x(0) = 0$，(2) については $x(0) = \dot{x}(0) = 0$ に対する解がこの形になる．）

(1) $\dfrac{dx(t)}{dt} = f(t)$

(2) $\dfrac{d^2x(t)}{dt^2} = f(t)$

(3) $\dfrac{dx(t)}{dt} + kx(t) = f(t)$

3.4 臨界減衰の場合に $x(t) = te^{-\omega t}$ がもう一つの基本解となることを，定数変化法を用いて示せ．

3.5 長さ l の糸の先に重りをつけた振り子が，最低の位置から水平方向に速さ v_0 を与えられて運動する．最高点に達しても糸がたるまず，重りが円周上を一定の向きに回るためには，v_0 はどのような条件を満たさなければならないか．また，v_0 がその条件を満たさず，円周上のある点で円周を離れ，再び最低の位置に戻ったとすると v_0 の値はいくらか．

3.6 床の上に固めて置かれた 1 本の鎖の一方の端を持って，鉛直上向きに引き上げる．鎖の線密度，すなわち単位長さあたりの質量を ρ とする．

(1) 一定の速さ v で引き上げるとき，引き上げられた部分の長さ x と引き上げる力 F の関係を求めよ．

(2) 一定の力 F で引き上げるとき，引き上げられた部分の長さ x と鎖の速度 v の関係を求めよ．

4

エネルギーと運動量

本章と次章ではエネルギー，運動量，角運動量という力学量について学ぶ．これらの量に着目することで運動方程式が解けたり，あるいは完全に解くことはできなくても，粒子の運動を定性的に理解することができる場合がある．さらに，これらの量は，古典力学のみならず，電磁気学や量子力学など，物理学の至るところで出会う基本的な物理量である．しかも，ニュートンの運動方程式の適用限界を超えた相対論や量子力学の世界でも有効なので，運動方程式よりも基本的であるといえる．

本章ではまず，エネルギーと運動量を紹介し，その後，弾性衝突の問題について考察する．

本章の内容

4.1 仕事とエネルギー

■仕事 一定の力 $\boldsymbol{F}$ のもとで粒子が $\Delta\boldsymbol{r}$ の変位を行ったとき，その粒子は $\boldsymbol{F}\cdot\Delta\boldsymbol{r}$ の**仕事**をされた，もしくは力 $\boldsymbol{F}$ は $\boldsymbol{F}\cdot\Delta\boldsymbol{r}$ の仕事を行ったという．例えば，図 4.1 のように高さ h の点から落下した物体に対して重力 $m\boldsymbol{g}$ がした仕事は，$g=|\boldsymbol{g}|$ とすると，軌道の形によらず $m\boldsymbol{g}\cdot\Delta\boldsymbol{r}=mgh$ になる．

次に力が変化する場合を考えよう．時間 $t_0<t\leq t_1$ の間に，粒子は軌道 $\Gamma=\{\boldsymbol{r}(t)|t_0\leq t\leq t_1\}$ を描いて運動したとする．また，粒子に加わる力は時間の関数 $\boldsymbol{F}(t)$ として表されているとする．ただし $\boldsymbol{F}(t)$ は，力を粒子の位置と速度と時刻の関数として表した $\boldsymbol{F}(\boldsymbol{r},\boldsymbol{v},t)$ に時刻 t における粒子の位置 $\boldsymbol{r}(t)$ と速度 $\boldsymbol{v}(t)$ を代入した $\boldsymbol{F}(\boldsymbol{r}(t),\boldsymbol{v}(t),t)$ を表す．このとき，微小な時間 $t\sim t+\Delta t$ では，力は一定値 $\boldsymbol{F}(t)$ を取ると見なしてよいだろう（変化は $o(1)$）．また，この間の変位は $\boldsymbol{r}(t+\Delta t)-\boldsymbol{r}(t)\simeq\boldsymbol{v}\Delta t$ と近似できる．よって，この微小時間における仕事は $\boldsymbol{F}(t)\cdot\boldsymbol{v}(t)\Delta t+o(\Delta t)$（$\Delta t\to 0$）と表される．微小時間における仕事を足し上げたものが軌道全体での仕事になり，この和は微小時間間隔 $\Delta t\to 0$ の極限で，次の積分に収束する．

$$W=\int_{t_0}^{t_1}\boldsymbol{F}(t)\cdot\boldsymbol{v}(t)dt \tag{4.1}$$

これが力が時間変化する場合に成り立つ一般的な仕事の式である．右辺の被積分関数 $\boldsymbol{F}\cdot\boldsymbol{v}$ を**仕事率**という．すなわち，仕事率とは単位時間あたりに力が行う仕事である．粒子に働く力が複数の力 $\boldsymbol{F}_i$（$i=1,2,\ldots,n$）の合力

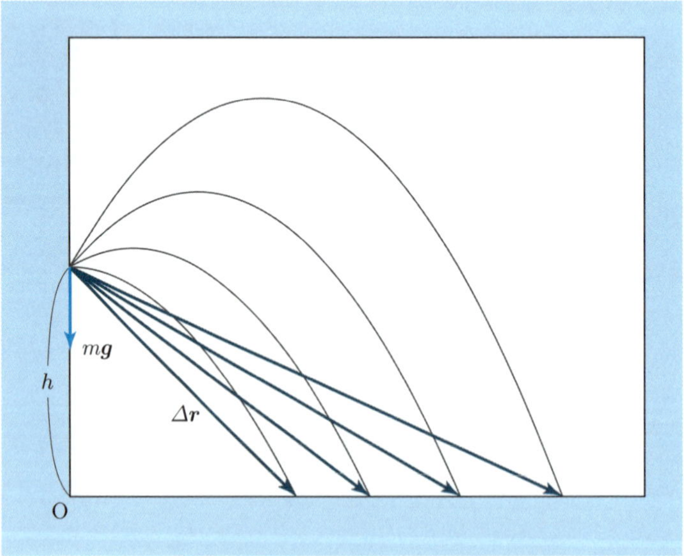

図 4.1 落体に対し重力 $m\boldsymbol{g}$ がする仕事は mgh.

($\boldsymbol{F} = \sum_{i=1}^{n} \boldsymbol{F}_i$) である場合，合力のする仕事は，各力 $\boldsymbol{F}_i$ が行う仕事の和になる．仕事の単位はジュール（J）であり，1 J は 1 N の力を受けた粒子が力と同じ向きに 1 m だけ移動したときの仕事を表す．すなわち，

$$1\,\mathrm{J} = 1\,\mathrm{N} \cdot \mathrm{m} = 1\,\mathrm{kg} \cdot \mathrm{m}^2 \cdot \mathrm{s}^{-2} \tag{4.2}$$

例題 4.1 荷電粒子が磁場から受ける力は仕事をしないことを示せ．

解答 ローレンツ力の式 (2.43) より，電荷 q をもつ粒子が磁場から受ける力は $\boldsymbol{F}(t) = q\boldsymbol{v}(t)\times\boldsymbol{B}(\boldsymbol{r}(t), t)$ と表される．したがって，仕事率は $\boldsymbol{F}\cdot\boldsymbol{v} = \boldsymbol{v}\cdot(\boldsymbol{v}\times\boldsymbol{B}) = 0$ となる．よって，この力は仕事をしない．

同様になめらかなホロノーム拘束における拘束力は仕事をしない（p.88〔下欄〕）．■

■仕事と運動エネルギー 粒子に働くすべての力の和を $\boldsymbol{F}_{\mathrm{t}}$ とすると，運動方程式は

$$m\frac{d^2\boldsymbol{r}}{dt^2} = \boldsymbol{F}_{\mathrm{t}} \tag{4.3}$$

と書ける．速度 $\boldsymbol{v}$ との内積をとると

$$\frac{d}{dt}\left(\frac{mv^2}{2}\right) = \boldsymbol{F}_{\mathrm{t}} \cdot \boldsymbol{v} \tag{4.4}$$

（ここで $v = |\boldsymbol{v}|$）となり，仕事率は**運動エネルギー** $\dfrac{mv^2}{2}$ の導関数に等しいことがわかる．したがって，仕事 (4.1) は

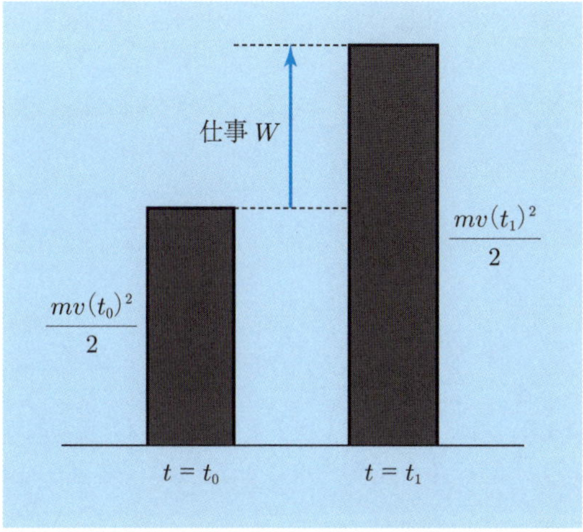

図 4.2 仕事は運動エネルギーの変化分に一致．

$$\frac{mv(t_1)^2}{2} - \frac{mv(t_0)^2}{2} = W \tag{4.5}$$

と表される．すなわち，ある時間間隔に力 $\boldsymbol{F}_{\mathrm{t}}$ がした仕事は，その間の粒子の運動エネルギーの変化分に等しい（p.87 の図 4.2）．

例題 4.2 一様な重力を受けて運動する物体が時刻 t_0 から t_1 までにされる仕事を求めよ．

解答 式 (3.2) に (3.5) を代入すると，粒子の速度は

$$\boldsymbol{v}(t) = \boldsymbol{v}_0 + (t - t_0)\boldsymbol{g} \tag{4.6}$$

となる．物体に働く力は $\boldsymbol{F} = m\boldsymbol{g}$ だから仕事率は $\boldsymbol{F} \cdot \boldsymbol{v} = m\boldsymbol{v}_0 \cdot \boldsymbol{g} + (t - t_0)mg^2$．これを時刻 t_0 から t_1 まで積分して，仕事

$$W = (t_1 - t_0)m\boldsymbol{v}_0 \cdot \boldsymbol{g} + \frac{(t_1 - t_0)^2}{2}mg^2 \tag{4.7}$$

を得る．これは確かに運動エネルギーの増加分 $\dfrac{mv(t_1)^2}{2} - \dfrac{mv_0^2}{2}$ に等しい．また，この場合は力 $\boldsymbol{F}$ が一定なので，$\boldsymbol{F} \cdot \Delta\boldsymbol{r} = m\boldsymbol{g} \cdot (\boldsymbol{r}(t_1) - \boldsymbol{r}_0)$ とも等しい． ■

■勾配とポテンシャル 一般に，位置 $\boldsymbol{r} = x\boldsymbol{e}_x + y\boldsymbol{e}_y + z\boldsymbol{e}_z$ の関数として決まるスカラー関数 $\varPhi(\boldsymbol{r})$ に対して，

$$\frac{\partial \varPhi}{\partial x}\boldsymbol{e}_x + \frac{\partial \varPhi}{\partial y}\boldsymbol{e}_y + \frac{\partial \varPhi}{\partial z}\boldsymbol{e}_z \tag{4.8}$$

を $\varPhi(\boldsymbol{r})$ の**勾配**（こうばい）（グラディエント）と呼び，

拘束力と仕事

第 2 章で議論したホロノーム拘束における拘束力は，拘束条件が時間によらず，かつなめらかのとき，仕事をしない力になる．実際，拘束力がする仕事率は

$$\sum_{n=1}^{N} \boldsymbol{R}_n \cdot \dot{\boldsymbol{r}}_n = \sum_{n=1}^{N}\sum_{\alpha=1}^{M} \lambda_\alpha \dot{\boldsymbol{r}}_n \cdot \nabla_n f^{(\alpha)}(\boldsymbol{r}_1, \ldots, \boldsymbol{r}_N)$$

で与えられるが，拘束条件

$$f^{(\alpha)}(\boldsymbol{r}_1(t), \boldsymbol{r}_2(t), \ldots, \boldsymbol{r}_N(t), t) = 0 \quad (\alpha = 1, 2, \ldots, M)$$

を時間で微分すると，

$$\sum_{n=1}^{N} \dot{\boldsymbol{r}}_n \cdot \nabla_n f^{(\alpha)}(\boldsymbol{r}_1, \ldots, \boldsymbol{r}_N) = 0$$

となるので，仕事率は 0 になる．時間に依存する拘束条件，例えば垂直な回転軸のまわりを回転している棒に拘束されたビーズのような場合，拘束力の作用により運動エネルギーが増大することが可能である．

$$\mathrm{grad}\,\varPhi, \quad \nabla\varPhi, \quad \frac{\partial\varPhi}{\partial \boldsymbol{r}}$$

などの記号で表す．記号 ∇ は，**ナブラ**もしくは**デル演算子**などと呼ばれ，

$$\nabla = \boldsymbol{e}_x\frac{\partial}{\partial x} + \boldsymbol{e}_y\frac{\partial}{\partial y} + \boldsymbol{e}_z\frac{\partial}{\partial z} \tag{4.9}$$

という偏微分の演算を成分とするベクトル型の微分演算子である．∇ は，単独では数や関数を表すことはできず，必ず後ろに ∇ が作用する関数（勾配の場合はスカラー関数に作用するが，ベクトル値の関数に内積やベクトル積の形で作用することもある）を伴わなければならない．$\mathrm{grad}\,\varPhi(\boldsymbol{r})$ はデカルト座標を用いて定義されているが，基底 $\boldsymbol{e}_x, \boldsymbol{e}_y, \boldsymbol{e}_z$ の選び方には依存しない．つまり，別の基底 $\boldsymbol{e}'_x, \boldsymbol{e}'_y, \boldsymbol{e}'_z$ を用いて，位置ベクトルが $\boldsymbol{r} = x'\boldsymbol{e}'_x + y'\boldsymbol{e}'_y + z'\boldsymbol{e}'_z$ と表されているとすると，やはり

$$\mathrm{grad}\,\varPhi(\boldsymbol{r}) = \frac{\partial\varPhi}{\partial x'}\boldsymbol{e}'_x + \frac{\partial\varPhi}{\partial y'}\boldsymbol{e}'_y + \frac{\partial\varPhi}{\partial z'}\boldsymbol{e}'_z \tag{4.10}$$

のように同じ形の式で書ける．

例題 4.3 $\mathrm{grad}\,r$ を計算せよ．ただし r は位置ベクトル $\boldsymbol{r}$ の大きさを表す．

解答 デカルト座標を用いて $\boldsymbol{r} = x\boldsymbol{e}_x + y\boldsymbol{e}_y + z\boldsymbol{e}_z$ と表すと，$r = |\boldsymbol{r}| = \sqrt{x^2+y^2+z^2}$ となる．したがって，

$$\frac{\partial r}{\partial x} = \frac{x}{\sqrt{x^2+y^2+z^2}} = \frac{x}{r} \tag{4.11}$$

線積分

例題 4.3 のように力が位置のみの関数として表される場合，軌道を何か適当な別の（時間以外の）パラメター u の関数として $\{\boldsymbol{r}'(u) | u_0 \leq u \leq u_1\}$（ただし，$\boldsymbol{r}'(u_0) = \boldsymbol{r}(t_0)$, $\boldsymbol{r}'(u_1) = \boldsymbol{r}(t_1)$ であって，軌道の向きは変えないとする）のように表すと，仕事 (4.1) は

$$W = \int_{t_0}^{t_1} \boldsymbol{F}(\boldsymbol{r}(t))\cdot\frac{d\boldsymbol{r}}{dt}(t)dt = \int_{u_0}^{u_1} \boldsymbol{F}(\boldsymbol{r}'(u))\cdot\frac{d\boldsymbol{r}'(u)}{du}du$$

となり，全く同じ形の式で表される．このように，軌道 $\varGamma$ を表すパラメターの選び方によらずに積分の値が決まるので，上の積分を

$$\int_{\varGamma} \boldsymbol{F}\cdot d\boldsymbol{r}$$

のようにパラメータを特定しない形に表す．つまり，この場合，仕事は軌道 $\varGamma$ の幾何学的形状と各点における力の値だけで決まり，粒子が軌道上をどういう速さで動いたかにはよらないのである．一般に，この形の積分を**線積分**と呼び，$\varGamma$ を**積分経路**と呼ぶ．

同様にして $\dfrac{\partial r}{\partial y} = \dfrac{y}{r}$, $\dfrac{\partial r}{\partial z} = \dfrac{z}{r}$. これより，

$$\mathrm{grad}\, r = \frac{x}{r}\boldsymbol{e}_x + \frac{y}{r}\boldsymbol{e}_y + \frac{z}{r}\boldsymbol{e}_z = \frac{\boldsymbol{r}}{r} \tag{4.12}$$

を得る．つまり，これはベクトル $\boldsymbol{r}$ の向きの単位ベクトル $\boldsymbol{e}_r$ に等しい． ■

逆に，ベクトル値を取る位置の関数 $\boldsymbol{A}(\boldsymbol{r})$ に対して，これを

$$\boldsymbol{A}(\boldsymbol{r}) = -\mathrm{grad}\, \Phi(\boldsymbol{r}) \tag{4.13}$$

と表すことのできるスカラー関数 $\Phi(\boldsymbol{r})$ が存在するとき，$\Phi(\boldsymbol{r})$ を $\boldsymbol{A}(\boldsymbol{r})$ の**ポテンシャル**という．ポテンシャルは任意の $\boldsymbol{A}(\boldsymbol{r})$ に対して存在するわけではなく，例えば $y\boldsymbol{e}_x + x\boldsymbol{e}_y$ はポテンシャル $-xy$ をもつが，$y\boldsymbol{e}_x - x\boldsymbol{e}_y$ はポテンシャルをもたない．また，ポテンシャルは一意的には決まらない．$\Phi(\boldsymbol{r})$ が $\boldsymbol{A}(\boldsymbol{r})$ のポテンシャルであれば，任意の定数 c を足した $\Phi(\boldsymbol{r}) + c$ も $\boldsymbol{A}(\boldsymbol{r})$ のポテンシャルである．

ポテンシャル $\Phi(\boldsymbol{r})$ が一定値を取るような曲面を**等ポテンシャル面**という．点 $\boldsymbol{r}$ と $\boldsymbol{r} + \Delta\boldsymbol{r}$ が同じ等ポテンシャル面上の点であるとすると，$\Phi(\boldsymbol{r} + \Delta\boldsymbol{r}) - \Phi(\boldsymbol{r}) = 0$ が成り立つが，変位 $\Delta\boldsymbol{r}$ が微小ならば $\Delta\boldsymbol{r}$ の向きは等ポテンシャル面に接するようになり，左辺は $\Delta\boldsymbol{r} \cdot \mathrm{grad}\, \Phi(\boldsymbol{r}) + o(|\Delta\boldsymbol{r}|)$ となる．したがって，$\boldsymbol{A}(\boldsymbol{r}) = -\mathrm{grad}\, \Phi(\boldsymbol{r})$ は等ポテンシャル面に対して垂直な向きを向くことがわかる．

さて，力 $\boldsymbol{F}$ が位置 $\boldsymbol{r}$ のみの関数として決まり，さらにポテンシャル U をもつとしよう．すなわち

線積分の性質

線積分は積分経路について加法性を示す．すなわち，向きをもつ曲線 Γ_1 の終点と Γ_2 の始点が一致するとき，Γ_1 と Γ_2 をつなぐ 1 本の曲線を考えることができるが，これを $\Gamma_1 + \Gamma_2$ と表すと，

$$\int_{\Gamma_1+\Gamma_2} \boldsymbol{F} \cdot d\boldsymbol{r} = \int_{\Gamma_1} \boldsymbol{F} \cdot d\boldsymbol{r} + \int_{\Gamma_2} \boldsymbol{F} \cdot d\boldsymbol{r}$$

である．次に，積分経路 Γ の始点と終点を入れ替え，向きを逆転させたものを $\overline{\Gamma}$ と表すと，

$$\int_{\overline{\Gamma}} \boldsymbol{F} \cdot d\boldsymbol{r} = -\int_{\Gamma} \boldsymbol{F} \cdot d\boldsymbol{r}$$

となる．また，曲線 Γ の始点と終点が一致する場合，Γ は**閉曲線**と呼ばれ，Γ 上のどの点を始点（= 終点）と考えても積分の値は同じになる．閉曲線上の線積分は

$$\oint_{\Gamma} \boldsymbol{F} \cdot d\boldsymbol{r}$$

のように表されることが多い．

$$\boldsymbol{F} = -\frac{\partial U}{\partial x}\boldsymbol{e}_x - \frac{\partial U}{\partial y}\boldsymbol{e}_y - \frac{\partial U}{\partial z}\boldsymbol{e}_z \tag{4.14}$$

と書けるとする．このとき，時刻 t での微分は合成関数の微分になり，

$$\frac{d}{dt}U(x(t), y(t), z(t)) = \frac{\partial U}{\partial x}\frac{dx}{dt} + \frac{\partial U}{\partial y}\frac{dy}{dt} + \frac{\partial U}{\partial z}\frac{dz}{dt} = (\mathrm{grad}\, U(\boldsymbol{r}))\cdot\frac{d\boldsymbol{r}}{dt} \tag{4.15}$$

が成り立つ．したがって，力 $\boldsymbol{F}$ がした仕事 (4.1) は

$$W = -\int_{t_0}^{t_1}\left(\frac{\partial U}{\partial x}\frac{dx}{dt} + \frac{\partial U}{\partial y}\frac{dy}{dt} + \frac{\partial U}{\partial z}\frac{dz}{dt}\right)dt = U(\boldsymbol{r}(t_0)) - U(\boldsymbol{r}(t_1)) \tag{4.16}$$

のように，軌道の詳細にはよらず，始点と終点における U の差として表される（図 4.3）．この $U(\boldsymbol{r})$ を**ポテンシャルエネルギー**もしくは**位置エネルギー**と呼び，ポテンシャルをもつ力を**保存力**と呼ぶ．

例題 4.4　楕円軌道 (2.17) に沿って，惑星が $\phi = \phi_0$ の位置から $\phi = \phi_1$ の位置まで動くときに，太陽からの万有引力がする仕事を求めよ．ただし，惑星の質量を m，太陽の質量を M とする．

解答　惑星の位置を表す位置ベクトルは $\boldsymbol{r} = \rho(\phi)\boldsymbol{e}_\rho$ と表される．ただし，$\rho(\phi)$ は式 (2.17) の右辺の関数である．したがって速度は，

$$\boldsymbol{v} = \frac{d\boldsymbol{r}}{dt} = \frac{d\rho}{d\phi}\dot{\phi}\boldsymbol{e}_\rho + \rho(\phi)\dot{\phi}\boldsymbol{e}_\phi \tag{4.17}$$

と書け，また惑星が受ける力は，

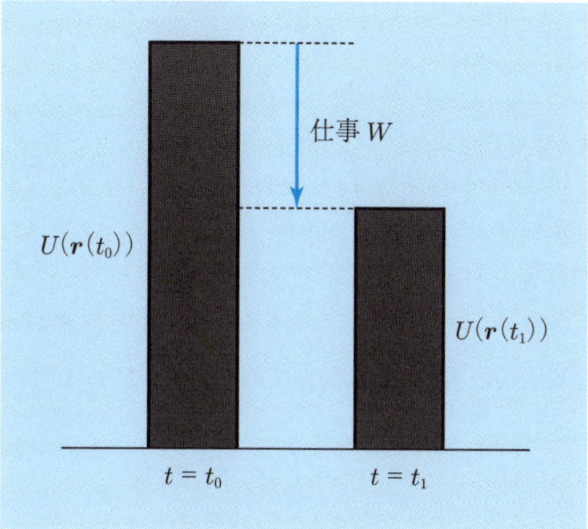

図 4.3　保存力がした仕事はポテンシャルエネルギーの減少分に一致．

$$\boldsymbol{F} = -\frac{GMm}{\rho^2}\boldsymbol{e}_\rho = -\frac{\alpha}{\rho^2}\boldsymbol{e}_\rho \quad (\text{ただし } \alpha = GMm) \tag{4.18}$$

と表される．したがって仕事率は $\boldsymbol{F}\cdot\boldsymbol{v} = -\dfrac{\alpha}{\rho^2}\dfrac{d\rho}{d\phi}\dot{\phi}$ となる．以上より仕事は，

$$W = -\int_{\phi_0}^{\phi_1}\frac{\alpha}{\rho(\phi)^2}\frac{d\rho}{d\phi}d\phi = -\int_{\rho(\phi_0)}^{\rho(\phi_1)}\frac{\alpha}{\rho^2}d\rho = \frac{\alpha}{\rho(\phi_1)} - \frac{\alpha}{\rho(\phi_0)} \tag{4.19}$$

と求められる．すなわち，$U(\boldsymbol{r}) = -\dfrac{\alpha}{r}$ がポテンシャルエネルギーである．■

粒子に働く力が保存力 $\boldsymbol{F} = -\mathrm{grad}\,U$ と非保存力 $\boldsymbol{F}'$ の和で表されているとしよう．このとき，式 (4.5) より，合力のする仕事は運動エネルギーの差に等しいので，

$$\int_{t_0}^{t_1}\boldsymbol{F}\cdot\boldsymbol{v}dt + \int_{t_0}^{t_1}\boldsymbol{F}'\cdot\boldsymbol{v}dt = \frac{mv(t_1)^2}{2} - \frac{mv(t_0)^2}{2}$$

である．一方，左辺第 1 項は式 (4.16) より，ポテンシャルエネルギーの差 $U(\boldsymbol{r}(t_0)) - U(\boldsymbol{r}(t_1))$ に等しい．したがって，非保存力 $\boldsymbol{F}'$ のする仕事は，

$$\int_{t_0}^{t_1}\boldsymbol{F}'\cdot\boldsymbol{v}dt = \left(\frac{mv(t_1)^2}{2} + U(\boldsymbol{r}(t_1))\right) - \left(\frac{mv(t_0)^2}{2} + U(\boldsymbol{r}(t_0))\right) \tag{4.20}$$

となることがわかる．すなわち，非保存力がする仕事は，運動エネルギーとポテンシャルエネルギーの和（これを**力学的エネルギー**という）の変化分に等しい．特に，非保存力が存在しない場合には，上の式は 0 になる．すなわち，力が保存力だけであれば，力学的エネルギーは初期条件だけで決まり，時間変化しない．この値を E と表すと，

ポテンシャル条件

容易にわかるように，3 次元ベクトル値関数 $\boldsymbol{F}(\boldsymbol{r})$ に対し，「(i) $\boldsymbol{F}(\boldsymbol{r}) = -\mathrm{grad}\,U(\boldsymbol{r})$ となるスカラー関数 $U(\boldsymbol{r})$ が存在する」，「(ii) $\boldsymbol{r}_0$ を始点とし，点 $\boldsymbol{r}_1$ を終点とする任意の向きづけられた曲線 Γ に対し，

$$\int_\Gamma \boldsymbol{F}\cdot d\boldsymbol{r} = U(\boldsymbol{r}_0) - U(\boldsymbol{r}_1)$$

が成り立つ」，「(iii) 任意の閉曲線 Γ に対し $\oint_\Gamma \boldsymbol{F}\cdot d\boldsymbol{r} = 0$ が成り立つ」の三つの命題は互いに同値である．すなわち，どれか一つが成り立てば他の二つも成り立つ．さらに，$\boldsymbol{F}(\boldsymbol{r})$ が定義される領域が単連結，つまり任意の閉曲線を連続変形によって 1 点に変形可能であるとき，「(iv) $\boldsymbol{F} = F_x\boldsymbol{e}_x + F_y\boldsymbol{e}_y + F_z\boldsymbol{e}_z$ が恒等的に $\dfrac{\partial F_x}{\partial y} = \dfrac{\partial F_y}{\partial x}$, $\dfrac{\partial F_y}{\partial z} = \dfrac{\partial F_z}{\partial y}$, $\dfrac{\partial F_z}{\partial x} = \dfrac{\partial F_x}{\partial z}$ を満たす」ことが $\boldsymbol{F}$ はポテンシャルをもつための必要十分条件になる．一般の場合の証明は本書の範囲を越えるが，$\boldsymbol{F}(\boldsymbol{r})$ がすべての $\boldsymbol{r}$ について定義されている場合には，

$$U(\boldsymbol{r}) = -\int_0^1 \boldsymbol{r}\cdot\boldsymbol{F}(s\boldsymbol{r})ds$$

が $\boldsymbol{F}$ のポテンシャルであることを示すことができる（演習問題 **4.3**）．

$$\frac{mv(t)^2}{2} + U(\boldsymbol{r}(t)) = E = \text{const.}$$

これを**力学的エネルギー保存則**という．

ポテンシャルの例をいくつか与えておこう．まず，一様な重力加速度 $\boldsymbol{g} = -g\boldsymbol{e}_z$ で表される重力場では，鉛直上向きに選んだ座標 z を用いて $U(z) = -m\boldsymbol{g}\cdot\boldsymbol{r} = mgz$ と書ける．また，1 次元の調和振動子のように変位 $x\boldsymbol{e}$ に対して復元力 $-kx\boldsymbol{e}$ が働く場合には

$$U(x) = \frac{kx^2}{2} \tag{4.21}$$

これを 3 次元に拡張して，変位 $\boldsymbol{r}$ に対して復元力 $-k\boldsymbol{r}$ が働く場合には

$$U(\boldsymbol{r}) = \frac{kr^2}{2} \tag{4.22}$$

例題 4.5　地面から速さ v_0 で鉛直上向きに投げ上げた粒子が最高点に達するまでに，空気抵抗がする仕事を求めよ．ただし，空気抵抗は速度に比例するものとする．

解答　すでに解いたように，この場合の速度 $\boldsymbol{v} = v_z(t)\boldsymbol{e}_z$ の時間変化は，

$$v_z(t) = \left(v_0 + \frac{mg}{k}\right)e^{-kt/m} - \frac{mg}{k} \tag{4.23}$$

で与えられる（図 4.4）．粒子が最高点に達する時刻 t_1 は，$v_z(t_1) = 0$ より，

$$e^{-kt_1/m} = \frac{\frac{mg}{k}}{v_0 + \frac{mg}{k}}, \quad t_1 = \frac{m}{k}\log\left(1 + \frac{kv_0}{mg}\right)$$

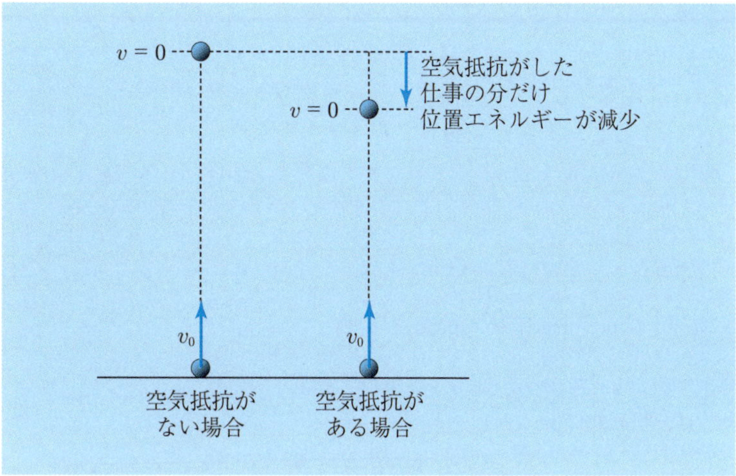

図 4.4　例題 4.5．空気抵抗がない場合とある場合での最高点の高さの違いに対応する位置エネルギーが，空気抵抗がした仕事に対応する．

と求められる．したがって，最高点に達するまでに空気抵抗がする仕事は

$$-k\int_0^{t_1} v_z(t)^2 dt = -k\int_0^{t_1}\left[\left(v_0+\frac{mg}{k}\right)e^{-kt/m}-\frac{mg}{k}\right]^2 dt$$
$$= -\frac{mv_0^2}{2}+\frac{m^2gv_0}{k}-\frac{m^3g^2}{k^2}\log\left(1+\frac{kv_0}{mg}\right)$$

となる．時刻 t_1 における粒子の高さは，地面の高さを 0 とすると，

$$z(t_1) = \int_0^{t_1} v_z(t)dt = \frac{mv_0}{k}-\frac{m^2g}{k^2}\log\left(1+\frac{kv_0}{mg}\right) \tag{4.24}$$

だから，空気抵抗がした仕事は，$-\left(\dfrac{mv_0^2}{2}-mgz(t_1)\right)$ に等しい．これは確かに力学的エネルギーの変化分を表している． ■

■相互作用ポテンシャル 位置 $\boldsymbol{r}'$ にある質量 M の粒子が，位置 $\boldsymbol{r}$ にある質量 m の粒子に及ぼす万有引力

$$\boldsymbol{F} = -GMm\frac{\boldsymbol{r}-\boldsymbol{r}'}{|\boldsymbol{r}-\boldsymbol{r}'|^3}$$

に対するポテンシャルは，

$$U(\boldsymbol{r}-\boldsymbol{r}') = -\frac{GMm}{|\boldsymbol{r}-\boldsymbol{r}'|} \tag{4.25}$$

で与えられる（〔下欄〕）．これを**万有引力ポテンシャル**という（例題 4.3 の答に現れたのはこのポテンシャルで $\boldsymbol{r}'=\boldsymbol{0}$ とおいたものである）．この場合，質量 M の粒子も質量 m の粒子から $-\boldsymbol{F}$ の力を受けるが，これは同じ $U(\boldsymbol{r}-\boldsymbol{r}')$ に対し，位置 $\boldsymbol{r}'$ に関する勾配（grad′ と表すことにする）を取って負号をつけたものに一致する．

相互作用ポテンシャルと作用反作用の法則

本文のように，相互作用ポテンシャルとは，$\boldsymbol{F}=-\mathrm{grad}\,U(\boldsymbol{r},\boldsymbol{r}')$，$\boldsymbol{F}'=-\mathrm{grad}'\,U(\boldsymbol{r},\boldsymbol{r}')$ が成り立つような関数 $U(\boldsymbol{r},\boldsymbol{r}')$ である．そこで，$\boldsymbol{R}=\dfrac{1}{2}(\boldsymbol{r}+\boldsymbol{r}')$ と $\boldsymbol{\xi}=\boldsymbol{r}-\boldsymbol{r}'$ を用いて U を表したものを $\tilde{U}(\boldsymbol{R},\boldsymbol{\xi})$ とし，$\boldsymbol{R}$ に対する勾配を grad_R，$\boldsymbol{\xi}$ に対する勾配を grad_ξ と表すと，チェインルールより

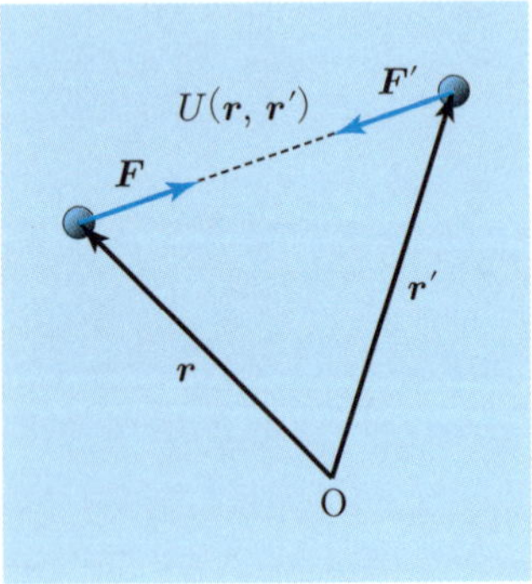

$$\mathrm{grad}\,U = \frac{1}{2}\mathrm{grad}_R\,\tilde{U}+\mathrm{grad}_\xi\,\tilde{U}$$
$$\mathrm{grad}'\,U = \frac{1}{2}\mathrm{grad}_R\,\tilde{U}-\mathrm{grad}_\xi\,\tilde{U}$$

という関係が得られる．したがって，作用反作用の法則 $\boldsymbol{F}'=-\boldsymbol{F}$ が成り立つためには，恒等的に

$$\mathrm{grad}_R\,\tilde{U}=\boldsymbol{0}$$

が成り立つ必要がある．すなわち，$U(\boldsymbol{r},\boldsymbol{r}')$ は $\boldsymbol{r}-\boldsymbol{r}'$ のみの関数でなければならない．

$$-\boldsymbol{F} = -\mathrm{grad}'\, U(\boldsymbol{r} - \boldsymbol{r}') \tag{4.26}$$

このように，二つの位置ベクトルの関数 $U(\boldsymbol{r}, \boldsymbol{r}')$ から，各位置ベクトルに対する勾配でそれぞれの粒子に対する力が表される（$\boldsymbol{F} = -\mathrm{grad}\, U(\boldsymbol{r}, \boldsymbol{r}')$, $\boldsymbol{F}' = -\mathrm{grad}'\, U(\boldsymbol{r}, \boldsymbol{r}')$）．このとき，この関数 $U(\boldsymbol{r}, \boldsymbol{r}')$ を**相互作用ポテンシャル**という．作用反作用の法則 $\boldsymbol{F}' = -\boldsymbol{F}$ が成り立つためには，$U(\boldsymbol{r}, \boldsymbol{r}')$ は $\boldsymbol{r} - \boldsymbol{r}'$ のみの関数でなければならない．これに対して，1 個の粒子に対して働くポテンシャルは**外力ポテンシャル**と呼ばれる．相互作用ポテンシャルによって互いに力を及ぼし合う 2 個の粒子では，全力学的エネルギーは

$$\frac{m|\dot{\boldsymbol{r}}|^2}{2} + \frac{M|\dot{\boldsymbol{r}}'|^2}{2} + U(\boldsymbol{r}, \boldsymbol{r}')$$

となる．このように粒子が相互作用ポテンシャルで力を及ぼし合うとき，力を及ぼす粒子の運動まで考えればエネルギー保存則が成り立つ．これに対して，式 (4.20) の非保存力による仕事は，力を及ぼす粒子の運動を考慮していないので，エネルギーが保存しない．特に，空気抵抗や摩擦力のように，力を及ぼしている相手が多数の粒子からなり，熱としてエネルギーが失われていくとき，これを**散逸**という．

■ 1 次元の運動　粒子の位置が 1 変数 x で記述される場合は，力が x のみの関数であればポテンシャルが存在する．また，そのことを用いて運動方程式を解くことができる．まず，運動方程式が次のように書けるとしよう．

$$m\frac{d^2x}{dt^2}(t) = F(x(t)) \tag{4.27}$$

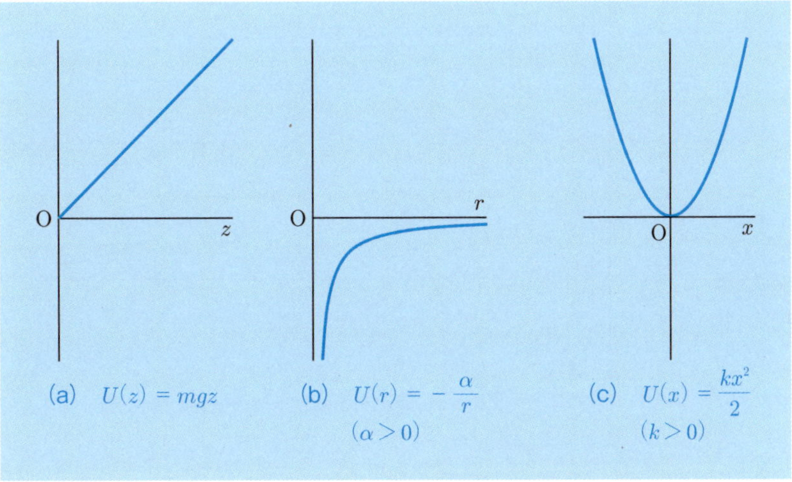

図 4.5　ポテンシャルの例

このとき $U(x) = -\int^x F(x')dx'$（積分の下限は適当に決めてよい）とすれば $F(x) = -\dfrac{dU}{dx}$ となり，$U(x)$ はポテンシャルになる．したがって式 (4.27) より，

$$\frac{m}{2}\left(\frac{dx}{dt}\right)^2 + U(x(t)) = E = \text{const.} \tag{4.28}$$

が得られる．E の値は初期条件を $x(0) = x_0$ と $\dot{x}(0) = v_0$ とすると，

$$E = \frac{mv_0^2}{2} + U(x_0) \tag{4.29}$$

と決まり，時刻 t には依存しない．式 (4.28) を $\dfrac{dx}{dt}$ について解くと，

$$\frac{dx}{dt} = \pm\sqrt{\frac{2}{m}[E - U(x)]} \tag{4.30}$$

が得られるが，これは変数分離形である．したがって，

$$t = \pm\sqrt{\frac{m}{2}}\int\frac{dx}{\sqrt{E - U(x)}} \tag{4.31}$$

と解くことができる．このように x と t の関係が既知の関数の積分で表されるという意味で，1 次元のポテンシャル問題は必ず解けるのである．

また，式 (4.31) の右辺の積分を実行しなくても，式 (4.28) から運動の定性的な振る舞いを議論することができる．まず，運動エネルギーは正の量だから，式 (4.29) より $U(x) \leq E$ でなければならない．また，位置が不連続に跳ぶことは許されないから，粒子の運動は，$U(x) \leq E$ を満たし，かつ初期値 x_0 を含むような区間に限定される．これを**運動の可能な領域**と呼ぶ．区間の

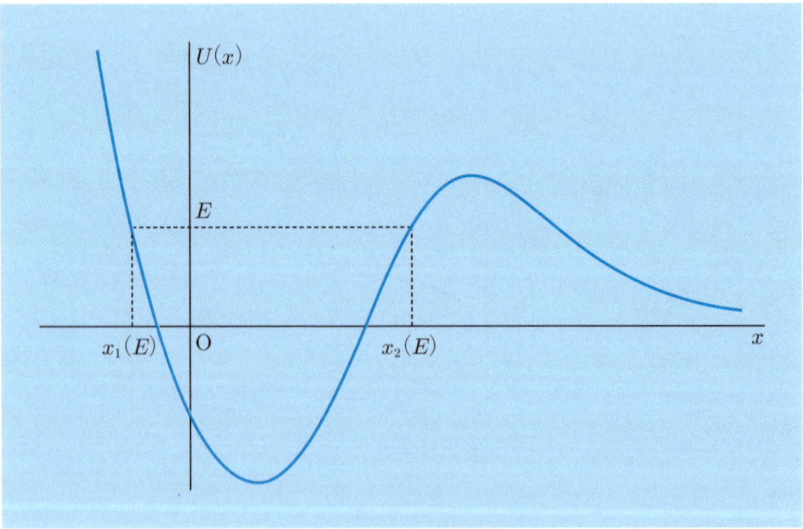

図 4.6　1 次元ポテンシャル

端点では，ポテンシャルエネルギーは全力学的エネルギー E に一致し，速度は 0 である．粒子がこの点に到達したならば，$\dfrac{dU}{dx}$ が 0 でない限り，到達の前後で速度の符号が変化する．すなわち，この点で粒子は折り返す．したがって，運動が有界，すなわち運動の可能な領域が有限区間であって，両端において $U(x)$ が 0 でない微係数をもつならば，運動は周期的になる．運動の可能な領域を $[x_1(E), x_2(E)]$ とすると，その運動の周期 $T(E)$ は次で与えられる．

$$T(E) = \sqrt{2m}\int_{x_1(E)}^{x_2(E)} \frac{dx}{\sqrt{E - U(x)}} \tag{4.32}$$

ポテンシャルの微分が 0 になる点，すなわち $U'(x) = 0$ となる点を x^* と表そう．初期条件として，$x(t_0) = x^*$, $v(t_0) = 0$ を選ぶと，すべての時刻 t で $x(t) = x^*$ となる．このことは，$x = x^*$ にずっと止まっている解が存在することを示す．このような点 x^* を**平衡点**，平衡点に静止している運動方程式の解を**平衡解**という．図 4.7 の点 x_{m} や x_{M} はともに平衡点であるが，平衡解から少しずれた解の様子を調べると，この二つの平衡点には違いがあることがわかる．点 x_{m} はポテンシャルの極小点なので，平衡解 $x(t) = x^*$ から少しずれた解は，ポテンシャルの極小値 $U_{\mathrm{m}} = U(x_{\mathrm{m}})$ よりも少しだけ大きなエネルギーをもつ．このようなエネルギーに対する運動の可能な領域は，x_{m} を含む微小区間になる．すなわち，平衡解から少しずれた解は平衡点の近傍に留まる．このことを平衡点 x_{m} は**安定**であるという．これに対し，ポテンシャルの極大値を与える平衡点 x_{M} はそのような性質をもたず，初速度 0 で平衡点から少しだけずれた位置を初期値にもつ解は，平衡点 x_{M} から遠

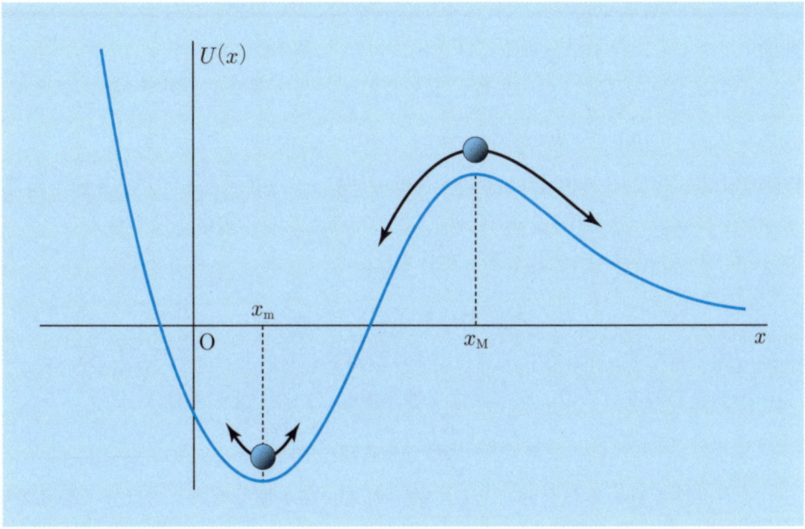

図 4.7 平衡点の安定・不安定

く離れるような軌道を描くことができる．このような平衡点 $x_{\rm M}$ は**不安定**であるという（p.97 の図 4.7）．不安定な静止解は事実上実現されない．

安定平衡点のまわりでの運動については，平衡点からの変位が大きくならないことを利用して，一般的な議論ができる．まず，ポテンシャル $U(x)$ を $x_{\rm m}$ のまわりでテイラー展開してみよう．

$$U(x) = U(x_{\rm m}) + U'(x_{\rm m})(x - x_{\rm m}) + \frac{1}{2}U''(x_{\rm m})(x - x_{\rm m})^2 + \cdots \quad (4.33)$$

となるが，$x_{\rm m}$ が安定平衡点であることから $U'(x_{\rm m}) = 0,\ U''(x_{\rm m}) = k \geq 0$ である．ここで，$k > 0$ の場合を考えよう（$k = 0$ の場合には，高次の項を考える必要がある）．さて，$X = x - x_{\rm m}$ に関して 2 次までの展開で止めると，運動方程式は

$$m\frac{d^2X}{dt^2} = -kX \quad (4.34)$$

となり，これは調和振動の式に一致する．よって，解は直ちに

$$X(t) = A\cos(\omega t + \alpha)$$

と書ける．ただし，$\omega = \sqrt{k/m}$ であり，A, α は初期条件で決まる定数である．この解は，振幅 A が小さく，$|X| \leq A$ の範囲で高次の項が十分小さければ，実際の運動の近似になっている．このように，安定平衡点のまわりの振動は近似的に調和振動になる．

自由度が大きい系でも安定平衡点のまわりの運動は，調和振動の重ね合わせになる．このときの一つ一つの調和振動を**基準振動**という．

基準振動

1 次元の運動だけでなく，粒子数（正確には自由度）が大きい系においても，ポテンシャルの底は安定平衡点であり，そのまわりの運動は調和振動の重ね合わせとして書くことができる．例えば，

$$m\ddot{x} = -kx - K(x - y), \quad m\ddot{y} = -K(y - x) - ky$$

という運動方程式は，ポテンシャル $U(x, y) = \frac{k}{2}x^2 + \frac{K}{2}(x - y)^2 + \frac{k}{2}y^2$ 中の 2 粒子の運動を表すが，$k > 0$ かつ $k + 2K > 0$ のとき，$(x, y) = (0, 0)$ はこのポテンシャルの最小値を与える．

ここで，$\xi_1 = \frac{x+y}{\sqrt{2}}, \xi_2 = \frac{x-y}{\sqrt{2}}$ とおくと，これらは

$$\ddot{\xi}_1 = -\omega_1^2\xi_1, \quad \ddot{\xi}_2 = -\omega_2^2\xi_2$$

という調和振動の式を満たす．それぞれ図 4.8 のような運動に対応し，$\omega_1 = \sqrt{\frac{k}{m}}, \omega_2 = \sqrt{\frac{k+2K}{m}}$ は，それぞれの振動の振動数である．このような振動を**基準振動**という．元の座標 x, y は，

$$x = \frac{\xi_1 + \xi_2}{\sqrt{2}}, \quad y = \frac{\xi_1 - \xi_2}{\sqrt{2}}$$

のように，それぞれ基準振動の重ね合わせとして表される．基準振動の考え方は分子振動の解析などの基礎になっている．

4.2　運動量と 2 体問題

第 2 章ですでに述べたように $\boldsymbol{p} = m\boldsymbol{v}$ を**運動量**という．運動量を用いると，運動方程式は

$$\frac{d\boldsymbol{p}}{dt} = \boldsymbol{F} \tag{4.35}$$

と表され，これを時間に関して積分すると次式が得られる．

$$\boldsymbol{p}(t_1) - \boldsymbol{p}(t_0) = \int_{t_0}^{t_1} \boldsymbol{F}(t)dt \tag{4.36}$$

右辺は力を時間に関して積分した**力積**（りきせき）と呼ばれる量である．ある時間間隔での粒子の運動量の変化は，その間に及ぼされた力積に等しい．

物体が他の物体や壁に衝突する場合などは，短時間に大きな力が働く．このような力を**撃力**という．このとき，力は短時間に大きく変化するので正確に知ることは困難であるが，力積は粒子の衝突前後の運動量の変化を見ることによって簡単に求められる．そこでこのような場合には，瞬間的に力積が働き，運動量に跳びが生じたとして扱うことがある．壁に垂直に衝突する場合を考えると，衝突前の速度の大きさを v，衝突後の速度の大きさを v' とするとき，

$$e = \frac{v'}{v} \tag{4.37}$$

を**はね返り係数**と呼ぶ（図 4.9）．これは，物体に対して $(1+e)mv$ だけの力積が働いたとすることに等しい．高校の教科書等では，はね返りの係数は速度によらない定数として扱われることが多いが，実際には速度の減少関数で

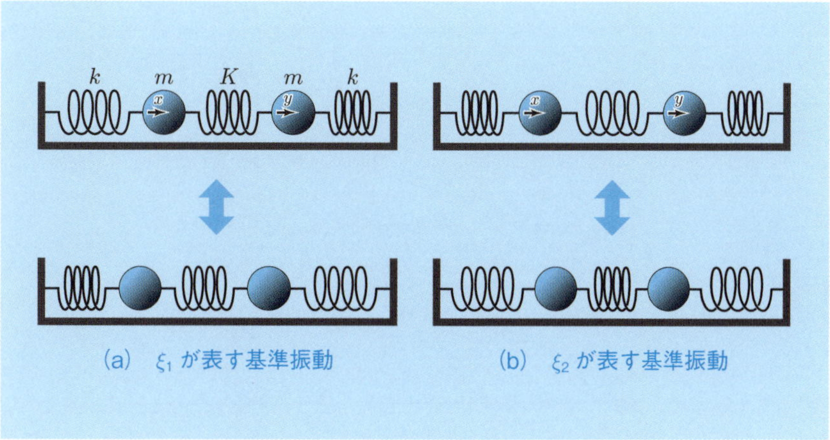

図 4.8　基準振動

あることが多いことを注意しておこう．

2体問題　2個の粒子が互いに力を及ぼし合いながら行う運動について考えよう．それぞれの粒子の質量を m_1, m_2，位置ベクトルを $\boldsymbol{r}_1$, $\boldsymbol{r}_2$ とする（図 4.10）．各粒子に働く力は相手の粒子から及ぼされる作用反作用の法則に従う保存力のみであるとすると，相互作用ポテンシャルは $\boldsymbol{r} = \boldsymbol{r}_1 - \boldsymbol{r}_2$ のみの関数になる．このベクトルは粒子2から見た粒子1の位置を表し，**相対位置ベクトル**という．このとき，運動方程式は

$$m_1 \frac{d^2 \boldsymbol{r}_1}{dt^2} = \boldsymbol{F} = -\nabla_1 U(\boldsymbol{r}_1 - \boldsymbol{r}_2) \tag{4.38}$$

$$m_2 \frac{d^2 \boldsymbol{r}_2}{dt^2} = -\boldsymbol{F} = \nabla_2 U(\boldsymbol{r}_1 - \boldsymbol{r}_2) \tag{4.39}$$

と表される．ただし，∇_1, ∇_2 はそれぞれ $\boldsymbol{r}_1$, $\boldsymbol{r}_2$ に関する勾配の微分演算子を表す．ここで，質量中心の位置ベクトルを

$$\boldsymbol{R}_{\mathrm{c}} = \frac{m_1 \boldsymbol{r}_1 + m_2 \boldsymbol{r}_2}{m_1 + m_2} \tag{4.40}$$

と定義すると，式 (4.38), (4.39) から質量中心と相対位置ベクトルに対する式

$$\frac{d^2 \boldsymbol{R}_{\mathrm{c}}}{dt^2} = \boldsymbol{0} \tag{4.41}$$

$$\mu \frac{d^2 \boldsymbol{r}}{dt^2} = \boldsymbol{F} = -\nabla U(\boldsymbol{r}) \tag{4.42}$$

が導かれる．ただし，

$$\mu = \frac{m_1 m_2}{m_1 + m_2}$$

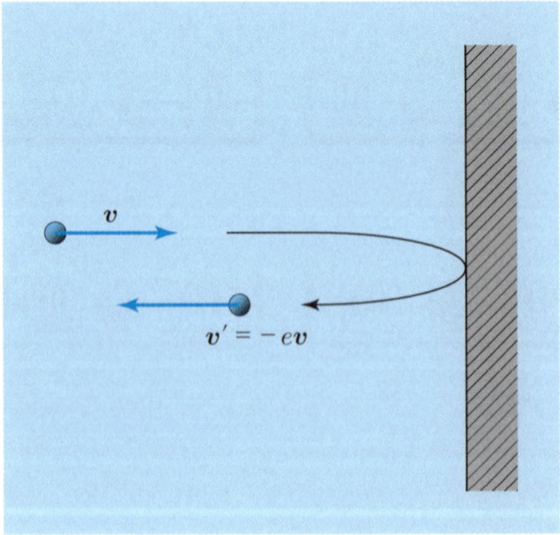

図 4.9　はね返り係数

は**換算質量**と呼ばれる．すなわち，質量中心は等速度運動をし，相対位置ベクトルは，質量が換算質量に置き換わることを除けば，外力ポテンシャル $U(\boldsymbol{r})$ のもとでの 1 粒子の運動と同じ形の運動方程式に従う．

惑星の運動は，まさに上で述べたような形をしている．例えば太陽と地球の 2 体問題を考えると，太陽の質量は約 $m_2 = 2 \times 10^{30}\,\mathrm{kg}$，地球の質量は $m_1 = 6 \times 10^{24}\,\mathrm{kg}$ と圧倒的な差があるので，質量中心の位置ベクトルは太陽の位置ベクトルにほぼ等しく（$\boldsymbol{R}_\mathrm{c} \simeq \boldsymbol{r}_2$），換算質量は地球の質量にほぼ等しい（$\mu \simeq m_1$）．

2 粒子の力学的エネルギーも質量中心のエネルギーと相対運動のエネルギーの和に分解することができる．すなわち，

$$\frac{m_1}{2}\left|\frac{d\boldsymbol{r}_1}{dt}\right|^2 + \frac{m_2}{2}\left|\frac{d\boldsymbol{r}_2}{dt}\right|^2 + U(\boldsymbol{r}_1 - \boldsymbol{r}_2) = \frac{M}{2}\left|\frac{d\boldsymbol{R}_\mathrm{c}}{dt}\right|^2 + \frac{\mu}{2}\left|\frac{d\boldsymbol{r}}{dt}\right|^2 + U(\boldsymbol{r}) \tag{4.43}$$

が成り立つ．ただし $M = m_1 + m_2$ である．（演習問題 **4.5** 参照）

4.3 弾性衝突

2 粒子の衝突について考えよう．この問題では，粒子間に働く力の性質を詳細に知らなくても，運動量とエネルギーの保存則から運動のかなりの部分が決まってしまう．

はじめに，粒子間の相互作用は十分遠方では働かないものとしよう．したがって，2 個の粒子が十分離れていれば，どちらも等速度運動をしていると

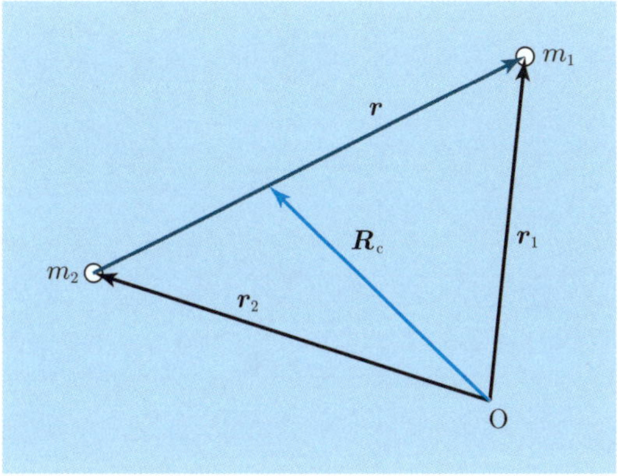

図 4.10　2 体問題

見なすことができる．そこで，十分遠方から初速度 $\boldsymbol{v}_{1\mathrm{i}}=\boldsymbol{v}$ で飛来した質量 m_1 の粒子が，静止していた質量 m_2 の粒子と衝突し，質量 m_1 の粒子は速度 $\boldsymbol{v}_{1\mathrm{f}}$ で，質量 m_2 の粒子は速度 $\boldsymbol{v}_{2\mathrm{f}}$ で飛び去るという衝突過程を考えよう．

質量中心の速度は衝突によって不変なので，この速度を $\boldsymbol{V}$ と表すと，

$$\frac{m_1\boldsymbol{v}}{m_1+m_2}=\frac{m_1\boldsymbol{v}_{1\mathrm{f}}+m_2\boldsymbol{v}_{2\mathrm{f}}}{m_1+m_2}=\boldsymbol{V} \tag{4.44}$$

が成立する．

そこで，質量中心に原点をもつ座標系に移行しよう．この座標系を**重心系**と呼ぶ（図 4.12）．これに対して，はじめに考えた標的となる粒子が衝突前に静止しているような座標系を**実験室系**と呼ぶことにする（図 4.11）．

重心系における粒子 1, 2 の初期速度をそれぞれ $\boldsymbol{v}'_{1\mathrm{i}}, \boldsymbol{v}'_{2\mathrm{i}}$，衝突後の速度をそれぞれ $\boldsymbol{v}'_{1\mathrm{f}}, \boldsymbol{v}'_{2\mathrm{f}}$ と表すと，実験室系での速度との関係は

$$\boldsymbol{v}'_{1\mathrm{i}}=\boldsymbol{v}_{1\mathrm{i}}-\boldsymbol{V}=\frac{m_2\boldsymbol{v}}{m_1+m_2},\quad \boldsymbol{v}'_{2\mathrm{i}}=\boldsymbol{v}_{2\mathrm{i}}-\boldsymbol{V}=-\frac{m_1\boldsymbol{v}}{m_1+m_2}$$

$$\boldsymbol{v}'_{1\mathrm{f}}=\boldsymbol{v}_{1\mathrm{f}}-\boldsymbol{V},\quad \boldsymbol{v}'_{2\mathrm{f}}=\boldsymbol{v}_{2\mathrm{f}}-\boldsymbol{V}$$

となる．また，重心系では質量中心が静止しているので，

$$m_1\boldsymbol{v}'_{1\mathrm{i}}+m_2\boldsymbol{v}'_{2\mathrm{i}}=m_1\boldsymbol{v}'_{1\mathrm{f}}+m_2\boldsymbol{v}'_{2\mathrm{f}}=\boldsymbol{0} \tag{4.45}$$

が成立する．衝突の前後で力学的エネルギーが保存されるならば，その衝突は**弾性衝突**と呼ばれる．十分遠方ではポテンシャルエネルギーは無視できるので，重心系におけるエネルギー保存則は，

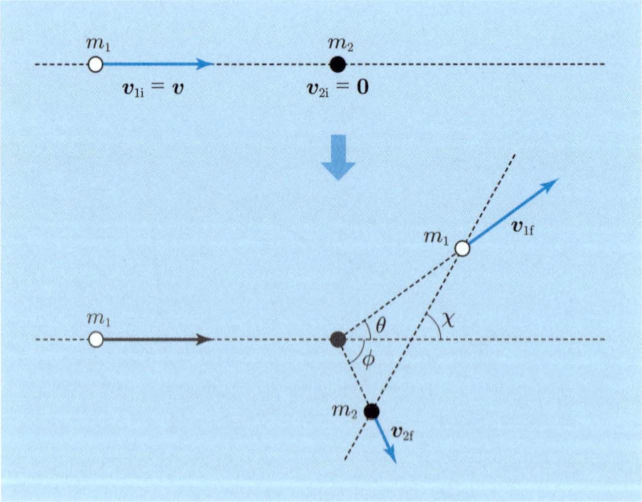

図 4.11　2 体衝突（実験室系）

$$\frac{m_1 v_{1\mathrm{i}}'^2}{2} + \frac{m_2 v_{2\mathrm{i}}'^2}{2} = \frac{m_1 v_{1\mathrm{f}}'^2}{2} + \frac{m_2 v_{2\mathrm{f}}'^2}{2}$$

と書ける（図 4.12）．この式に，式 (4.45) より得られる粒子 1 の速度を粒子 2 の速度で表した式を代入すると，

$$v_{1\mathrm{f}}' = v_{1\mathrm{i}}' = \frac{m_2 v}{m_1 + m_2}, \quad v_{2\mathrm{i}}' = v_{2\mathrm{f}}' = \frac{m_1 v}{m_1 + m_2}$$

を得る．すなわち，重心系では，各粒子の速度の大きさは衝突の前後で変わらないということがわかる．

以上より，重心系における衝突後の粒子 1 の速度の向きの単位ベクトルを $\boldsymbol{e}$ とすると，

$$\boldsymbol{v}_{1\mathrm{f}}' = \frac{m_2 v}{m_1 + m_2}\boldsymbol{e}, \quad \boldsymbol{v}_{2\mathrm{f}}' = -\frac{m_1 v}{m_1 + m_2}\boldsymbol{e}$$

となり，元の座標系に戻すと

$$\boldsymbol{v}_{1\mathrm{f}} = \boldsymbol{v}_{1\mathrm{f}}' + \boldsymbol{V} = \frac{m_2 v}{m_1 + m_2}\boldsymbol{e} + \frac{m_1 \boldsymbol{v}}{m_1 + m_2} \tag{4.46}$$

$$\boldsymbol{v}_{2\mathrm{f}} = \boldsymbol{v}_{2\mathrm{f}}' + \boldsymbol{V} = -\frac{m_1 v}{m_1 + m_2}\boldsymbol{e} + \frac{m_1 \boldsymbol{v}}{m_1 + m_2} \tag{4.47}$$

となる（図 4.13）．これを運動量 $\boldsymbol{p}_{1\mathrm{f}} = m_1 \boldsymbol{v}_{1\mathrm{f}}, \boldsymbol{p}_{2\mathrm{f}} = m_2 \boldsymbol{v}_{2\mathrm{f}}$ に関して表すと，

$$\boldsymbol{p}_{1\mathrm{f}} = \mu v \boldsymbol{e} + \frac{m_1}{m_2}\mu \boldsymbol{v} \tag{4.48}$$

$$\boldsymbol{p}_{2\mathrm{f}} = -\mu v \boldsymbol{e} + \mu \boldsymbol{v} \tag{4.49}$$

となる．ここに $\mu = \dfrac{m_1 m_2}{m_1 + m_2}$ は換算質量である．特に衝突過程は，$\boldsymbol{v}$ と $\boldsymbol{e}$

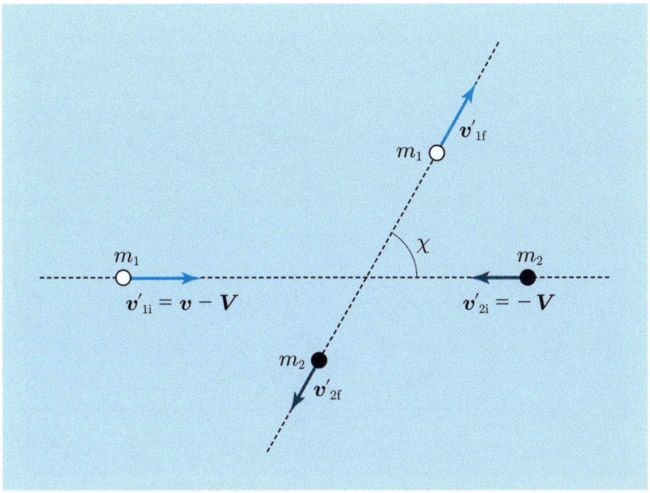

図 4.12　2 体衝突（重心系）

が張る平面上で起こることを注意しておこう．結局，2 粒子の弾性衝突では，ベクトル $\boldsymbol{e}$ を与えれば，衝突後の粒子の速度は完全に決まってしまう．ベクトル $\boldsymbol{e}$ を決めたり，粒子が接近しているときの運動の様子を知るためには，粒子間の相互作用と初期条件に関するもっと詳しい情報が必要になる．

速度 $\boldsymbol{v}_{1\mathrm{f}}$，$\boldsymbol{v}_{2\mathrm{f}}$，$\boldsymbol{v}'_{1\mathrm{f}}$ が $\boldsymbol{v}$ となす角をそれぞれ θ，ϕ，χ としよう（図 4.11，図 4.12）．これらは**散乱角**と呼ばれる．これらの散乱角は，半径 μv の円に $\mu\boldsymbol{v}$，$\mu v\boldsymbol{e}$，$\dfrac{m_1}{m_2}\mu\boldsymbol{v}$ を図 4.14 のように描くことにより，図形的に求められる．また，図 4.14 より

$$p_{1\mathrm{f}}\sin\theta = \mu v\sin\chi \tag{4.50}$$

$$p_{1\mathrm{f}}\cos\theta = \mu v\cos\chi + \frac{m_1}{m_2}\mu v \tag{4.51}$$

の関係があることがわかるので，結局

$$\tan\theta = \frac{\sin\chi}{\cos\chi + \frac{m_1}{m_2}} \tag{4.52}$$

が得られる．この式は，実験室系の散乱角 θ と重心系の散乱角 χ の間の関係を与える．また，ϕ については次式が成り立つ．

$$\phi = \frac{\pi - \chi}{2} \tag{4.53}$$

重心系の散乱角 χ の取り得る値の範囲は $0 \leq \chi \leq \pi$ である．特に，$\chi = 0$ は粒子がすり抜けてしまった場合に相当し，$\boldsymbol{v}_{1\mathrm{f}} = \boldsymbol{v}$，$\boldsymbol{v}_{2\mathrm{f}} = \boldsymbol{0}$ となる．また，$\chi = \pi$ は正面衝突した場合を表し，

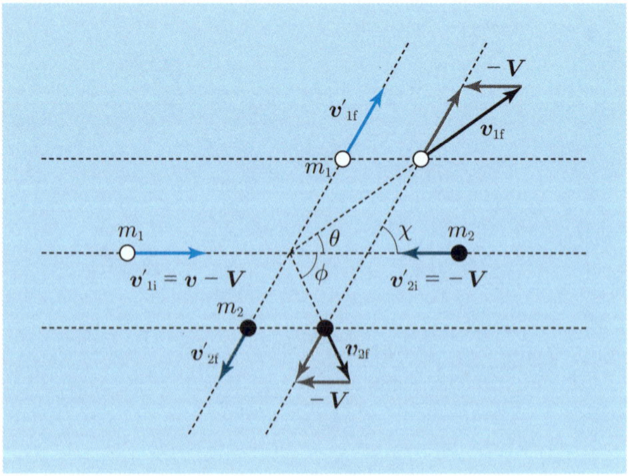

図 4.13　2 体衝突（実験室系と重心系の関係）

$$\boldsymbol{v}_{1\mathrm{f}} = \frac{m_1 - m_2}{m_1 + m_2}\boldsymbol{v}, \qquad \boldsymbol{v}_{2\mathrm{f}} = \frac{2m_1}{m_1 + m_2}\boldsymbol{v} \tag{4.54}$$

となる．$m_1 < m_2$ の場合（図 4.14）には，実験室系の散乱角 θ も 0 から π までの値をとることができるのに対し，$m_1 > m_2$ の場合（図 4.15）には θ の値には上限がある．この最大値 $\theta_{\max}$ は，図で $\boldsymbol{p}_{1\mathrm{f}}$ が円と接する場合にあたり，

$$\sin\theta_{\max} = \frac{m_2}{m_1} \tag{4.55}$$

から決まる．2 個の粒子が同じ質量をもつ場合，式 (4.52) は，

$$\tan\theta = \frac{\sin\chi}{1+\cos\chi} = \tan\frac{\chi}{2} \tag{4.56}$$

となり，$\theta = \chi/2$ であることがわかる．またこのとき，$\theta + \phi = \pi/2$ が成り立つ．これは衝突後の粒子の速度の向きが直交することを表している．衝突後の粒子の速度の向きのなす角は，$m_1 > m_2$ の場合は常に $\pi/2$ より小さく，$m_1 < m_2$ ならば常に $\pi/2$ より大きい．

4.4　N 粒子系のエネルギー

2.2 節で扱った N 粒子系のエネルギーについて考えよう．運動方程式は，

$$m_i \frac{d^2\boldsymbol{r}_i}{dt^2} = \frac{d\boldsymbol{p}_i}{dt} = \sum_{\substack{j=1 \\ j\neq i}}^{N} \boldsymbol{F}_{ij} + \boldsymbol{F}_i \tag{4.57}$$

であった．ただし，$\boldsymbol{F}_{ij}$ は粒子 j が粒子 i に及ぼす内力を表し，$\boldsymbol{F}_i$ は N 粒

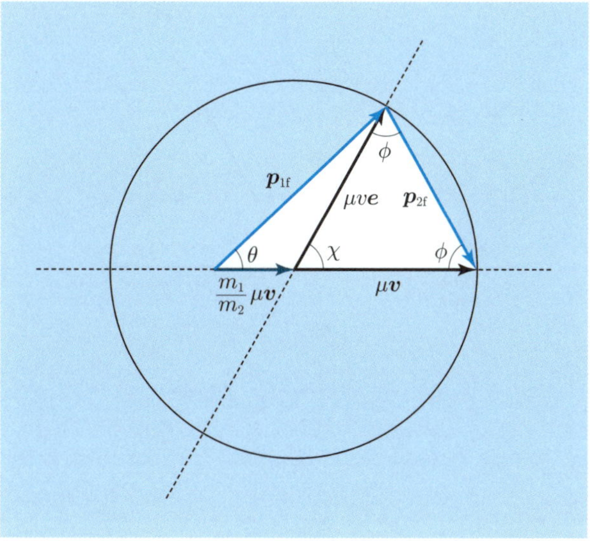

図 4.14　2 体衝突（運動量）：$m_1 < m_2$ の場合

子系の外から粒子 i に働く外力を表す．内力は作用反作用の法則を満たす保存力であるとする．すなわち，

$$\boldsymbol{F}_{ij} = -\nabla_i U_{ij}(\boldsymbol{r}_i - \boldsymbol{r}_j) \tag{4.58}$$

となるような相互作用ポテンシャル $U_{ij}(\boldsymbol{r}_i - \boldsymbol{r}_j)$ が存在する．

全運動エネルギーを各粒子の運動エネルギーの和

$$K = \sum_{i=1}^{N} \frac{1}{2} m_i \left|\boldsymbol{v}_i\right|^2 \tag{4.59}$$

で定義する．粒子の速度 $\boldsymbol{v}_i$ を質量中心の速度 $\boldsymbol{V}_{\mathrm{c}} = \dot{\boldsymbol{R}}_{\mathrm{c}} = M^{-1}\sum_{k=1}^{N} m_k \boldsymbol{v}_k$（$M = \sum_{i=1}^{N} m_i$ は全質量，$\boldsymbol{R}_{\mathrm{c}} = M^{-1}\sum_{k=1}^{N} m_k \boldsymbol{r}_k$ は質量中心の位置）と質量中心に対する相対速度 $\boldsymbol{v}_i'$ の和 $\boldsymbol{v}_i = \boldsymbol{V}_{\mathrm{c}} + \boldsymbol{v}_i'$ と表すと，$\sum_{i=1}^{N} m_i \boldsymbol{v}_i' = \boldsymbol{0}$ より

$$K = \sum_{i=1}^{N} \frac{1}{2} m_i \left|\boldsymbol{V}_{\mathrm{c}} + \boldsymbol{v}_i'\right|^2 = \frac{1}{2} M \left|\boldsymbol{V}_{\mathrm{c}}\right|^2 + \frac{1}{2}\sum_{i=1}^{N} m_i \left|\boldsymbol{v}_i'\right|^2 \tag{4.60}$$

のように，全運動エネルギーを重心運動の運動エネルギー $K_{\mathrm{c}} = \frac{1}{2} M \left|\boldsymbol{V}_{\mathrm{c}}\right|^2$ と質量中心に対する相対運動の運動エネルギー $K' = \frac{1}{2}\sum_{i=1}^{N} m_i \left|\boldsymbol{v}_i'\right|^2$ の和として表すことができる．

運動方程式 (4.57) の両辺と $\boldsymbol{v}_i$ の内積を取り，i について和を取ると，K の時間変化が

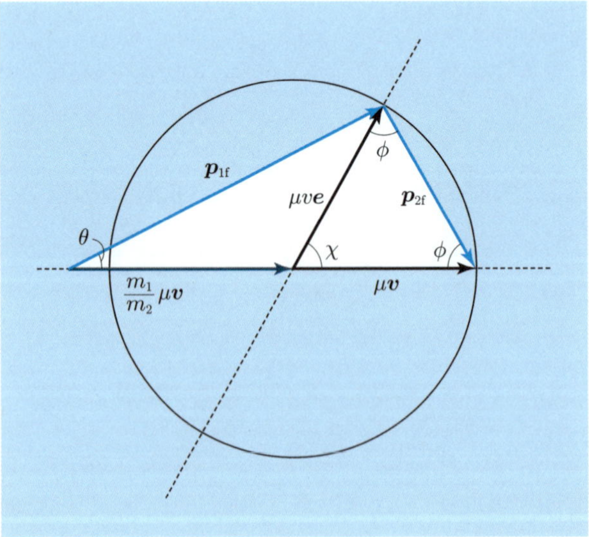

図 4.15　2 体衝突（運動量）：$m_1 > m_2$ の場合

$$\frac{dK}{dt} = \sum_{i=1}^{N}\sum_{\substack{j=1\\ j\neq i}}^{N} \boldsymbol{F}_{ij}\cdot\boldsymbol{v}_i + \sum_{i=1}^{N}\boldsymbol{F}_i\cdot\boldsymbol{v}_i \tag{4.61}$$

のように得られるが，

$$\frac{dK_{\mathrm{c}}}{dt} = \sum_{i=1}^{N}\boldsymbol{F}_i\cdot\boldsymbol{V}_{\mathrm{c}}$$

より，これを差し引くと相対運動の運動エネルギー K' の時間変化は

$$\frac{dK'}{dt} = \sum_{i=1}^{N}\sum_{\substack{j=1\\ j\neq i}}^{N} \boldsymbol{F}_{ij}\cdot\boldsymbol{v}_i + \sum_{i=1}^{N}\boldsymbol{F}_i\cdot\boldsymbol{v}'_i \tag{4.62}$$

となる．右辺第 1 項は内力による仕事率を表し，第 2 項は外力による仕事率を表す．前者は，作用反作用の法則を用いると，

$$\sum_{i=1}^{N}\sum_{\substack{j=1\\ j\neq i}}^{N} \boldsymbol{F}_{ij}\cdot\boldsymbol{v}_i = \frac{1}{2}\sum_{i=1}^{N}\sum_{\substack{j=1\\ j\neq i}}^{N}(\boldsymbol{F}_{ij}-\boldsymbol{F}_{ji})\cdot\boldsymbol{v}_i = \frac{1}{2}\sum_{i=1}^{N}\sum_{\substack{j=1\\ j\neq i}}^{N}\boldsymbol{F}_{ij}\cdot(\boldsymbol{v}_i-\boldsymbol{v}_j) \tag{4.63}$$

と書き直される．ここで，最初の等号に作用反作用の法則を用い，次の等号には添え字 i, j の入れ替えを用いた．さらに，相互作用ポテンシャルが存在することから

$$\begin{aligned}\boldsymbol{F}_{ij}\cdot(\boldsymbol{v}_i-\boldsymbol{v}_j) &= -(\boldsymbol{v}_i-\boldsymbol{v}_j)\cdot\nabla_i U_{ij}(\boldsymbol{r}_i-\boldsymbol{r}_j)\\ &= -\frac{d}{dt}U_{ij}(\boldsymbol{r}_i-\boldsymbol{r}_j)\end{aligned} \tag{4.64}$$

力学的相似

粒子に働く力がすべて保存力であるような粒子系を考え，全ポテンシャルエネルギーを $U(\boldsymbol{r}_1,\boldsymbol{r}_2,\ldots,\boldsymbol{r}_N)$ とする．このとき，もし任意の実数 λ に対して，

$$U(\lambda\boldsymbol{r}_1,\lambda\boldsymbol{r}_2,\ldots,\lambda\boldsymbol{r}_N) = \lambda^k U(\boldsymbol{r}_1,\boldsymbol{r}_2,\ldots,\boldsymbol{r}_N) \tag{$*$}$$

が成り立つならば，U は k 次の**同次関数**であるという．例えば，万有引力やクーロン力で相互作用する粒子系のポテンシャルは $k=-1$，フックの法則に従うばねで結ばれた粒子系のそれは $k=2$ の同次関数である．このとき，$T=\lambda^a t$ として，$\boldsymbol{R}_i(T)=\lambda\boldsymbol{r}_i(t)$ とおくと，

$$m_i\frac{d^2\boldsymbol{R}_i(T)}{dT^2} = \lambda^{1-2a}m_i\frac{d^2\boldsymbol{r}_i(t)}{dt^2} = -\lambda^{1-2a}\nabla_i U = -\lambda^{2-2a-k}\nabla_i^R U$$

となる．ただし，∇_i^R は $\boldsymbol{R}_i$ に関する微分演算子を表す．したがって，$a=1-\frac{k}{2}$ とおくと，$\boldsymbol{r}_i(t)$ と $\boldsymbol{R}_i(T)$ は全く同じ微分方程式を満たす．このことはつまり $\boldsymbol{r}_i(t)$ が運動方程式の解であれば，T を t で置き換えた $\boldsymbol{R}_i(t)=\lambda\boldsymbol{r}_i\left(\lambda^{k/2-1}t\right)$ も解であることを意味する．これを**力学的相似**と呼ぶ．ケプラーの第 3 法則によれば，惑星軌道の長半径が λ 倍になると周期が $\lambda^{3/2}$ 倍になるが，これも力学的相似の一例として理解できる．

となる．したがって，

$$U^{\mathrm{I}}(\boldsymbol{r}_1, \boldsymbol{r}_2, \ldots, \boldsymbol{r}_N) = \frac{1}{2}\sum_{i=1}^{N}\sum_{\substack{j=1 \\ j\neq i}}^{N} U_{ij}\left(\boldsymbol{r}_i - \boldsymbol{r}_j\right) \tag{4.65}$$

とおくと，

$$\frac{d}{dt}\left(K' + U^{\mathrm{I}}\right) = \sum_{i=1}^{N} \boldsymbol{F}_i \cdot \boldsymbol{v}'_i \tag{4.66}$$

となり，外力のする仕事率が $K' + U^{\mathrm{I}}$ の変化率に等しいという式が得られた．U^{I} は**内力のポテンシャル**と呼ばれ，

$$\sum_{\substack{j=1 \\ j\neq i}} \boldsymbol{F}_{ij} = -\nabla_i U^{\mathrm{I}}(\boldsymbol{r}_1, \boldsymbol{r}_2, \ldots, \boldsymbol{r}_N)$$

が成り立つ．特に，外力がない場合や外力が相対運動に対してする仕事が 0 である場合，$K' + U^{\mathrm{I}}$ は保存量になる．さらに，外力も保存力であって，

$$\boldsymbol{F}_i = -\nabla_i U_i(\boldsymbol{r}_i)$$

となるポテンシャル $U_i(\boldsymbol{r}_i)$ が存在する場合，

$$U^{\mathrm{E}}(\boldsymbol{r}_1, \boldsymbol{r}_2, \ldots, \boldsymbol{r}_N) = \sum_{i=1}^{N} U_i(\boldsymbol{r}_i)$$

とすると，$K + U^{\mathrm{I}} + U^{\mathrm{E}}$ が保存量になる．

ビリアル定理

19 世紀の物理学者クラウジウスは，運動エネルギー K の 2 倍 $2K = \sum_{i=1} m_i|\boldsymbol{v}_i|^2 = \sum_i \boldsymbol{p}_i\cdot\boldsymbol{v}_i$ を**ビリアル**と呼んだ．この量の時間平均 $2\overline{K} = \lim_{T\to\infty} \frac{1}{T}\int_0^T \sum_{i=1}^{N} \boldsymbol{p}_i \cdot \boldsymbol{v}_i dt$ を考えると，$\sum_i \boldsymbol{p}_i \cdot \boldsymbol{v}_i = \frac{d}{dt}\left(\sum_i \boldsymbol{p}_i \cdot \boldsymbol{r}_i\right) - \sum_{i=1} \dot{\boldsymbol{p}}_i \cdot \boldsymbol{r}_i$ より，運動が有界であれば右辺第 1 項の時間平均は消えて $2\overline{K} = \sum_{i=1}^{N} \overline{\boldsymbol{r}_i \cdot \mathrm{grad}_i\, U}$ が成り立つ．特に，ポテンシャルが k 次の同次形であるとき，前ページの〔下欄〕の式 $(*)$ の両辺を λ で微分して，その後で $\lambda = 1$ とおくと，

$$\sum_{i=1}^{N} \boldsymbol{r}_i \cdot \mathrm{grad}_i\, U = kU$$

が成り立つ．これを**ビリアル定理**という．したがって，この場合 $2\overline{K} = k\overline{U}$ が成り立つ．また，エネルギー保存則より $\overline{K} + \overline{U} = E$ が成り立つので，結局，次式が成り立つ．

$$\overline{K} = \frac{k}{k+2}E, \quad \overline{U} = \frac{2}{k+2}E$$

例えば，万有引力で相互作用する系では $2\overline{K} = -\overline{U} = -E$，ばねで結ばれた系では $\overline{K} = \overline{U} = \frac{E}{2}$ である．

4.5 演習問題

4.1 円筒座標や極座標を用いると，$\mathrm{grad}\, U(\boldsymbol{r})$ が次のように表されることを示せ．

$$\begin{aligned}\mathrm{grad}\, U &= \frac{\partial U}{\partial \rho}\boldsymbol{e}_\rho + \frac{1}{\rho}\frac{\partial U}{\partial \phi}\boldsymbol{e}_\phi + \frac{\partial U}{\partial z}\boldsymbol{e}_z \\ &= \frac{\partial U}{\partial r}\boldsymbol{e}_r + \frac{1}{r}\frac{\partial U}{\partial \theta}\boldsymbol{e}_\theta + \frac{1}{r\sin\theta}\frac{\partial U}{\partial \phi}\boldsymbol{e}_\phi\end{aligned}$$

4.2 以下の式を計算せよ．ただし，$\boldsymbol{r}$ は位置ベクトル，$r = |\boldsymbol{r}|$ はその大きさ，$\boldsymbol{a}$，$\boldsymbol{b}$ は定ベクトルを表す．

(1) $\mathrm{grad}\,(\boldsymbol{a}\cdot\boldsymbol{r})$

(2) $\mathrm{grad}\,[\boldsymbol{a}\cdot(\boldsymbol{b}\times\boldsymbol{r})]$

(3) $\mathrm{grad}\left(\dfrac{\boldsymbol{a}\cdot\boldsymbol{r}}{r^3}\right)$

(4) $\mathrm{grad}\,(|\boldsymbol{a}\times\boldsymbol{r}|^2)$

4.3 3 次元ベクトル値を取る関数 $\boldsymbol{F}(\boldsymbol{r}) = F_x(\boldsymbol{r})\boldsymbol{e}_x + F_y(\boldsymbol{r})\boldsymbol{e}_y + F_z(\boldsymbol{r})\boldsymbol{e}_z$ が

$$\frac{\partial F_x}{\partial y} = \frac{\partial F_y}{\partial x}, \quad \frac{\partial F_y}{\partial z} = \frac{\partial F_z}{\partial y}, \quad \frac{\partial F_z}{\partial x} = \frac{\partial F_x}{\partial z}$$

を満たすとき，

$$U(\boldsymbol{r}) = -\int_0^1 \boldsymbol{r}\cdot\boldsymbol{F}(s\boldsymbol{r})ds$$

が $\boldsymbol{F}$ のポテンシャルであることを示せ．

4.4 地球上の物体に働く重力について，まずポテンシャルを求めてその勾配を求めることにより，式 (2.41) と演習問題 **2.3** の結果を再現せよ．

4.5 式 (4.43) が成り立つことを示せ．

4.6 ポテンシャル $U(x) = ax^4 - bx^2$（$a > 0, b > 0$）のもとでの質量 m の粒子の 1 次元運動について考える．

(1) 平衡点をすべて求め，その安定性について調べよ．

(2) 安定平衡点のまわりで微小振動を行う場合の振動の周期を求めよ．

(3) 力学的エネルギー E が与えられたときの運動の領域を求めよ．

4.7 次の (1), (2) それぞれのポテンシャルのもとでの質量 m の粒子の 1 次元運動について考える．ただし，U_0, a は正の定数である．いずれの場合も，力学的エネルギー E が $-U_0 < E < 0$ の範囲にあるとき，粒子は周期運動をすることを示し，その周期を求めよ．必要ならば，$\alpha < \beta$ のとき，

$$\int_\alpha^\beta \frac{dx}{\sqrt{(x-\alpha)(\beta-x)}} = \pi$$

であることを用いよ．

(1) $U(x) = U_0\left(e^{-2ax} - 2e^{-ax}\right)$

(2) $U(x) = -\dfrac{U_0}{\cosh^2 ax}$

4.8 粒子 1 が静止している粒子 2 と弾性衝突するとき，粒子 1 の運動エネルギーの一部が粒子 2 に移る．このエネルギー移動の割合を m_1, m_2, χ を用いて表せ．

4.9 外惑星や太陽系外まで探査機を飛行させるには，惑星の引力を利用して探査機を加速する「スイングバイ」と呼ばれる技術が不可欠である．これは弾性散乱の問題として扱うことができる．すなわち，質量 m_1 の粒子 1 と質量 m_2 の粒子 2 が，それぞれ速度 $\boldsymbol{v}_{1\mathrm{i}}, \boldsymbol{v}_{2\mathrm{i}}$ で入射して弾性散乱を行い，速度 $\boldsymbol{v}_{1\mathrm{f}}, \boldsymbol{v}_{2\mathrm{f}}$ で飛び去っていく散乱過程を考える．ただし，2 個の粒子の間の相互作用は近距離に接近したときのみ働くものとする．

(1) 重心系における粒子 1 の散乱後の速度の向きを表す単位ベクトルを $\boldsymbol{e}$ として，$\boldsymbol{v}_{1\mathrm{f}}, \boldsymbol{v}_{2\mathrm{f}}$ を求めよ．

(2) 粒子 2 の質量が粒子 1 の質量よりも圧倒的に大きく，

$$\frac{m_1}{m_1 + m_2} \simeq 0, \quad \frac{m_2}{m_1 + m_2} \simeq 1$$

が成り立つ場合について，(1) で求めた $\boldsymbol{v}_{1\mathrm{f}}$ に対する式を粒子の質量を含まない形に近似せよ．

(3) $\boldsymbol{e}$ を適当に選ぶことにより，$|\boldsymbol{v}_{1\mathrm{f}}| > |\boldsymbol{v}_{1\mathrm{i}}|$ とできることを示せ．また，木星の公転速度はおよそ $13\,\mathrm{km \cdot s^{-1}}$ である．探査機が，木星の速度の向きと 60° だけ異なる角度から $11\,\mathrm{km \cdot s^{-1}}$ の速度で入射するとき，散乱後の探査機の速度の大きさの最大値はいくらになるか．

4.10 ポテンシャル $U(\boldsymbol{r})$ が粒子の質量と無関係な場合を考える．このポテンシャル中で質量 m の粒子が周期 T の周期運動をするならば，質量 $4m$ の粒子は周期 $2T$ の周期運動をすることを示せ．

5

角運動量と中心力

万有引力ポテンシャルのように，固定点からの距離のみで決まるポテンシャルは中心力ポテンシャルと呼ばれる．中心力を受けた粒子の運動では，角運動量が保存されるので，これを利用して運動方程式を解くことができる．本章ではこのような運動の性質について学ぶ．

本章の内容

5.1 中心力ポテンシャル

ポテンシャル $U(\boldsymbol{r})$ が固定点 $\boldsymbol{r}_0$ からの距離 $|\boldsymbol{r}-\boldsymbol{r}_0|$ のみの関数であるとき，これを**中心力ポテンシャル**と呼び，$\boldsymbol{r}_0$ を**力の中心**という（図 5.1）．中心力ポテンシャルを扱う場合は，力の中心を原点に選び直すのが便利である．すなわち，$\boldsymbol{r}-\boldsymbol{r}_0$ を改めて $\boldsymbol{r}$ と書くことにする．こうすると，中心力ポテンシャルは位置ベクトルの大きさ $r=|\boldsymbol{r}|$ のみの関数になる．これを $U(r)$ と表そう．ニュートンの万有引力やクーロンの静電気力は中心力ポテンシャルをもつ．また，希ガス原子の原子間力も中心力ポテンシャルで書けることが知られている．

前の章で見たように，相互作用ポテンシャルにより互いに力を及ぼし合う 2 粒子の運動は，重心運動と相対運動に分解でき，相対運動はポテンシャル中の 1 粒子の問題と同じ形の運動方程式に従う．したがって，相互作用ポテンシャルが粒子間の距離のみの関数である場合には，相対運動は中心力ポテンシャルの下での 1 粒子の問題に帰着する．

中心力ポテンシャルにより粒子に及ぼされる力は，ポテンシャルの定義より

$$\boldsymbol{F}=-\mathrm{grad}\,U(r)=-\frac{dU(r)}{dr}\frac{\boldsymbol{r}}{r} \tag{5.1}$$

である．これより $U(r)$ が増加関数であれば原点への引力が働き，減少関数であれば斥力が働くことがわかる．いずれの場合も，力の向きは原点と粒子を結ぶ線上にある．

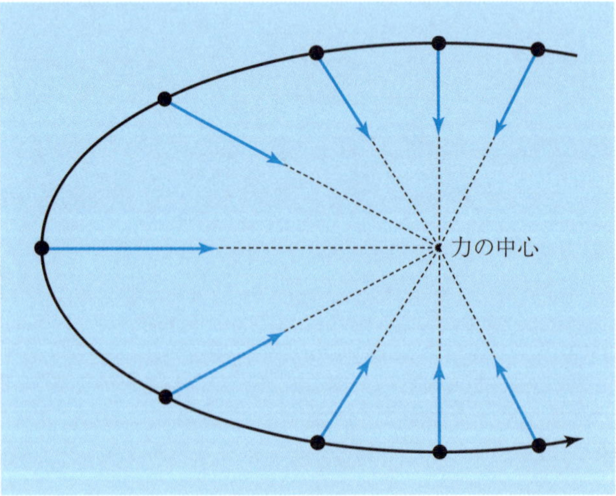

図 5.1　中心力

中心力ポテンシャルの下での粒子の運動は，以下の節で見るように，**角運動量**の保存を利用することで，1 次元のポテンシャル問題に帰着させて解くことができる．

5.2 角運動量

位置ベクトル $\boldsymbol{r}$ と運動量 $\boldsymbol{p}$ のベクトル積を原点に対する角運動量 $\boldsymbol{\ell}$ という．

$$\boldsymbol{\ell} = \boldsymbol{r} \times \boldsymbol{p} \tag{5.2}$$

これは，2.3 節で扱った面積速度と関係があり，次の式が成り立つ．

$$\frac{dS}{dt} = \frac{|\boldsymbol{\ell}|}{2m}$$

角運動量は，位置ベクトルと同様に基準となる点の選び方に依存する．例えば，位置 $\boldsymbol{r}_0$ に関する角運動量 $\boldsymbol{\ell}'$ は，$\boldsymbol{\ell}$ と次の式で結びつけられる．

$$\boldsymbol{\ell}' = (\boldsymbol{r} - \boldsymbol{r}_0) \times \boldsymbol{p} = \boldsymbol{\ell} - \boldsymbol{r}_0 \times \boldsymbol{p} \tag{5.3}$$

中心力ポテンシャルの下での運動では，原点すなわち力の中心に対する角運動量が重要になる．

例題 5.1　角運動量 $\boldsymbol{\ell}$ の微係数を粒子に働く力 $\boldsymbol{F}$ を用いて表せ．

解答　角運動量を時間について微分すると，

$$\frac{d\boldsymbol{\ell}}{dt} = \frac{d}{dt}(\boldsymbol{r} \times \boldsymbol{p}) = \frac{d\boldsymbol{r}}{dt} \times \boldsymbol{p} + \boldsymbol{r} \times \frac{d\boldsymbol{p}}{dt}$$

一般の中心力

角運動量が保存量になるためには，力がポテンシャルで書ける必要はない．式 (5.4) からわかるように，角運動量が保存量になるための必要十分条件は，力のモーメントが恒等的に $\mathbf{0}$ となることである．すなわち，

$$\boldsymbol{r} \times \boldsymbol{F} = \mathbf{0}$$

これは力 $\boldsymbol{F}$ が位置ベクトル $\boldsymbol{r}$ に常に平行であることを意味する．つまり，$f(\boldsymbol{r}, \boldsymbol{v}, t)$ をスカラー関数として，

$$\boldsymbol{F}(\boldsymbol{r}, \boldsymbol{v}, t) = f(\boldsymbol{r}, \boldsymbol{v}, t)\frac{\boldsymbol{r}}{r}$$

のように書き表せる力であれば，角運動量が保存する．これを一般の**中心力**という．この一般の中心力に対しても，軌道が角運動量に対し垂直な平面上に限られることや，面積速度が一定になることは成立する．

となるが，右辺第 1 項は $\boldsymbol{v} \times (m\boldsymbol{v})$ なので $\mathbf{0}$ になる．また，右辺第 2 項に運動方程式を用いると，

$$\frac{d\boldsymbol{\ell}}{dt} = \boldsymbol{r} \times \boldsymbol{F} \tag{5.4}$$

が得られる．■

式 (5.4) の右辺の $\boldsymbol{r} \times \boldsymbol{F}$ を原点に関する（原点のまわりの）**力のモーメント**，あるいは**トルク**と呼ぶ．

上の式 (5.4) は中心力に限らず一般に成り立つ．ここで，力が中心力ポテンシャルをもつことを仮定すると，式 (5.1) より $\boldsymbol{r} \times \boldsymbol{F} = \mathbf{0}$ である．したがって，$\boldsymbol{\ell}$ は時間変化せず一定値を取る．つまり，角運動量は保存する（p.113〔下欄〕）．

角運動量の保存は，粒子の運動に顕著な影響を及ぼす．定義により，位置ベクトル $\boldsymbol{r}$ と運動量 $\boldsymbol{p}$ は角運動量 $\boldsymbol{\ell}$ に垂直である．よって，もし角運動量 $\boldsymbol{\ell}$ が時間にはよらない定ベクトルとなるならば，$\boldsymbol{r}(t)$ と $\boldsymbol{p}(t)$ はどの時刻 t においても，一定のベクトル $\boldsymbol{\ell}$ に対して垂直ということになる．これは粒子の運動が $\boldsymbol{\ell}$ に垂直かつ原点を含むような平面上に限定されるということを意味する．

5.3 中心力ポテンシャルの下での運動

中心力ポテンシャル $U(r)$ の下での粒子の運動を表す運動方程式は，

$$m\ddot{\boldsymbol{r}}(t) = -\mathrm{grad}\, U(r) = -\frac{dU(r)}{dr}\frac{\boldsymbol{r}}{r} \tag{5.5}$$

である（2 体問題の相対運動に適用する場合は，質量 m を換算質量 μ に置き

保存則と対称性

ここまで，エネルギー，運動量，角運動量という保存量について見て来たが，これらは系がもっている**対称性**に関係している．対称性とは，何か変換を施しても元と同じになるという性質のことである．例えば，円を中心のまわりに回転しても元と同じ図形なので，回転対称であるという．連続的な回転でなくても，n を自然数として $\dfrac{2\pi}{n}$ だけの回転で元と同じ形状になるならば，n 回対称であるという．実は，運動量は系の並進対称性，すなわち系をそのまま平行移動しても元と同じという性質と関係がある．また，エネルギーは時間に関する並進対称性，角運動量は連続的な回転対称性と関係する．このような連続的な対称性と保存則との関係は解析力学の枠組みで統一的に理解することができ，ネーターの定理として知られている．

換える必要がある）．この方程式は，力学的エネルギー保存則と角運動量保存則を利用することによって，一般的に解くことができる．すでに見てきたように，エネルギー保存則は

$$\frac{m}{2}|\boldsymbol{v}(t)|^2 + U(|\boldsymbol{r}(t)|) = E = \text{const.} \tag{5.6}$$

角運動量保存則は，

$$m\boldsymbol{r}(t) \times \boldsymbol{v}(t) = \boldsymbol{\ell} = \text{const.} \tag{5.7}$$

と表される．定数 E と $\boldsymbol{\ell}$ は初期条件で決まるエネルギーと角運動量の値である．これらの式は左辺の量が時刻 t によらず一定値を取ることを表している．

これらの運動方程式と保存則を座標を用いて表現してみよう．運動は $\boldsymbol{\ell}$ に垂直な平面上で行われることがわかっているので，この平面上の点の位置，速度，加速度を平面極座標 r, ϕ（すなわち，(r, ϕ, z) を円筒座標とする）とその導関数を用いて表そう．すると，$\boldsymbol{r} = r\boldsymbol{e}_r$, $\boldsymbol{v} = \dot{\boldsymbol{r}} = \dot{r}\boldsymbol{e}_r + r\dot{\phi}\boldsymbol{e}_\phi$, $\boldsymbol{a} = \ddot{\boldsymbol{r}} = (\ddot{r} - r\dot{\phi}^2)\boldsymbol{e}_r + (2\dot{r}\dot{\phi} + r\ddot{\phi})\boldsymbol{e}_\phi$ であるから，運動方程式は

$$m(\ddot{r} - r\dot{\phi}^2) = -\frac{dU(r)}{dr} \tag{5.8}$$

$$m(2\dot{r}\dot{\phi} + r\ddot{\phi}) = 0 \tag{5.9}$$

のように成分に分解される．また，保存則 (5.6) と (5.7) は，それぞれ

$$\frac{m}{2}(\dot{r}^2 + r^2\dot{\phi}^2) + U(r) = E \tag{5.10}$$

$$mr^2\dot{\phi} = \ell \tag{5.11}$$

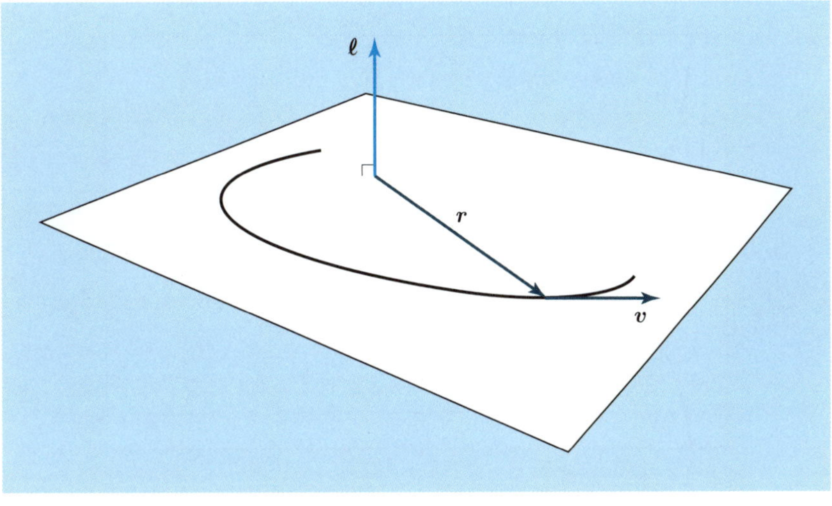

図 5.2 中心力ポテンシャルの下での運動は角運動量に垂直な平面上に限られる．

と書ける．ただし，$\dot{\phi} \geq 0$ を仮定し，$\ell = |\boldsymbol{\ell}|$ と表した．この $\dot{\phi} \geq 0$ の仮定は一般性を失うものではない．角運動量保存則より $\dot{\phi}$ の符号は変化しないので，$\dot{\phi} < 0$ の場合は，運動の平面を裏から見ることにすれば $\dot{\phi} > 0$ の場合に移すことができるからである．

式 (5.11) を $\dot{\phi}$ について解いて $\dot{\phi} = \frac{\ell}{mr^2}$ を式 (5.10) に代入すると，

$$\frac{m\dot{r}^2}{2} + \frac{\ell^2}{2mr^2} + U(r) = E \tag{5.12}$$

が得られる．ここで，

$$U_{\text{eff}}(r) = U(r) + \frac{\ell^2}{2mr^2} \tag{5.13}$$

とおくと，式 (5.8) は $m\ddot{r} = -U'_{\text{eff}}(r)$，式 (5.12) は

$$\frac{m\dot{r}^2}{2} + U_{\text{eff}}(r) = E \tag{5.14}$$

となり，1 次元の運動の場合の運動方程式およびエネルギー保存の式 (4.28) と同じ形になる．式 (5.13) で定義される $U_{\text{eff}}(r)$ を**有効ポテンシャル**（effective potential），右辺第 2 項の $\frac{\ell^2}{2mr^2}$ を**遠心力ポテンシャル**と呼ぶ．

このように r の時間変化は 1 自由度の運動と全く同じ形の式を満たすので，そのときと同じやり方で解くことができる．式 (5.12) より，

$$\frac{dr}{dt} = \pm\sqrt{\frac{2}{m}\left[E - U(r) - \frac{\ell^2}{2mr^2}\right]} \tag{5.15}$$

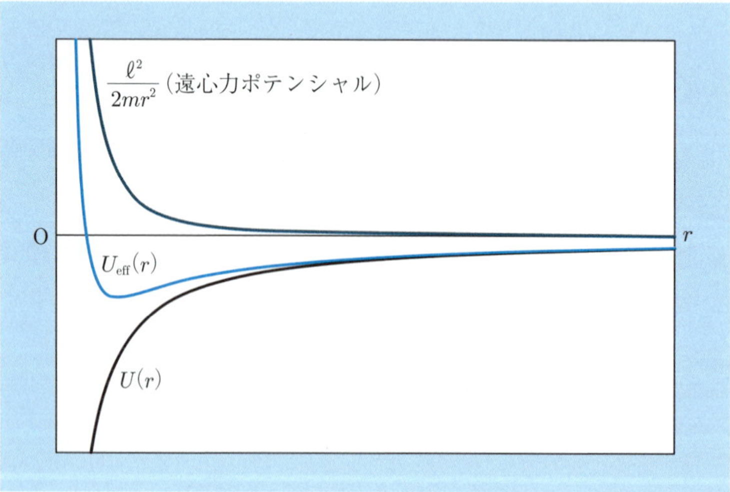

図 5.3　有効ポテンシャル $U_{\text{eff}}(r)$

が得られるが，この微分方程式は変数分離形だから，

$$t = \pm \int \frac{m\,dr}{\sqrt{2m[E - U(r)] - \dfrac{\ell^2}{r^2}}} \tag{5.16}$$

が解になる．右辺の積分の符号は，$r(t)$ が増加関数のときは正の符号を選び，減少関数のときは負の符号を選ぶ．増加から減少に転じたりその逆が起こる場合には，それぞれの時間領域で正しい符号を選ぶ必要がある．

また，軌道の式 $r = r(\phi)$ については，

$$\frac{dr}{d\phi} = \frac{\dfrac{dr}{dt}}{\dfrac{d\phi}{dt}} = \pm \frac{r^2}{\ell}\sqrt{2m[E - U(r)] - \frac{\ell^2}{r^2}} \tag{5.17}$$

が成り立つので，これを解いて

$$\phi = \pm \int \frac{\dfrac{\ell}{r^2}}{\sqrt{2m[E - U(r)] - \dfrac{\ell^2}{r^2}}}\,dr \tag{5.18}$$

が得られる．式 (5.16) と (5.18) を組み合わせると，r, ϕ が時刻 t のどのような関数であるかがわかる．すなわち，粒子の運動が求められる．

では，これはどのような運動だろうか．まず，運動の可能な領域は，1 次元の運動の場合と同様に，

$$U_{\text{eff}}(r) = U(r) + \frac{\ell^2}{2mr^2} \leq E \tag{5.19}$$

力の中心への到達条件

運動の可能な領域の式 (5.19) より，粒子が原点（力の中心）に到達できるためには，

$$\lim_{r\to 0}\left(r^2 U(r) - r^2 E\right) = \lim_{r\to 0} r^2 U(r) \leq -\frac{\ell^2}{2m}$$

が必要であることがわかる．例えば，万有引力ポテンシャルでは $U(r) \propto r^{-1}$ だから，$\ell = 0$ でない限り上の式は満たされない．中心力自体は引力であっても，遠心力ポテンシャルが斥力として働くために原点に到達できないのである．

$r \to +0$ の極限で，r^{-2} よりも速く $-\infty$ に発散するようなポテンシャルの場合や，$U(r) = -\dfrac{\alpha}{r^2}$（$\alpha$ は正の定数）で

$$\ell < \sqrt{2m\alpha}$$

であるような場合には，粒子は力の中心に到達することが可能である．

を満たし r の初期値 r_0 を含む区間として求められる．

例題 5.2　中心力ポテンシャル $U(r)=\dfrac{kr^2}{2}$ のもとでの粒子の運動を考える．角運動量の大きさが ℓ のとき，粒子の取り得るエネルギーの最小値 $E_{\min}$ はいくらか．また，エネルギー E（$\geq E_{\min}$）の粒子の運動可能な領域を求めよ．

解答　$E_{\min}$ は有効ポテンシャル

$$U_{\text{eff}}(r)=\frac{kr^2}{2}+\frac{\ell^2}{2mr^2}$$

の最小値だから，$E_{\min}=\ell\sqrt{\dfrac{k}{m}}$．また，$E$（$\geq E_{\min}$）のときの運動の領域は，不等式

$$U_{\text{eff}}(r)=\frac{kr^2}{2}+\frac{\ell^2}{2mr^2}\leq E$$

から決まり，

$$\sqrt{\frac{E}{k}-\sqrt{\frac{E^2}{k^2}-\frac{\ell^2}{mk}}}\leq r\leq\sqrt{\frac{E}{k}+\sqrt{\frac{E^2}{k^2}-\frac{\ell^2}{mk}}}$$

となる（図 5.4）．■

上の例題のように，運動の可能な領域が有界で $r_{\min}\leq r\leq r_{\max}$ となる場合を考えよう．1 次元の運動の場合と同様に，このとき r は $r_{\min}$ と $r_{\max}$ の間を周期的に往復運動する．その周期 T_r は，式 (5.16) から求められるように

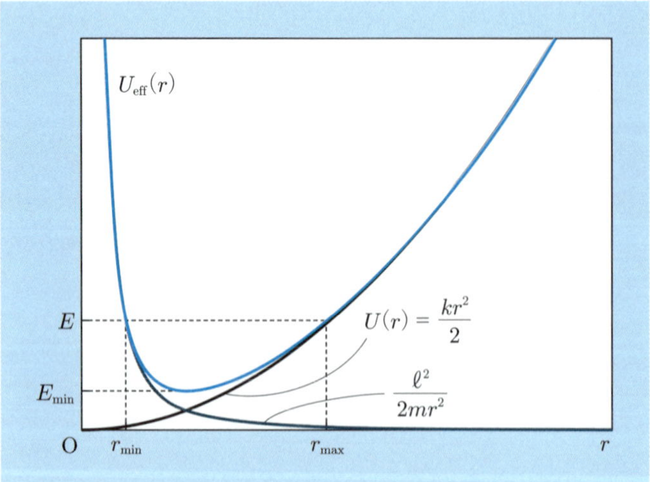

図 5.4　例題 5.2 のポテンシャル

$$T_r = 2m\int_{r_{\min}}^{r_{\max}} \frac{dr}{\sqrt{2m[E-U(r)]-\dfrac{\ell^2}{r^2}}} \tag{5.20}$$

また，この間の角度 ϕ の変化の大きさを $\Delta\phi$ とすると，式 (5.18) より，

$$\Delta\phi = 2\int_{r_{\min}}^{r_{\max}} \frac{\dfrac{\ell}{r^2}}{\sqrt{2m[E-U(r)]-\dfrac{\ell^2}{r^2}}}dr \tag{5.21}$$

と書ける．r と ϕ の運動を組み合わせると，図 5.5 のようになる．

もし，$\Delta\phi$ の値が $\frac{\Delta\phi}{2\pi} = \frac{n}{m} =$ 有理数（$m > 0$，n は整数）を満たすならば，mT_r の時間で粒子は原点をちょうど n 周して軌道は閉じる．その後は同じことを繰り返すだけの周期運動になる．これに対して $\frac{\Delta\phi}{2\pi} =$ 無理数 の場合，軌道は決して閉じず，$t \to \infty$ で $r_{\min} \leq r \leq r_{\max}$ の領域を稠密に埋めつくすような運動を行う．このような運動を**2 重周期運動**と呼ぶ．

一般には，$\Delta\phi$ は E と ℓ の値に依存するだろう．したがって，特殊な初期条件を選ばない限り，軌道は閉じずに 2 重周期運動をするはずである．

ただしこれには重要な例外が二つ存在する．すなわち，

$$U(r) = -\frac{\alpha}{r} \qquad (\alpha > 0) \tag{5.22}$$

の場合と，

$$U(r) = \frac{kr^2}{2} \qquad (k > 0) \tag{5.23}$$

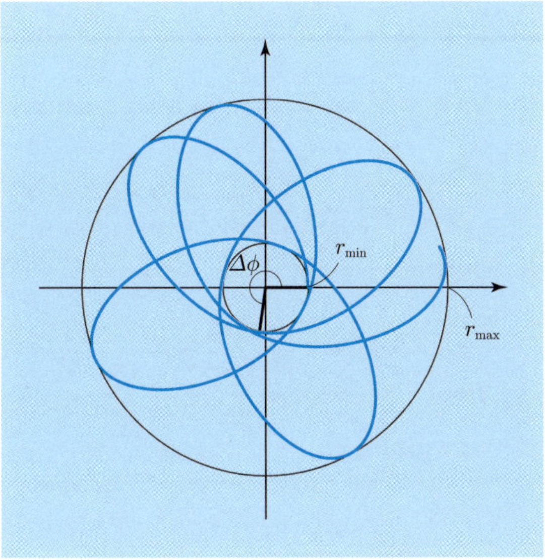

図 5.5 中心力ポテンシャルの下での有界な運動（2 重周期運動）

の場合である．これらのポテンシャルの場合には，$\Delta\phi$ の値は初期条件に依存せず一定値を取る．その結果，初期条件によらず（運動が有界な場合には）軌道は必ず閉じることになる．このことを念頭に置きつつ，ケプラー問題について見ていこう．

5.4 ケプラー問題

質量 M の粒子と質量 m の粒子が，万有引力を及ぼし合いながら運動する 2 体問題を考えよう．粒子 M から見た粒子 m の位置（相対位置ベクトル）を $\boldsymbol{r}$ とすると，相対運動の運動方程式は

$$\mu\frac{d^2\boldsymbol{r}}{dt^2} = -\mathrm{grad}\,U(r) = -\frac{\alpha\boldsymbol{r}}{r^3} \tag{5.24}$$

と表される．ただし，$\mu = \dfrac{Mm}{M+m}$ は換算質量，ポテンシャルは $U(r) = -\dfrac{\alpha}{r}$ で，$\alpha = GMm$（G は万有引力定数）である．

運動方程式 (5.24) を成分に分けて書き下すと

$$\mu(\ddot{r} - r\dot{\phi}^2) = -\frac{\alpha}{r^2} \tag{5.25}$$

$$\mu(2\dot{r}\dot{\phi} + r\ddot{\phi}) = 0 \tag{5.26}$$

であり，これより角運動量保存則 $\mu r^2\dot{\phi} = \ell$ とエネルギー保存則

$$\frac{\mu}{2}\dot{r}^2 - \frac{\alpha}{r} + \frac{\ell^2}{2\mu r^2} = E \tag{5.27}$$

が導かれる．すなわち，有効ポテンシャルは

ケプラー問題のもう一つの解法 (1)

ケプラー問題の場合は，本文のように中心力の一般論をそのまま適用する以外に，次のような方法で解を求めることもできる．まず，$r(t)$ を $r(\phi(t))$ という合成関数であると考えよう．すると，合成関数の微分の公式と角運動量保存則 $\mu r^2\dot{\phi} = \ell$ より，

$$\dot{r} = \frac{dr}{d\phi}\dot{\phi} = \frac{\ell}{\mu r^2}\frac{dr}{d\phi} = -\frac{\ell}{\mu}\frac{du}{d\phi}$$

が得られる．ただし，最後の等号では $u = r^{-1}$ とおいた．この式も $\phi(t)$ の関数と考えられるから，もう一度微分すると，

$$\ddot{r} = \frac{\ell}{\mu}\frac{d^2u}{d\phi^2}\dot{\phi} = -\frac{\ell^2}{\mu^2 r^2}\frac{d^2u}{d\phi^2} = -\frac{\ell^2u^2}{\mu^2}\frac{d^2u}{d\phi^2}$$

となる．これを r 方向の運動方程式

$$\mu\ddot{r} = -\frac{\alpha}{r^2} + \frac{\ell^2}{\mu r^3} = -\alpha u + \frac{\ell^2}{\mu}u^3$$

に代入すると，u について閉じた式

$$\frac{d^2u}{d\phi^2} = -u + \frac{\mu\alpha}{\ell^2}$$

が得られる．

$$U_{\text{eff}}(r) = -\frac{\alpha}{r} + \frac{\ell^2}{2\mu r^2} \tag{5.28}$$

であり，これは $r = \dfrac{\ell^2}{\mu\alpha}$ のときに最小値 $U_{\min} = -\dfrac{\mu\alpha^2}{2\ell^2}$ をとる．有効ポテンシャルの概形は図 5.6（p.122）のグラフに示すようになる．

前節の中心力ポテンシャルに対する一般論を適用すると，軌道の式は (5.18) より，

$$\begin{aligned}
\phi &= \pm\int \frac{\dfrac{\ell}{r^2}}{\sqrt{2\mu\left(E + \dfrac{\alpha}{r}\right) - \dfrac{\ell^2}{r^2}}}dr \\
&= \mp\int \frac{du}{\sqrt{\dfrac{2\mu(E+\alpha u)}{\ell^2} - u^2}} \qquad \left(u = \frac{1}{r}\right) \\
&= \mp\int \frac{du}{\sqrt{\dfrac{2\mu E}{\ell^2} + \dfrac{\mu^2\alpha^2}{\ell^4} - \left(u - \dfrac{\mu\alpha}{\ell^2}\right)^2}} \\
&= \pm\arccos\left(\frac{u - \dfrac{\mu\alpha}{\ell^2}}{\sqrt{\dfrac{2\mu E}{\ell^2} + \dfrac{\mu^2\alpha^2}{\ell^4}}}\right) + \phi_0
\end{aligned} \tag{5.29}$$

と求められる．ただし，最後の積分は，

$$u - \frac{\mu\alpha}{\ell^2} = \sqrt{\frac{2\mu E}{\ell^2} + \frac{\mu^2\alpha^2}{\ell^4}}\cos x \qquad (0 \leq x \leq \pi) \tag{5.30}$$

ケプラー問題のもう一つの解法 (2)

前ページの〔下欄〕の最後に得られた式は単振動の式と同じ形をしている．よってその解は A, ϕ_0 を積分定数として

$$u - \frac{\mu\alpha}{\ell^2} = A\cos(\phi - \phi_0)$$

と表される．ここで，角度 ϕ を $\phi = 0$ で r が最小値を取るように選ぶと，$\phi_0 = 0$ となり，

$$r = \frac{\dfrac{\ell^2}{\mu\alpha}}{1 + \dfrac{A\ell^2}{\mu\alpha}\cos\phi} \tag{$*$}$$

となる．また，エネルギー保存則を用いると

$$E = \frac{\mu\dot{r}^2}{2} + U_{\text{eff}}(r) = -\frac{\ell^2}{2\mu}\left(\frac{du}{d\phi}\right)^2 - \alpha u + \frac{\ell^2 u^2}{2\mu} = \frac{\ell^2 A^2}{2\mu} - \frac{\mu\alpha^2}{2\ell^2}$$

が得られるので，これを A について解くと，

$$A = \sqrt{1 + \frac{2E\ell^2}{\mu\alpha^2}}$$

となる．これを式 $(*)$ に代入して，最終的に式 (5.31) が得られる．

の変数変換により実行した．arccos は $\cos x$ $(0 \le x \le \pi)$ の逆関数を表す．ここで，$\phi_0 = 0$ となるように座標軸の向きを選ぶと，

$$r = \frac{\dfrac{\ell^2}{\mu\alpha}}{1 + \sqrt{1 + \dfrac{2E\ell^2}{\mu\alpha^2}}\cos\phi} = \frac{L_0}{1 + \varepsilon\cos\phi} \tag{5.31}$$

を得る．ただし，

$$L_0 = \frac{\ell^2}{\mu\alpha} \tag{5.32}$$

は**通径**と呼ばれ，

$$\varepsilon = \sqrt{1 + \frac{2E\ell^2}{\mu\alpha^2}} \tag{5.33}$$

は**離心率**である．したがって，離心率とエネルギーの値の間は

$$\begin{aligned} U_{\min} \le E < 0 \quad &\leftrightarrow \quad 0 \le \varepsilon < 1 \\ E = 0 \quad &\leftrightarrow \quad \varepsilon = 1 \\ E > 0 \quad &\leftrightarrow \quad \varepsilon > 1 \end{aligned}$$

の対応がある．以下，上の場合分けに従って運動の様子を調べよう．

(i)　$0 \le \varepsilon < 1$（すなわち $U_{\min} \le E < 0$）の場合：有効ポテンシャルの形（図 5.6）からわかるように，運動は有界であり，r には最大値 $r_{\max}$ と最小値 $r_{\min}$ が存在する．実際，すでにケプラーの 3 法則（2.3 節）について議論したときに見たように，軌道の式 (5.18) は楕円を表す（ケプラーの第 1 法則）．

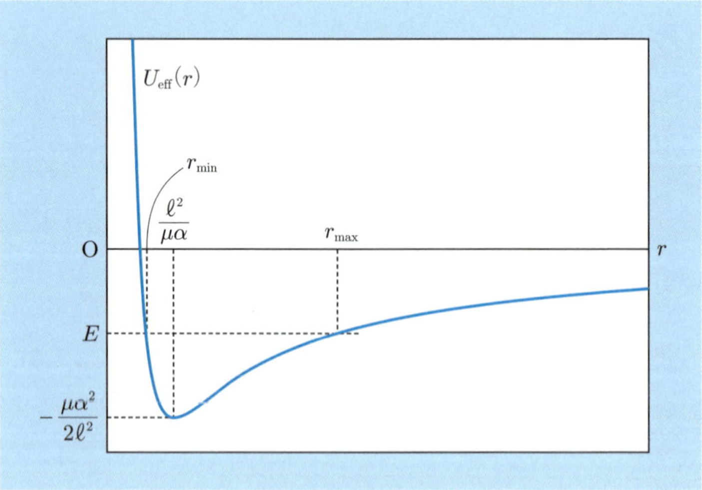

図 5.6　ケプラーポテンシャルに対する有効ポテンシャルと $E < 0$ のときの $r_{\min}, r_{\max}$．

また,

$$r_{\min} = r|_{\phi=0} = \frac{\ell^2}{\mu\alpha(1+\varepsilon)} = \frac{1}{2|E|}\left(\alpha - \sqrt{\alpha^2 - \frac{2\ell^2|E|}{\mu}}\right) \tag{5.34}$$

$$r_{\max} = r|_{\phi=\pi} = \frac{\ell^2}{\mu\alpha(1-\varepsilon)} = \frac{1}{2|E|}\left(\alpha + \sqrt{\alpha^2 - \frac{2\ell^2|E|}{\mu}}\right) \tag{5.35}$$

より，長半径 a は,

$$a = \frac{r_{\min} + r_{\max}}{2} = \frac{\ell^2}{\mu\alpha(1-\varepsilon^2)} = \frac{\alpha}{2|E|} \tag{5.36}$$

短半径 b は,

$$b = (r\sin\phi)_{\max} = \frac{\ell^2}{\mu\alpha\sqrt{1-\varepsilon^2}} = \frac{\ell}{\sqrt{2\mu|E|}} \tag{5.37}$$

となる．面積速度の大きさは,

$$\frac{dS}{dt} = \frac{\ell}{2\mu} = \text{const.} \qquad \text{（ケプラーの第 2 法則）} \tag{5.38}$$

だから，運動の周期は

$$T = \frac{\pi ab}{\dfrac{dS}{dt}} = \pi\alpha\sqrt{\frac{\mu}{2|E|^3}} = 2\pi a^{3/2}\sqrt{\frac{\mu}{\alpha}} \tag{5.39}$$

となる．これに $\mu = \dfrac{Mm}{M+m}$ と $\alpha = GMm$ を代入すると,

$$T = 2\pi\sqrt{\frac{a^3}{G(M+m)}} \tag{5.40}$$

アルファケンタウリ

ケンタウルス座のアルファ星は太陽系から最も近い恒星系で，3 個の星の連星である．地球から近く軌道が観測できるので，その情報からそれぞれの恒星の質量を求めることができる．主星（A，質量 $M_{\rm A}$）と第 1 伴星（B，質量 $M_{\rm B}$）に対して，第 2 伴星（C，プロキシマとも呼ばれる）は小さくしかも遠く離れているので，A, B の運動に与える影響は無視してよい．A と B は互いのまわりを T =79.9 年の周期で楕円軌道を描いて公転しており，その距離は 11.2 天文単位（1 天文単位は地球の公転軌道の長半径に等しい）から 35.6 天文単位まで変化する．したがって，軌道の長半径は $a = \dfrac{11.2+35.6}{2} = 23.4$ 天文単位である．よって，式 (5.40) を適用すると，$M_{\rm A} + M_{\rm B} = \dfrac{4\pi^2 a^3}{T^2 G}$ が導かれる．一方，太陽の質量を $M_{\rm S}$，地球の公転軌道の長半径を a_0，$T_0 = 1$ 年とすると，$M_{\rm S} = \dfrac{4\pi^2 a_0^3}{T_0^2 G}$ である．したがって,

$$\frac{M_{\rm A} + M_{\rm B}}{M_{\rm S}} = \left(\frac{a}{a_0}\right)^3 \left(\frac{T_0}{T}\right)^2$$

これに数値を代入すると，$M_{\rm A} + M_{\rm B} \simeq 2M_{\rm S}$ が得られる．さらに，質量中心からの距離の比を観測することで，$M_{\rm A}$, $M_{\rm B}$ の質量比がわかる．こうして $M_{\rm A} = 1.1M_{\rm S}$, $M_{\rm B} = 0.9M_{\rm S}$ という値が求められている．

と表され，軌道の長半径 a の 3/2 乗に比例することがわかる（ケプラーの第 3 法則）．ただし，T^2/a^3 は，M^{-1} ではなく $(M+m)^{-1}$ に比例する．したがって，厳密には惑星の種類によらない定数ではない．太陽系の惑星の公転運動の場合は，$m \ll M$ が成り立っているので $M+m$ を M に置き換えてもほとんど変わらないが，連星などではこの違いが重要になる場合がある（p.123〔下欄〕）．

こうして，運動方程式を解いてケプラーの 3 法則が導くことができた．また，得られた結果を見ると，エネルギーと角運動量が，運動の性質を表す重要なパラメターであることがわかる（〔下欄〕）．特に，長半径 a と軌道の周期 T は，粒子のエネルギーだけで決まり，角運動量には依存しないということを注意しておこう．同じエネルギー E と異なる角運動量をもつ軌道群を同じ平面上に重ねて描くと，次の図 5.7 が得られる．角運動量 ℓ が小さいほど細い楕円になり，最大値 $\ell_{\max} = \sqrt{\dfrac{\mu\alpha^2}{2|E|}}$ で円になるが，これらの軌道の長半径と周期はすべて等しい．また，どの楕円軌道も同じエネルギーの円軌道との交点で $y = r\sin\phi$ が最大値になる．

(ii)　$\varepsilon = 1$（すなわち $E = 0$）の場合：運動は非有界である．r の最小値は $r_{\min} = \dfrac{\ell^2}{2\mu\alpha}$ であるが，最大値は存在しない．また，軌道の式

$$r(1+\cos\phi) = r + x = \frac{\ell^2}{\mu\alpha}$$

は，$r^2 = x^2 + y^2$ を用いると

パラメター表示

本文では，ケプラー運動の軌道を表す式は得られたが，粒子の位置を時刻関数として表すことはしていない．実は，$\varepsilon \neq 1$ の場合，位置ベクトルを直接時刻の関数として表すことは困難であるが，次のような媒介変数（パラメター）を用いた表示は可能である．

今，$\varepsilon < 1$ の場合を考えよう．式 (5.16) にポテンシャルの式を代入し，$t = t_0$ で $r = r_{\min}$ とすると，

$$t - t_0 = \pm\int_{r_{\min}}^{r} \frac{dr}{\sqrt{\frac{2}{\mu}\left(E + \frac{\alpha}{r}\right) - \frac{\ell^2}{\mu^2 r^2}}} = \pm\sqrt{\frac{\mu a}{\alpha}}\int_{r_{\min}}^{r} \frac{r\,dr}{\sqrt{a^2\varepsilon^2 - (a-r)^2}}$$

となる．ここで，$a - r = a\varepsilon\cos\theta$ として積分変数を θ に変換すると，

$$t - t_0 = \sqrt{\frac{\mu a^3}{\alpha}}\int_0^{\theta} (1 - \varepsilon\cos\theta)\,d\theta = \sqrt{\frac{\mu a^3}{\alpha}}\,(\theta - \varepsilon\sin\theta)$$

と積分できる．この t と θ の変換は 1 対 1 であり，r はこれを用いて，次のように表される．

$$r = a\,(1 - \varepsilon\cos\theta)$$

これが求めるパラメター表示である．$\varepsilon > 1$ の軌道についても同様のパラメター表示を得ることができる．

$$x = \frac{\ell^2}{2\mu\alpha} - \frac{\mu\alpha}{2\ell^2}y^2 \tag{5.41}$$

と変形でき，放物線を表すことがわかる．また，$t = t_0$ で $r = r_{\min} = \dfrac{\ell^2}{2\mu\alpha}$ となるとすると，式 (5.16) より，

$$t - t_0 = \pm\int_{r_{\min}}^{r} \frac{dr}{\sqrt{\dfrac{2\alpha}{\mu r} - \dfrac{\ell^2}{\mu^2 r^2}}} = \pm\sqrt{\frac{2\mu}{9\alpha}}\,(r + 2r_{\min})\sqrt{r - r_{\min}}$$

のように時間の関数として r を表すことができる．

(iii) $\varepsilon > 1$（すなわち $E > 0$）の場合：この場合には軌道の式 (5.31) より，$\cos\phi_0 = -\varepsilon^{-1}$ となる角 ϕ_0 が $\dfrac{\pi}{2} < \phi_0 < \pi$ の範囲に存在し，$\phi \to \pm\phi_0 \mp 0$ で $r \to \infty$ となる．つまり，軌道は遠方で傾き $\pm\phi_0$ の直線に漸近する．粒子は無限に遠方まで運動できるので，これは非有界な運動である．一方，角度 ϕ の取り得る値の範囲は $-\phi_0 < \phi < \phi_0$ となり，有界である．また $r \to \infty$ のとき，速度の大きさは $v \to v_\infty = \sqrt{\dfrac{2E}{\mu}}$ となることがわかる．原点と漸近線との距離，すなわちポテンシャルがなかったときの粒子の軌道が原点に最も近づくときの距離を ρ と表そう．ρ は**衝突パラメター**と呼ばれる．角運動量の大きさは $\ell = \mu\rho v_\infty$ と表すことができるので，

$$\rho = \frac{\ell}{\mu v_\infty} = \frac{\ell}{\sqrt{2\mu E}} = \frac{\alpha\sqrt{\varepsilon^2 - 1}}{2E} = -\frac{\alpha}{2E}\tan\phi_0 \tag{5.42}$$

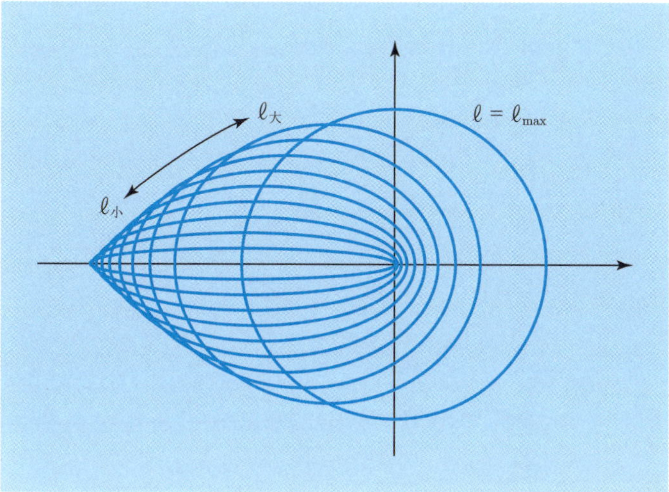

図 5.7 同じ（負の）エネルギーをもつ軌道群

が得られる．2本の漸近線の交点と原点との距離を L_1 とすると，$L_1 \sin\phi_0 = \rho$ より $L_1 = \dfrac{\rho}{\sin\phi_0} = \dfrac{\alpha\varepsilon}{2E}$ である．以上より，漸近線を表す式は

$$y = \pm\tan\phi_0\,(x - L_1) = \pm\sqrt{\varepsilon^2 - 1}\left(x - \frac{\alpha\varepsilon}{2E}\right)$$

となる．彗星の中には $\varepsilon \geq 1$ の軌道をもつ非周期彗星と呼ばれるものが存在し，これらは一度太陽の近くを通り過ぎると，二度と戻って来ない．

$\varepsilon > 1$ の軌道は第4章で扱った弾性散乱の軌道と考えることができる（図 5.8）．重心系での散乱角 χ は角度 ϕ_0 を用いて $\chi = 2\phi_0 - \pi$ と表されるので，衝突パラメター ρ と散乱角の関係は次のようになる．

$$\rho = \frac{\alpha}{2E}\sqrt{\varepsilon^2 - 1} = \frac{\alpha}{2E}|\tan\phi_0| = \frac{\alpha}{2E}\cot\frac{\chi}{2}$$

遠方で0になるような中心力ポテンシャルに対しては，同様に衝突パラメターと散乱角の関係を導くことができる．第4章では散乱角は与えられたものとして議論したが，具体的にポテンシャルが与えられると，それを初期条件から決まる衝突パラメターの情報に読み替えることができるのである．

■有界な軌道が閉じることと保存量　ケプラー問題は，有界な軌道が常に楕円軌道を描いて閉じるという顕著な性質をもっている．実はこのことは，エネルギーと角運動量以外の保存量が存在することと関係している．次式で定義されるベクトル量 $\boldsymbol{\varepsilon}$ を考えよう．

$$\boldsymbol{\varepsilon} = \frac{\boldsymbol{p}\times\boldsymbol{\ell}}{\mu\alpha} - \frac{\boldsymbol{r}}{r} \tag{5.43}$$

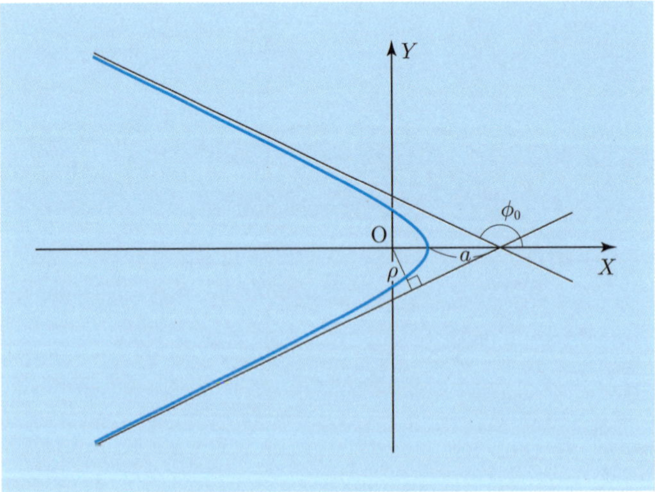

図 5.8　$\varepsilon > 1$ の軌道

例題 5.3　ベクトル $\boldsymbol{\varepsilon}$ が保存量であることを示せ．

解答　式 (5.43) を時間で微分して 0 になることを示せばよい．右辺第 1 項は，積の微分により，

$$\frac{d}{dt}\frac{\boldsymbol{p}\times\boldsymbol{\ell}}{\mu\alpha}=\frac{1}{\mu\alpha}\left(\frac{d\boldsymbol{p}}{dt}\times\boldsymbol{\ell}+\boldsymbol{p}\times\frac{d\boldsymbol{\ell}}{dt}\right)$$

となるが，$\boldsymbol{\ell}$ は保存量なので $\dot{\boldsymbol{\ell}}=\boldsymbol{0}$．また，$\boldsymbol{p}$ の微分は力なので $\dot{\boldsymbol{p}}=-\alpha r^{-3}\boldsymbol{r}$．したがって，

$$\frac{d}{dt}\left(\frac{\boldsymbol{p}\times\boldsymbol{\ell}}{\mu\alpha}\right)=-\frac{1}{\mu r^3}\boldsymbol{r}\times\boldsymbol{\ell}=-\frac{1}{\mu r^3}\boldsymbol{r}\times(\boldsymbol{r}\times\boldsymbol{p})$$

となる．次に式 (5.43) の右辺第 2 項の微分は

$$-\frac{1}{r}\frac{d\boldsymbol{r}}{dt}+\frac{\boldsymbol{r}}{r^2}\frac{dr}{dt}$$

であるが，r は (x,y,z) の関数だから，

$$\frac{dr}{dt}=\mathrm{grad}\,r\cdot\frac{d\boldsymbol{r}}{dt}=\frac{\boldsymbol{r}\cdot\dot{\boldsymbol{r}}}{r}$$

と計算できる．以上より，$\mu\dot{\boldsymbol{r}}=\boldsymbol{p}$ の関係を用いると，

$$\begin{aligned}\frac{d\boldsymbol{\varepsilon}}{dt}&=-\frac{1}{\mu r^3}\left[\boldsymbol{r}\times(\boldsymbol{r}\times\boldsymbol{p})+r^2\boldsymbol{p}-(\boldsymbol{r}\cdot\boldsymbol{p})\boldsymbol{r}\right]\\&=\boldsymbol{0}\end{aligned}\tag{5.44}$$

となる．最後の式変形には，ベクトルの公式 $\boldsymbol{a}\times(\boldsymbol{b}\times\boldsymbol{c})=(\boldsymbol{a}\cdot\boldsymbol{c})\boldsymbol{b}-(\boldsymbol{a}\cdot\boldsymbol{b})\boldsymbol{c}$ を用いた．■

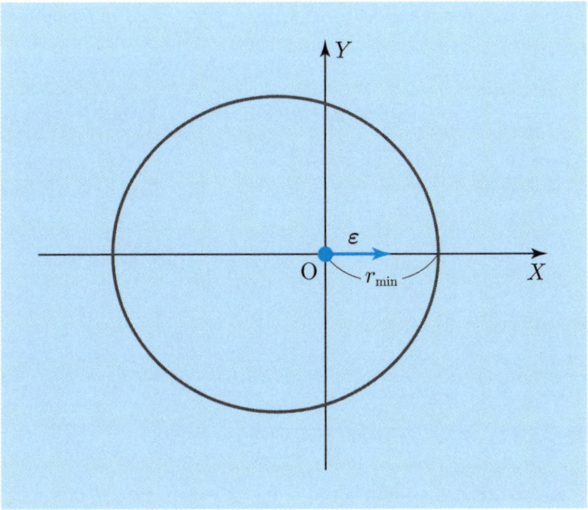

図 5.9　ベクトル $\boldsymbol{\varepsilon}$ は太陽から近日点に向かう向きのベクトルである．

さて，この保存量 $\boldsymbol{\varepsilon}$ は，どのような量であろうか．軌道の式 (5.31) を用いて評価すると，

$$\boldsymbol{\varepsilon} = \varepsilon \boldsymbol{e}_x \tag{5.45}$$

であることがわかる（前ページの図 5.9，導出は〔下欄〕を参照）．右辺の ε は式 (5.33) で定義した離心率である（実はこれを見越して，$\boldsymbol{\varepsilon}$ という記号を用いた）．離心率はエネルギーと角運動量を用いて表すことができるので，$\boldsymbol{\varepsilon}$ の大きさはそれらと独立な量ではない．しかし，$\boldsymbol{\varepsilon}$ の向きは，エネルギーや角運動量では決まらない新たな保存量である．この向き $\boldsymbol{e}_x$ は $\phi = 0$ となる向き，つまり，$r = r_{\mathrm{min}}$ となる向きであることに注意しよう．図 5.5 からわかるように，一般の 2 重周期運動の場合には時間 T_r ごとに異なる角度で $r = r_{\mathrm{min}}$ となる．これに対して，ケプラー問題では $r = r_{\mathrm{min}}$ となる向きは決まっている．この性質のために，初期条件によらず $\Delta\phi = 2\pi$ となり，軌道が閉じるのである．

逆に $\boldsymbol{\varepsilon}$ が保存量であることを用いると，軌道の式 (5.31) は中心力の一般論に従うよりもはるかに簡単に求められる．定義式 (5.43) より，

$$\boldsymbol{\varepsilon} \cdot \boldsymbol{r} = \frac{\boldsymbol{r} \cdot (\boldsymbol{p} \times \boldsymbol{\ell})}{\mu\alpha} - r = \frac{(\boldsymbol{r} \times \boldsymbol{p}) \cdot \boldsymbol{\ell}}{\mu\alpha} - r = \frac{\ell^2}{\mu\alpha} - r \tag{5.46}$$

$\boldsymbol{\varepsilon}$ と $\boldsymbol{r}$ の間の角度を ϕ とすれば $\boldsymbol{\varepsilon} \cdot \boldsymbol{r} = \varepsilon r \cos\phi$．したがって次が得られる．

$$r = \frac{\dfrac{\ell^2}{\mu\alpha}}{1 + \varepsilon \cos\phi} \tag{5.47}$$

式 (5.45) の導出

円筒座標 (r, ϕ, z) を用いると，$\boldsymbol{r} = r\boldsymbol{e}_r$ より，運動量は $\boldsymbol{p} = \mu\dot{r}\boldsymbol{e}_r + \mu r\dot{\phi}\boldsymbol{e}_\phi$ となる．また，角運動量は $\boldsymbol{\ell} = \ell\boldsymbol{e}_z$ である．したがって，

$$\frac{\boldsymbol{p} \times \boldsymbol{\ell}}{\mu\alpha} = \frac{1}{\mu\alpha}\left(\mu\ell r\dot{\phi}\boldsymbol{e}_r - \mu\ell\dot{r}\boldsymbol{e}_\phi\right) = \frac{\ell}{\alpha}\left(r\dot{\phi}\boldsymbol{e}_r - \dot{r}\boldsymbol{e}_\phi\right)$$

となる．ここで，角運動量保存則より $\dot{\phi} = \dfrac{\ell}{\mu r^2}$ であることと，軌道の式 (5.31) より

$$\dot{r} = \frac{dr}{d\phi}\dot{\phi} = \frac{\ell}{\mu r^2}\frac{dr}{d\phi} = -\frac{\ell}{\mu}\frac{du}{d\phi} = \frac{\alpha\varepsilon}{\ell}\sin\phi$$

であることを用いると，

$$\boldsymbol{\varepsilon} = \frac{\boldsymbol{p} \times \boldsymbol{\ell}}{\mu\alpha} - \frac{\boldsymbol{r}}{r} = \left(\frac{\ell^2}{\mu\alpha r} - 1\right)\boldsymbol{e}_r - \varepsilon \sin\phi\, \boldsymbol{e}_\phi = \varepsilon\left(\cos\phi\, \boldsymbol{e}_r - \sin\phi\, \boldsymbol{e}_\phi\right)$$

が得られる（最後の式変形には，再び軌道の式を用いた）．最後に

$$\boldsymbol{e}_r = \cos\phi\, \boldsymbol{e}_x + \sin\phi\, \boldsymbol{e}_y, \quad \boldsymbol{e}_\phi = -\sin\phi\, \boldsymbol{e}_x + \cos\phi\, \boldsymbol{e}_y$$

を代入すると，式 (5.45) が導かれる．

5.5 ラザフォードの公式

ラザフォード（Rutherford）の指導の下，ガイガー（Geiger）とマースデン（Marsden）は，アルファ粒子（ヘリウムの原子核）を金属箔に照射してその散乱を測定する実験を行った．その結果は，90 度以上の散乱角を示すような散乱が，少ないながら無視できない数存在するというものであった．ラザフォードは，この結果を説明するために，原子の中には原子のほとんどの質量と正電荷が集中した核（原子核）が存在すると考えた．アルファ粒子の散乱は，原子核とのクーロン相互作用により引き起こされる．実験では，さまざまな角度方向に検出器を置き，そこに飛び込んできたアルファ粒子の数をカウントする．このとき観測される粒子数の分布がどうやって求められるかを考えよう．

すでに見たように，散乱角はエネルギーと衝突パラメターによって決まる．また，エネルギーは遠方での速度の大きさ $\boldsymbol{v}_\infty$ で決まる．そこで，すべての粒子は無限遠からポテンシャルに向かって一定速度 $\boldsymbol{v}_\infty$ で入射されると仮定しよう．このとき，アルファ粒子と原子核の換算質量を μ とすると，粒子のエネルギーはどの粒子も等しく $E = \dfrac{\mu|\boldsymbol{v}_\infty|^2}{2}$ になる．このような微小なスケールで衝突パラメターを制御することは不可能なので，アルファ粒子の粒子流は一様であるとしよう．すなわち，粒子の入射の向きに垂直な断面を考えたとき，単位時間に単位面積を通過する粒子の個数は一定とする．こうして，どれだけの割合の粒子がどのような振る舞いをするか，統計的な考察を行う．

水星の近日点移動

5.4 節で見たように，ケプラー問題では有界な軌道は閉じるはずである．しかし，実際には水星の近日点は 100 年間に約 570 秒の割合で前進していることが観測される．まず考えられるのは，金星など他の惑星の影響であり，約 530 秒はそのようにして説明される．しかし，43 秒は説明されないまま残り，謎とされた．実はこれは，一般相対論的な効果であることが，アインシュタインによって示された．(右は水星の写真（NASA ホームページより）)

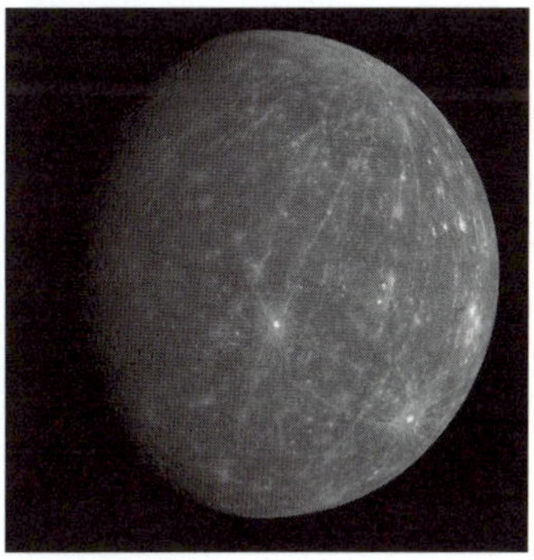

アルファ粒子と原子核はともに正電荷をもつので，相互作用は斥力ポテンシャル $U(r)=\dfrac{\alpha}{r}$ $(\alpha>0)$ で記述される．アルファ粒子の電荷は $2e$ なので，原子核の電荷を Ze とすると，

$$\alpha=\frac{Ze^2}{2\pi\epsilon_0}$$

である．この場合，

$$\boldsymbol{\varepsilon}=\frac{\boldsymbol{p}\times\boldsymbol{\ell}}{\mu\alpha}+\frac{\boldsymbol{r}}{r} \tag{5.48}$$

が保存量となるので，$\boldsymbol{\varepsilon}$ と位置ベクトル $\boldsymbol{r}$ のなす角を ϕ とすると，軌道の式は

$$r=\frac{L_0}{\varepsilon\cos\phi-1} \tag{5.49}$$

となることがわかる．ただし，L_0 と ε は引力の場合と同様に，

$$L_0=\frac{\ell^2}{\mu\alpha},\quad \varepsilon=\sqrt{1+\frac{2E\ell^2}{\mu\alpha^2}} \tag{5.50}$$

である．衝突パラメターは角運動量とエネルギーを用いて，

$$\rho=\frac{\ell}{\mu|\boldsymbol{v}_\infty|}=\frac{\ell}{\sqrt{2\mu E}} \tag{5.51}$$

と書けるので，ここに式 (5.50) より

$$\ell=\alpha\sqrt{\frac{\mu(\varepsilon^2-1)}{2E}}$$

を代入すると，

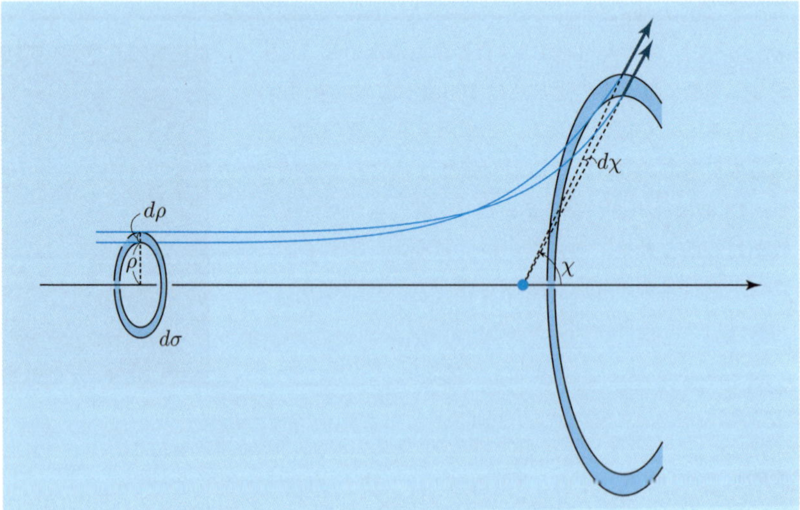

図 5.10 微分散乱断面積

$$\rho = \frac{\alpha}{2E}\sqrt{\varepsilon^2 - 1} \tag{5.52}$$

となる．さらに，$\varepsilon \cos\phi_0 = 1$ により ϕ_0 を定義すると，散乱角は $\chi = 2\phi_0 - \pi$ で与えられるから，衝突パラメター ρ と散乱角 χ の関係が，

$$\rho = \frac{\alpha}{2E}|\tan\phi_0| = \frac{\alpha}{2E}\cot\frac{\chi}{2}$$

のように求められる．

衝突パラメター $\rho \sim \rho + d\rho$ をもつ粒子が散乱角 $\chi - d\chi \sim \chi$ の範囲に散乱されるとすれば，そのような粒子の個数は $\rho \sim \rho + d\rho$ で表される垂直断面積

$$d\sigma = 2\pi\rho d\rho = 2\pi\rho\left|\frac{d\rho}{d\chi}\right|d\chi \tag{5.53}$$

に比例する．この量を**微分散乱断面積**という（図 5.10）．

観測されるのは χ 方向に散乱された粒子のうち，測定器の測定面内に入ってきた粒子数である．測定器がポテンシャル中心から等距離に置かれているとすると，これは同じ立体角内に入ってくる粒子数を測定していることになる．

ここで立体角について解説しておこう（図 5.11）．通常の角度は，原点から見込む向きの束が単位円から切り取る弧の長さとして定義される．これに対して，立体角では，原点を中心とする単位球を考え，原点から見た向きの束が単位球面と交わる部分の面積として定義される．したがって，全角度方向は 2π であったが，全立体角は 4π になる．

さて，散乱角 $\chi - d\chi \sim \chi$ に対応する立体角 $d\Omega$ は

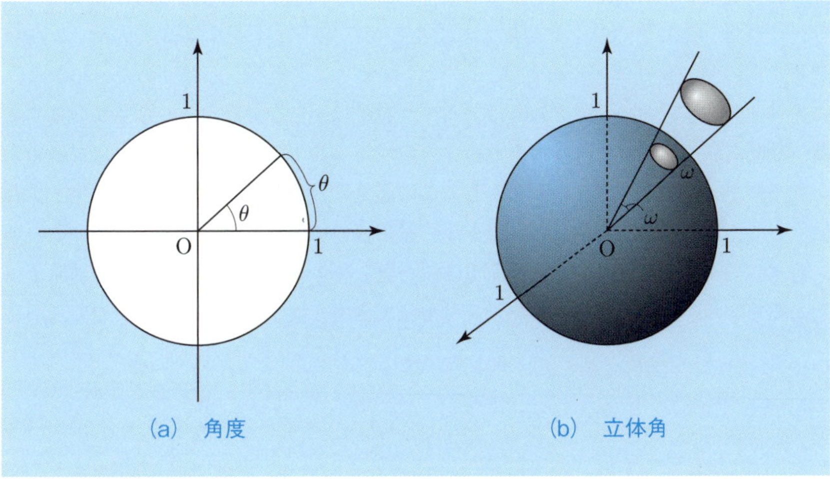

図 5.11 角度と立体角

$$d\Omega = 2\pi \sin\chi d\chi$$

であるから，式 (5.53) は

$$d\sigma = \frac{\rho}{\sin\chi}\left|\frac{d\rho}{d\chi}\right| d\Omega$$

と表される．以上より，単位立体角あたりの散乱断面積（微分散乱断面積）は

$$\begin{aligned}\frac{d\sigma}{d\Omega} &= \frac{\rho}{\sin\chi}\left|\frac{d\rho}{d\chi}\right| \\ &= \left(\frac{\alpha}{4E}\right)^2 \frac{1}{\sin^4\frac{\chi}{2}}\end{aligned} \tag{5.54}$$

となる．前に述べたように，測定器内に入ってくる粒子数はこの量に比例する．この式を**ラザフォードの公式**という．

今，斥力の場合について計算したが，実は α の絶対値が同じであれば，散乱断面積は引力の場合も同じ式に従う．そのため，ラザフォードは原子核の電荷の符号を決めるまでには至らなかった．

また，原子スケールの現象では，古典力学は一般には成り立たず，本当は量子力学を用いて議論する必要がある．微分散乱断面積という概念は量子力学においても定義することができて，驚くべきことに，$1/r$ ポテンシャルの場合には古典力学による計算と全く同じ答を与えることがわかっている．すなわち，ラザフォードの式 (5.54) は量子力学でも正しい式である（〔下欄〕）．

ラザフォードの原子模型

ラザフォードの散乱実験以前には，原子は正電荷の雲の中に電子が埋め込まれているようなものだと思われていた．これは，J.J. トムソンに提唱されたもので，電子をイギリスのクリスマスのお菓子であるプラムプディングの中のレーズンに喩えて，「プラムプディング模型」と呼ばれた．しかし，電子はアルファ粒子に比べて非常に軽いので，これではアルファ粒子は小さな散乱角しか示さないはずである．ラザフォードは，散乱実験の結果はこの模型を完全に否定するものであり，原子の中には質量の大半と正電荷が集中した原子核が存在すると考えた．しかし，この考えには大きな困難があった．原子核と電子の間には引力が働くので，電子は静止することができず，原子核のまわりを回ることになる．この運動は加速度を伴うが，荷電粒子が加速度運動をすれば，電磁波を発してエネルギーを失い，電子は原子核に落ちてしまうはずだからである．この困難は古典物理では解決できず，量子力学によって初めて説明されることになる．

5.6　N 粒子系の角運動量

再び式 (4.57) から出発して，N 粒子系の角運動量について議論する．ここで内力は中心力であるとしよう．すなわち，作用反作用の法則とともに

$$(\boldsymbol{r}_i - \boldsymbol{r}_j) \times \boldsymbol{F}_{ij} = \boldsymbol{0} \tag{5.55}$$

が成り立つとする．原点に対する全角運動量は

$$\boldsymbol{L} = \sum_{i=1}^{N} \boldsymbol{r}_i \times \boldsymbol{p}_i = \sum_{i=1}^{N} m_i \boldsymbol{r}_i \times \dot{\boldsymbol{r}}_i \tag{5.56}$$

で定義される．エネルギーに対して行ったのと同様に，位置ベクトルを $\boldsymbol{r}_i = \boldsymbol{R}_\mathrm{c} + \boldsymbol{r}'_i$ のように質量中心 $\boldsymbol{R}_\mathrm{c}$ とそれに相対的な位置に分解すると，$\boldsymbol{L}$ は質量中心の運動の原点に対する角運動量 $\boldsymbol{L}_\mathrm{c} = \boldsymbol{R}_\mathrm{c} \times \boldsymbol{P}$（$\boldsymbol{P} = M\boldsymbol{V}_\mathrm{c}$ は全運動量）と各粒子の質量中心に対する角運動量の和 $\boldsymbol{L}' = \sum_{i=1}^{N} m_i \boldsymbol{r}'_i \times \dot{\boldsymbol{r}}'_i$ に分解できる．すなわち，

$$\boldsymbol{L} = \boldsymbol{L}_\mathrm{c} + \boldsymbol{L}' = \boldsymbol{R}_\mathrm{c} \times \boldsymbol{P} + \sum_{i=1}^{N} m_i \boldsymbol{r}'_i \times \dot{\boldsymbol{r}}'_i \tag{5.57}$$

である．

質量中心の角運動量 $\boldsymbol{L}_\mathrm{c}$ の時間変化は

$$\frac{d\boldsymbol{L}_\mathrm{c}}{dt} = \boldsymbol{R}_\mathrm{c} \times \boldsymbol{F} \tag{5.58}$$

全角運動量の大きさに関する不等式

保存力のみが働く N 粒子系で，全角運動量の大きさを上から押さえる次のような不等式がある．

$$L^2 \leq 2IK = 2I(E - U) \tag{$*$}$$

ただし，K は全運動エネルギー，U はポテンシャルエネルギーを表し，$I = \sum_{i=1}^{N} m_i |\boldsymbol{r}_i|^2$ である．証明は以下の通り．

$$\begin{aligned}
L^2 &= \left| \sum_i m_i \boldsymbol{r}_i \times \boldsymbol{v}_i \right|^2 = \sum_{i=1}^{N}\sum_{j=1}^{N} m_i m_j (\boldsymbol{r}_i \times \boldsymbol{v}_i) \cdot (\boldsymbol{r}_j \times \boldsymbol{v}_j) \\
&\leq \sum_{i=1}^{N}\sum_{j=1}^{N} m_i m_j |\boldsymbol{r}_i| |\boldsymbol{v}_i| |\boldsymbol{r}_j| |\boldsymbol{v}_j| \\
&\leq \frac{1}{2}\sum_{i=1}^{N}\sum_{j=1}^{N} m_i m_j \left(|\boldsymbol{r}_i|^2 |\boldsymbol{v}_j|^2 + |\boldsymbol{v}_i|^2 |\boldsymbol{r}_j|^2\right) \\
&= \sum_{i=1}^{N} m_i |\boldsymbol{r}_i|^2 \sum_{j=1}^{N} m_j |\boldsymbol{v}_j|^2 = 2IK
\end{aligned}$$

で与えられる．ただし，$\boldsymbol{F}=\sum_{i=1}^{N}\boldsymbol{F}_i$ はすべての外力の和である．

全角運動量の時間微分は，式 (4.63) を導いたのと同様の変形を行うと

$$\begin{aligned}\frac{d\boldsymbol{L}}{dt} &= \sum_{i=1}^{N}\boldsymbol{r}_i\times\left(\boldsymbol{F}_i+\sum_{\substack{j=1\\j\neq i}}^{N}\boldsymbol{F}_{ij}\right)\\ &= \sum_{i=1}^{N}\boldsymbol{r}_i\times\boldsymbol{F}_i+\frac{1}{2}\sum_{i=1}^{N}\sum_{\substack{j=1\\j\neq i}}^{N}(\boldsymbol{r}_i-\boldsymbol{r}_j)\times\boldsymbol{F}_{ij}\end{aligned}\tag{5.59}$$

となるが，$\boldsymbol{F}_{ij}$ が中心力であることから $(\boldsymbol{r}_i-\boldsymbol{r}_j)\times\boldsymbol{F}_{ij}$ となり，第 2 項は消える．よって，

$$\frac{d\boldsymbol{L}}{dt}=\sum_{i=1}^{N}\boldsymbol{r}_i\times\boldsymbol{F}_i=\boldsymbol{N}\tag{5.60}$$

が得られる．右辺の $\boldsymbol{N}$ は原点に対する外力のモーメントの総和である．式 (5.60) から (5.58) を差し引くと，$\boldsymbol{L}'$ に対する式が

$$\frac{d\boldsymbol{L}'}{dt}=\sum_{i=1}^{N}\boldsymbol{r}'_i\times\boldsymbol{F}_i\tag{5.61}$$

となることがわかる．

運動の領域

中心力で相互作用する粒子系では，エネルギー E，全運動量 $\boldsymbol{L}$，全角運動量 $\boldsymbol{P}$ が保存する．今，全運動量が $\boldsymbol{P}=\sum_{i=1}^{N}m_i\boldsymbol{r}_i=\boldsymbol{0}$ となる慣性系を選び，与えられた E と $\boldsymbol{L}$ に対して，運動が可能であるような $(\boldsymbol{r}_1,\boldsymbol{r}_2,\ldots,\boldsymbol{r}_N)$ の範囲を考えよう．これを運動の可能な領域 $B_{E,\boldsymbol{L}}$ と呼ぶ．1 粒子が中心力ポテンシャル中を運動する場合は，5.3 節のように有効ポテンシャルを用いて $B_{E,\boldsymbol{L}}$ を求めることができたが，一般の N 粒子系では難しい．しかし，前ページ〔下欄〕の不等式 $(*)$ から，

$$B_{E,\boldsymbol{L}}\subset\left\{(\boldsymbol{r}_1,\boldsymbol{r}_2,\ldots,\boldsymbol{r}_N)\,|\,U+\frac{L^2}{2I}\leq E\right\}$$

が成り立つ．また，すべての粒子が一つの平面上で運動している場合には，

$$B_{E,\boldsymbol{L}}=\left\{(\boldsymbol{r}_1,\boldsymbol{r}_2,\ldots,\boldsymbol{r}_N)\,|\,U+\frac{L^2}{2I}\leq E\right\}$$

である．なぜなら，$\sum_i m_i\boldsymbol{r}_i=\boldsymbol{0}$，かつ $U+\frac{L^2}{2I}\leq E$ を満たすような $(\boldsymbol{r}_1,\boldsymbol{r}_2,\ldots,\boldsymbol{r}_N)$ が与えられたとき，$\boldsymbol{v}_i=\frac{1}{I}\boldsymbol{L}\times\boldsymbol{r}_i+\frac{\alpha}{I}\boldsymbol{r}_i$ とおけば，$\sum_i m_i\boldsymbol{r}_i\times\boldsymbol{v}_i=\boldsymbol{L}$ を満たし，$K=\frac{L^2}{2I}+\frac{\alpha^2}{2I}$ となる．したがって，$\alpha=\sqrt{2I(E-U)-L^2}$ とすれば，$K+U=E$ も満たされるからである．この意味で，$U+\frac{L^2}{2I}$ を**一般化された有効ポテンシャル**と呼ぶ．

5.7 演習問題

5.1 質量 m の粒子が，中心力ポテンシャル $U(r) = \dfrac{k}{\lambda} r^{\lambda}$ の下で，原点を中心とする半径 a の円軌道を描いて運動している．ただし，k は正の定数，λ は $\lambda > -2$ かつ $\lambda \neq 0$ を満たす定数である．

(1) このときの粒子のエネルギー，角運動量，運動の周期を求めよ．

(2) この円運動のまわりで半径方向に微小振動を行うときの振動数を求めよ．また，この微小振動が存在するときの軌道の略図を $\lambda = -1, 2, 7$ のそれぞれの場合について描け．

5.2 5.4 節で述べたように，ケプラーの第 3 法則は近似法則であり，正確な式は (5.40) で与えられる．ではなぜ 2.3 節では，近似的なケプラーの第 3 法則から正しい万有引力の法則を導くことができたのだろうか？　また，式 (5.40) を適用して正しい万有引力の法則を導くにはどうすればよいかを考えよ．

5.3 ポテンシャルが式 (5.22) と (5.23) のそれぞれの場合について，式 (5.21) の右辺の積分を計算して，$\Delta\phi$ を求めよ．

5.4 半径 a の剛体球による粒子の微分散乱断面積を求めよ．ただし，衝突前後の軌道は球の中心と粒子が衝突した点を結ぶ直線に対し対称であるとする．

5.5 斥力ポテンシャル $U(r) = \dfrac{\alpha}{r}$（$\alpha > 0$）の下での質量 m の粒子の運動では，

$$\boldsymbol{\varepsilon} = \frac{\boldsymbol{p} \times \boldsymbol{\ell}}{m\alpha} + \frac{\boldsymbol{r}}{r}$$

が保存することを示し，これを用いて軌道の式を求めよ．

5.6 演習問題 **4.9**(3) で，散乱後の探査機の速度が最大になるようにするには，衝突パラメターをいくらにすればよいか？　また，そのように選んだとき，探査機と木星の間の距離の最小値はいくらになるか？　ただし，木星の質量は 1.90×10^{27} kg とする．

5.7 実験室系における散乱角を θ，立体角要素を $d\Omega_{\mathrm{L}}$ とするとき，

$$\frac{d\sigma}{d\Omega_{\mathrm{L}}}(\theta) = \frac{\left[1 + 2\frac{m_1}{m_2}\cos\chi + \left(\frac{m_1}{m_2}\right)^2\right]^{3/2}}{1 + \frac{m_1}{m_2}\cos\chi} \frac{d\sigma}{d\Omega}(\chi)$$

を示せ．ただし，m_1 は散乱粒子の質量，m_2 は標的粒子の質量である．

6

非慣性系における運動方程式

本章では基準系の選択が運動方程式に及ぼす影響について考える．これまで，ほとんどの場合について，基準系が慣性系であることを仮定してきた．しかし，慣性系に対して加速度運動する基準系や回転運動する基準系を選ぶほうが自然な場合も多い．そこで，そのような場合に運動方程式がどのような変更を受けるのかについて考察し，慣性力を考慮に入れることで，慣性系の場合と同じような扱いができるということを知る．最後に，地球上に固定された基準系から見た地球の自転の影響についていくつかの例を考える．

本章の内容

6.1 加速度基準系

慣性系 $S(\mathrm{O};\boldsymbol{e}_x,\boldsymbol{e}_y,\boldsymbol{e}_z)$ に対して並進運動する次のような基準系 S' を考えよう．すなわち，慣性系 S から見て S' の原点 O' は運動しているが，基準となる向きは時間変化せず，したがって S と同じく $\boldsymbol{e}_x,\boldsymbol{e}_y,\boldsymbol{e}_z$ を基底として選ぶことができるとする．S 系から見た $S'(\mathrm{O}';\boldsymbol{e}_x,\boldsymbol{e}_y,\boldsymbol{e}_z)$ 系の時刻 t における原点の位置ベクトルを $\boldsymbol{R}(t)$ と表す．このとき，S 系から見た粒子の位置ベクトル $\boldsymbol{r}$ と S' 系から見た同じ粒子の位置ベクトル $\boldsymbol{r}'$ は，

$$\boldsymbol{r}=\boldsymbol{r}'+\boldsymbol{R} \tag{6.1}$$

の関係で結びつけられる（図 6.1 参照）．これを時間に関して微分すると，両基準系における速度，加速度に対しても

$$\dot{\boldsymbol{r}}=\dot{\boldsymbol{r}}'+\dot{\boldsymbol{R}},\quad \ddot{\boldsymbol{r}}=\ddot{\boldsymbol{r}}'+\ddot{\boldsymbol{R}} \tag{6.2}$$

という関係が導かれる．そこで，これらを S 系における運動方程式

$$m\ddot{\boldsymbol{r}}=\boldsymbol{F}(\boldsymbol{r},\dot{\boldsymbol{r}},t) \tag{6.3}$$

に代入し，整理すると，

$$m\ddot{\boldsymbol{r}}'=\boldsymbol{F}\left(\boldsymbol{r}'+\boldsymbol{R},\dot{\boldsymbol{r}}'+\dot{\boldsymbol{R}},t\right)-m\ddot{\boldsymbol{R}} \tag{6.4}$$

が得られる．ここで，右辺第 1 項の力 $\boldsymbol{F}$ は，$\boldsymbol{R}(t)$ が既知であるとすれば，S' 系から見た粒子の位置，速度と時刻の関数として決まるものであり，改めて

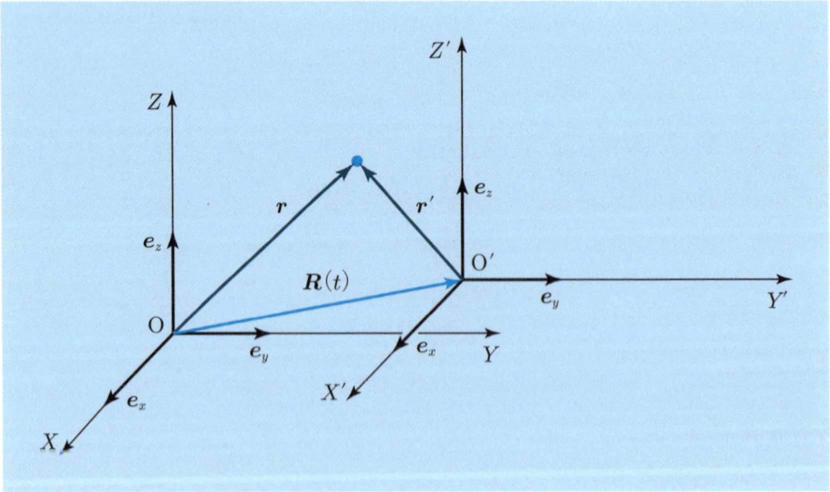

図 6.1　並進加速系

$$\boldsymbol{F}'(\boldsymbol{r}', \dot{\boldsymbol{r}}', t) = \boldsymbol{F}\left(\boldsymbol{r}' + \boldsymbol{R}, \dot{\boldsymbol{r}}' + \dot{\boldsymbol{R}}, t\right)$$

とおく（つまりこれらは，独立変数として考えているものが違うだけで，同じ物理量を表している）と，

$$m\ddot{\boldsymbol{r}}' = \boldsymbol{F}'(\boldsymbol{r}', \dot{\boldsymbol{r}}', t) - m\ddot{\boldsymbol{R}} \tag{6.5}$$

が得られる．これが並進加速系 S' における運動方程式である．

この方程式の右辺第 2 項 $-m\ddot{\boldsymbol{R}}$ は，基準系 S' が加速度運動を行うことによる影響を表す．$\boldsymbol{F}$ と同じく粒子の加速度に影響を与えるので，基準系 S' では，この項も力として観測される（図 6.2）．一般に，非慣性系において，基準系の運動の反映として現れる力を**慣性力**という．慣性力を考慮すれば，並進加速系における運動は慣性系と同じように扱うことができる．慣性力は粒子間の相互作用による力ではないので，作用反作用の法則が成り立たないことに注意しよう．

■支点が動く振り子　例として，支点が動く振り子の運動を考えよう（図 6.3）．振り子の支点を原点 O′ とする基準系を考えれば，これは加速度基準系の問題になる．振り子の支点から測った振り子の重りの位置ベクトルを $\boldsymbol{r}'$，重りの質量を m，棒の張力を $\boldsymbol{T}$ とすると，運動方程式は

$$m\frac{d^2\boldsymbol{r}'}{dt^2} = m\boldsymbol{g} + \boldsymbol{T} - m\frac{d^2\boldsymbol{R}}{dt^2} \tag{6.6}$$

となる．ここで，水平の向きの単位ベクトルを $\boldsymbol{e}_x$，鉛直上向きの単位ベクト

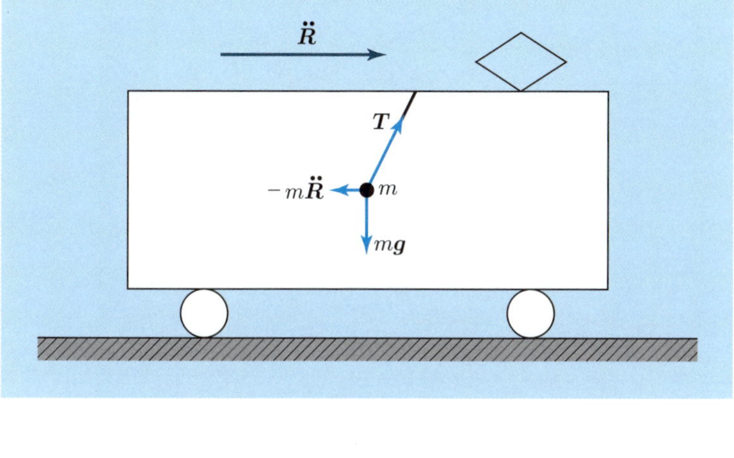

図 6.2　加速している電車に固定された基準系では，電車が加速するとき進行方向と逆向きの慣性力が発生し，振り子は傾いた位置で静止する．

ルを $\boldsymbol{e}_y$，振り子の腕（棒）の長さを l，鉛直下向きから測った振り子の振れの角を θ としよう．さらにこの基底を用いて支点の加速度を

$$\frac{d^2\boldsymbol{R}}{dt^2} = a_x\boldsymbol{e}_x + a_y\boldsymbol{e}_y \tag{6.7}$$

と成分に分解すると，第 2 章で行ったのと全く同様にして，θ に関して閉じた次の方程式が得られる．

$$\ddot{\theta} + \frac{g + a_y}{l}\sin\theta = -\frac{a_x}{l}\cos\theta \tag{6.8}$$

この式を用いて，いくつかの特別な場合について以下で議論しよう．

(i)　$a_y = 0,\ a_x = -A\cos\omega t$（$A$ は定数）の場合：運動方程式は

$$\ddot{\theta} + \frac{g}{l}\sin\theta = \frac{A}{l}\cos\omega t\cos\theta \tag{6.9}$$

となる．ここで，さらに微小振動 $|\theta| \ll 1$ を仮定すると $\sin\theta \simeq \theta, \cos\theta \simeq 1$ より，3.2 節で議論した強制振動の式に一致する．すなわち，水平方向に支点を振動させた場合の振り子は強制振動の式によって扱うことができる．

(ii)　$a_x = 0,\ a_y = -g$ の場合：これは振り子を自由落下させることに相当する．運動方程式は

$$\ddot{\theta} = 0 \tag{6.10}$$

となり，自由落下させた振り子は振り子としては機能せず，支点のまわりを自由に回転するようになることがわかる．

(iii)　$a_x = 0,\ a_y = A\cos\omega t$ の場合：(i) とは逆に鉛直方向に支点を振動させ

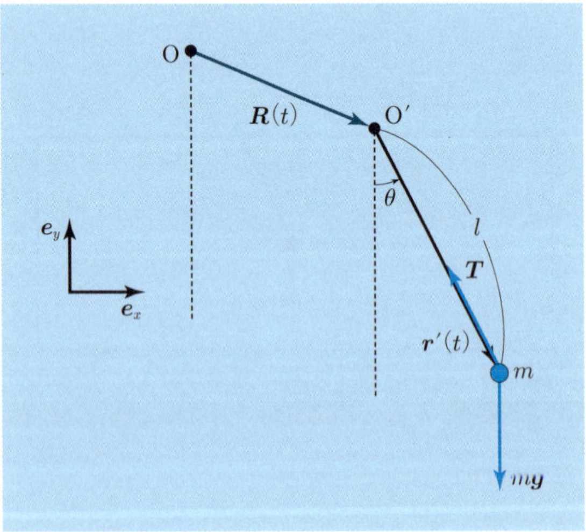

図 6.3　支点が動く振り子

る場合を考えよう（図 6.4）．微小振動とすると，運動方程式は

$$\ddot{\theta} + \left(\frac{g}{l} + \frac{A}{l}\cos\omega t\right)\theta = 0 \tag{6.11}$$

となる．ここで，$\sqrt{\dfrac{g}{l}} = \omega_0$, $\dfrac{A}{l} = \varepsilon$ とおくと，

$$\ddot{\theta} + \omega_0^2\theta = -\varepsilon\cos\omega t \cdot \theta$$

と書ける．この式は**マチウ**（Mathieu）**方程式**と呼ばれる．$0 < \varepsilon \ll 1$ ならば調和振動子に近いので，$\theta \simeq \theta_0 \cos\left(\omega_0 t + \dfrac{\pi}{4}\right)$ という解が存在する．このとき，鉛直方向の運動の振動数が $\omega = 2\omega_0$ であれば

$$\begin{aligned}\frac{d}{dt}\left(\frac{\dot{\theta}^2}{2} + \frac{\omega_0^2\theta^2}{2}\right) &= -\varepsilon\theta\dot{\theta}\cos\omega t \\ &= \varepsilon\theta_0^2 \sin\left(\omega_0 t + \frac{\pi}{4}\right)\cos\left(\omega_0 t + \frac{\pi}{4}\right)\cos 2\omega_0 t = \frac{\varepsilon}{2}\theta_0^2\cos^2(2\omega_0 t)\end{aligned} \tag{6.12}$$

となり，この量は常に正の値を取る．したがって，振動の振幅は増大する．この現象を**パラメター共鳴**という（p.142–144〔下欄〕参照）．

6.2　回転基準系

前節とは逆に，慣性系 S と原点を共有するが，基底が時間変化するような基準系 S' を考えよう．S' 系における基底を $\boldsymbol{e}'_x, \boldsymbol{e}'_y, \boldsymbol{e}'_z$ とすると，もちろん

$$\boldsymbol{e}'_x \cdot \boldsymbol{e}'_x = \boldsymbol{e}'_y \cdot \boldsymbol{e}'_y = \boldsymbol{e}'_z \cdot \boldsymbol{e}'_z = 1$$

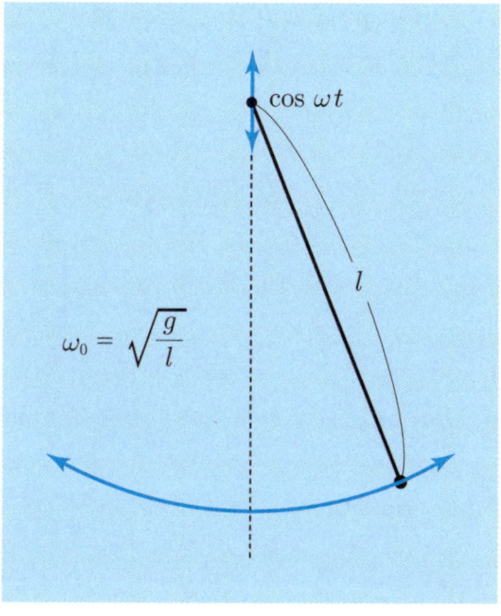

図 6.4　支点を上下に振動させた振り子．$\omega \simeq 2\omega_0$ でパラメター共鳴が起こる．

$$\boldsymbol{e}'_x \cdot \boldsymbol{e}'_y = \boldsymbol{e}'_y \cdot \boldsymbol{e}'_z = \boldsymbol{e}'_z \cdot \boldsymbol{e}'_x = 0$$

が成立している．よって，慣性系 S から見たときの基底ベクトルの時間微分に対して，

$$\boldsymbol{e}'_x \cdot \frac{d\boldsymbol{e}'_x}{dt} = \boldsymbol{e}'_y \cdot \frac{d\boldsymbol{e}'_y}{dt} = \boldsymbol{e}'_z \cdot \frac{d\boldsymbol{e}'_z}{dt} = 0$$

と

$$\boldsymbol{e}'_x \cdot \frac{d\boldsymbol{e}'_y}{dt} + \frac{d\boldsymbol{e}'_x}{dt} \cdot \boldsymbol{e}'_y = \boldsymbol{e}'_y \cdot \frac{d\boldsymbol{e}'_z}{dt} + \frac{d\boldsymbol{e}'_y}{dt} \cdot \boldsymbol{e}'_z = \boldsymbol{e}'_z \cdot \frac{d\boldsymbol{e}'_x}{dt} + \frac{d\boldsymbol{e}'_z}{dt} \cdot \boldsymbol{e}'_x = 0$$

が成り立つ．これらの式は，例えば $\dfrac{d\boldsymbol{e}'_x}{dt}$ を基底 $\boldsymbol{e}'_x$, $\boldsymbol{e}'_y$, $\boldsymbol{e}'_z$ で成分に分解すると，$\boldsymbol{e}'_x$ に対する成分は 0 であり，$\boldsymbol{e}'_y$ に対する成分は $\dfrac{d\boldsymbol{e}'_y}{dt}$ の $\boldsymbol{e}'_x$ に対する成分の符号を変えたものに等しく，$\boldsymbol{e}'_z$ に対する成分は $\dfrac{d\boldsymbol{e}'_z}{dt}$ の $\boldsymbol{e}'_x$ に対する成分の符号を変えたものに等しいということを示している．したがって，α, β, γ を適当な実数として，

$$\frac{d\boldsymbol{e}'_x}{dt} = \gamma\boldsymbol{e}'_y - \beta\boldsymbol{e}'_z, \quad \frac{d\boldsymbol{e}'_y}{dt} = -\gamma\boldsymbol{e}'_x + \alpha\boldsymbol{e}'_z, \quad \frac{d\boldsymbol{e}'_z}{dt} = \beta\boldsymbol{e}'_x - \alpha\boldsymbol{e}'_y$$

と表される．あるいは，$\boldsymbol{\omega} = \alpha\boldsymbol{e}'_x + \beta\boldsymbol{e}'_y + \gamma\boldsymbol{e}'_z$ とおくと，上の式をまとめて

$$\frac{d\boldsymbol{e}'_i}{dt} = \boldsymbol{\omega} \times \boldsymbol{e}'_i \qquad (i = x, y, z) \tag{6.13}$$

と表すことができる．この $\boldsymbol{\omega}$ を**角速度**もしくは**角速度ベクトル**と呼ぶ．

上の式は，幾何学的には，$\boldsymbol{e}'_i$（$i = x, y, z$）が $\boldsymbol{\omega}$ のまわりを反時計回りに

フロケの定理とパラメター共鳴 (1)

周期 T の周期関数 $q(t)$ を用いて，$\ddot{x} + q(t)x = 0$ と表される微分方程式について考えよう．これを**ヒル**（Hill）**の方程式**という．ヒルの方程式は線形だから，一般解は基本解 $x_1(t)$, $x_2(t)$ の重ね合わせで表される．一方，$q(t)$ の周期性より，$x_1(t+T)$, $x_2(t+T)$ も解であるから，それぞれ基本解の重ね合わせで表される．すなわち，

$$x_1(t+T) = c_{11}x_1(t) + c_{12}x_2(t), \quad x_2(t+T) = c_{21}x_1(t) + c_{22}x_2(t) \tag{$*$}$$

となる係数 c_{ij}（$i, j = 1,2$）が存在する．これらを成分とする行列 $\begin{bmatrix} c_{11} & c_{12} \\ c_{21} & c_{22} \end{bmatrix}$（**フロケ**（Floquet）**行列**という）の固有値 λ_1, λ_2 が縮退していなければそれぞれに対する左固有ベクトル $[a_1, b_1]$, $[a_2, b_2]$（すなわち，$[a_i\ b_i]\begin{bmatrix} c_{11} & c_{12} \\ c_{21} & c_{22} \end{bmatrix} = \lambda_i[a_i\ b_i]$ となるベクトル）が存在するので，$a_i x_1(t) + b_i x_2(t)$ を改めて $x_1(t)$, $x_2(t)$ とすれば，式 ($*$) は，

$$x_1(t+T) = \lambda_1 x_1(t), \quad x_2(t+T) = \lambda_2 x_2(t) \tag{$**$}$$

となる．ここで，$x_i(t) = \lambda^{t/T} X_i(t)$ とおくと，$X_i(t+T) = X_i(t)$ であることがわかる．すなわち，ヒルの方程式の基本解として，周期 T の周期関数 $X_i(t)$ を用いて，$x_i(t) = \lambda_i^{t/T} X_i(t)$ の形に書けるものが存在する．これを**フロケの定理**という．

角速度 $\omega = |\boldsymbol{\omega}|$ で回転していることを表している．

今，$\boldsymbol{\omega}$ と $\boldsymbol{e}_i$ のなす角を θ としよう．このとき $\boldsymbol{e}'_i$ の先端は半径 $\sin\theta$ の円を描く．時刻 t から $t+\Delta t$ までの $\boldsymbol{e}_i$ の変化 $\Delta\boldsymbol{e}_i(t) = \boldsymbol{e}_i(t+\Delta t) - \boldsymbol{e}_i(t)$ を考えると，図 6.5 より $\Delta t \to 0$ で $|\Delta\boldsymbol{e}_i(t)| = \omega\sin\theta\Delta t + o(\Delta t)$，$\Delta\boldsymbol{e}_i(t)$ の向きは $\boldsymbol{\omega}\times\boldsymbol{e}_i$ の向きを向くことがわかる．すなわち，S' 系は，時刻 t の瞬間，慣性系に対し $\boldsymbol{\omega}$ のまわりを角速度 $\omega = |\boldsymbol{\omega}|$ で回転しているような基準系である．

ここで任意のベクトル $\boldsymbol{A}$ を基底 $\boldsymbol{e}'_x$, $\boldsymbol{e}'_y$, $\boldsymbol{e}'_z$ で成分に分解したもの

$$\boldsymbol{A}(t) = A_x\boldsymbol{e}'_x + A_y\boldsymbol{e}'_y + A_z\boldsymbol{e}'_z \tag{6.14}$$

を考えよう．慣性系 S においてこのベクトルの時間微分を考えると

$$\begin{aligned}\frac{d\boldsymbol{A}}{dt} &= \sum_{i=x,y,z}\left(\frac{dA_i}{dt}\boldsymbol{e}'_i + A_i\frac{d\boldsymbol{e}'_i}{dt}\right)\\ &= \sum_{i=x,y,z}\frac{dA_i}{dt}\boldsymbol{e}'_i + \boldsymbol{\omega}\times\boldsymbol{A}\end{aligned} \tag{6.15}$$

ところが非慣性系 S' における時間微分を行うと，S' では $\boldsymbol{e}'_i$ は動いていないので，上式の右辺第 1 項と同じものを得る．したがって S 系における $\boldsymbol{A}$ の微分を $\left(\frac{d\boldsymbol{A}}{dt}\right)_S$，$S'$ 系における $\boldsymbol{A}$ の微分を $\left(\frac{d\boldsymbol{A}}{dt}\right)_{S'}$ と表すと，これらは

$$\left(\frac{d\boldsymbol{A}}{dt}\right)_S = \left(\frac{d\boldsymbol{A}}{dt}\right)_{S'} + \boldsymbol{\omega}\times\boldsymbol{A} \tag{6.16}$$

という関係で結びつけられることがわかる．

フロケの定理とパラメター共鳴 (2)

ヒルの方程式の任意の基本解 $x_1(t), x_2(t)$ に対し，

$$\frac{d}{dt}\left(\dot{x}_1x_2 - x_1\dot{x}_2\right) = \ddot{x}_1x_2 - x_1\ddot{x}_2 = 0$$

が成り立つ．すなわち，$\dot{x}_1(t)x_2(t) - x_1(t)\dot{x}_2(t)$ は t によらない定数である．一方，前ページの式 $(*)$ より，

$$\dot{x}_1(t+T)x_2(t+T) - x_1(t+T)\dot{x}_2(t+T) = (c_{11}c_{22} - c_{12}c_{21})\left(\dot{x}_1(t)x_2(t) - x_1(t)\dot{x}_2(t)\right)$$

であるから，$c_{11}c_{22} - c_{12}c_{21} = 1$．すなわち，フロケ行列の行列式は 1 であり，固有値を決める特性方程式は $\lambda^2 - (c_{11}+c_{22})\lambda + 1 = 0$ となる．したがって，フロケ行列の固有値に対し $\lambda_1\lambda_2 = 1$ が成り立つ．また，$x(t)$ が解であれば，その複素共役 $x^*(t)$ も解であるから，集合 $\{\lambda_1^*, \lambda_2^*\}$ は $\{\lambda_1, \lambda_2\}$ と同じものでなければならない．以上より，λ_1, λ_2 は，(i) 絶対値 1 の複素数で $\lambda_2 = \lambda_1^*$ を満たすか，(ii) ともに実数で $\lambda_2 = \lambda_1^{-1}$ のいずれかになる．(ii) の場合，前ページの式 $(**)$ の $x_1(t)$, $x_2(t)$ のいずれか一方の振幅は t が大きくなるにつれて増大する．この場合，解は不安定であるという．これに対し，(i) の場合はそのようなことは起こらず，解は安定であるという．パラメター共鳴が起こるのは (ii) の場合である．特性方程式を考えると，$|c_{11}+c_{22}| < 2$ の場合に安定であり，$|c_{11}+c_{22}| > 2$ の場合に不安定であることがわかる．その境界では $|c_{11}+c_{22}| = 2$ であって $\lambda_1 = \lambda_2 = 1$ または $\lambda_1 = \lambda_2 = -1$ となる．

S 系と S' 系は原点を共有するので，粒子の位置ベクトルはどちらの基準系で見ても同じベクトルになる．そこで上の式を 2 回用いて加速度を計算すると，両基準系における加速度の間に次の関係があることが導かれる．

$$\left(\frac{d^2\boldsymbol{r}}{dt^2}\right)_S = \left(\frac{d^2\boldsymbol{r}}{dt^2}\right)_{S'} + \boldsymbol{\omega} \times (\boldsymbol{\omega} \times \boldsymbol{r}) + 2\boldsymbol{\omega} \times \left(\frac{d\boldsymbol{r}}{dt}\right)_{S'} + \dot{\boldsymbol{\omega}} \times \boldsymbol{r} \tag{6.17}$$

ここで式 (6.16) からわかるように $\boldsymbol{\omega}$ の時間微分はどちらの基準系で計算しても同じになるので，これを $\dot{\boldsymbol{\omega}}$ で表した．S 系では運動方程式

$$m\frac{d^2\boldsymbol{r}}{dt^2} = \boldsymbol{F}$$

が成り立つので，ここに式 (6.17) を代入すると，S' 系における運動方程式

$$m\frac{d^2\boldsymbol{r}}{dt^2} = \boldsymbol{F} \underbrace{- \overbrace{m\boldsymbol{\omega} \times (\boldsymbol{\omega} \times \boldsymbol{r})}^{\text{遠心力}} \overbrace{-2m\boldsymbol{\omega} \times \frac{d\boldsymbol{r}}{dt}}^{\text{コリオリ力}} - m\dot{\boldsymbol{\omega}} \times \boldsymbol{r}}_{\text{回転基準系における慣性力}} \tag{6.18}$$

が導かれる．特に第 2 項は**遠心力**，第 3 項は**コリオリ**（Coriolis）**力**と呼ばれている．

慣性系に対して原点が加速度運動し，基底も時間変化するような一般の非慣性系の場合，慣性系 S から見た非慣性系 S' の原点の位置ベクトルを $\boldsymbol{R}$，慣性系から見た粒子の位置ベクトルを $\boldsymbol{r}$，非慣性系から見た粒子の位置ベクトルを $\boldsymbol{r}'$ とすると，$\boldsymbol{r} = \boldsymbol{r}' + \boldsymbol{R}$ より，

$$\left(\frac{d^2\boldsymbol{r}}{dt^2}\right)_S = \left(\frac{d^2\boldsymbol{r}'}{dt^2}\right)_{S'} + \boldsymbol{\omega} \times (\boldsymbol{\omega} \times \boldsymbol{r}') + 2\boldsymbol{\omega} \times \left(\frac{d\boldsymbol{r}'}{dt}\right)_{S'} + \dot{\boldsymbol{\omega}} \times \boldsymbol{r}' + \left(\frac{d^2\boldsymbol{R}}{dt^2}\right)_S$$

フロケの定理とパラメター共鳴 (3)

本文 p.141 にも現れたマチウ方程式

$$\ddot{\theta} + \left(\omega_0^2 + \varepsilon \cos \omega t\right)\theta = 0$$

に前ページまでの結果を適用しよう．$\varepsilon = 0$ のとき，$\cos \omega_0 t$，$\sin \omega_0 t$ が基本解であるが，$T = \dfrac{2\pi}{\omega}$ として，

$$\cos \omega_0 (t+T) = \cos \omega_0 T \cos \omega_0 t - \sin \omega_0 T \sin \omega_0 t,$$

$$\sin \omega_0 (t+T) = \sin \omega_0 T \cos \omega_0 t + \cos \omega_0 T \sin \omega_0 t$$

が得られる．したがって，$c_{11} = c_{22} = \cos \omega_0 T$ であり，ほとんどの場合，解は安定であるが，$\omega = \dfrac{2\omega_0}{n}$（$n$ は自然数）の場合だけは安定不安定の境界にあるので，微小な ε により不安定になる可能性がある．詳しい解析を行うと，(ω, c) の面上で，ここから確かに不安定領域が広がっていることが知られている．

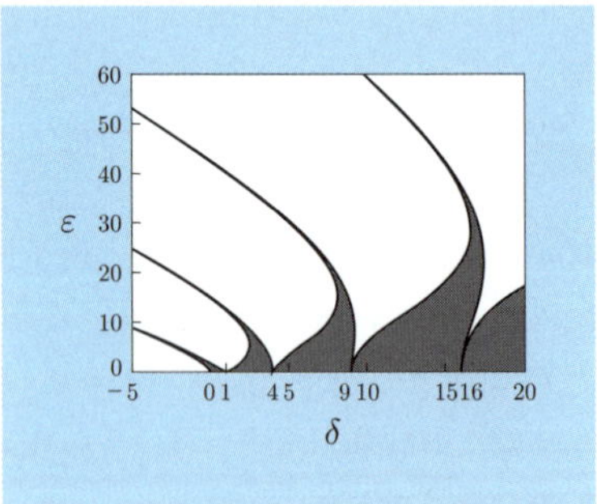

マチウ方程式の不安定領域（白い部分）．横軸は，$\delta = 4\omega_0^2/\omega^2$

を得る．したがって，S' 系における運動方程式は

$$m\frac{d^2\boldsymbol{r}'}{dt^2} = \boldsymbol{F} - m\boldsymbol{\omega}\times(\boldsymbol{\omega}\times\boldsymbol{r}') - 2m\boldsymbol{\omega}\times\frac{d\boldsymbol{r}'}{dt} - m\dot{\boldsymbol{\omega}}\times\boldsymbol{r}' - m\left(\frac{d^2\boldsymbol{R}}{dt^2}\right)_S \quad (6.19)$$

となり，すべての種類の慣性力が現れる．

6.3　地球上の運動（自転の効果）

地球に対して固定された基準系は，短時間の運動に対しては慣性系とみなすことができても，長時間の運動あるいは短時間でも精度の良い観測を行えば，自転の効果のため慣性系とはみなせなくなる．そのような効果が具体的にどのような形で現れてくるかについて以下で考えてみよう．

■地球の性質　地球は赤道半径約 6378 km，極半径約 6357 km の非常に球に近い回転楕円体と考えることができる．その質量は $M_{\mathrm{E}} \simeq 6\times10^{24}\,\mathrm{kg}$ である．また自転角速度を $\boldsymbol{\Omega}$ と表すと，その向きは南極から北極へ向かう向き（地軸の向き）であり，大きさは 1 日で 1 周するのだから太陽に対しては

$$\Omega = |\boldsymbol{\Omega}| = \frac{2\pi}{24\times60\times60} \simeq 7.27\times10^{-5}\,\mathrm{s}^{-1} \quad (6.20)$$

となる．しかし，1 日の間に地球は公転も行う．したがって，より慣性系に近い恒星に対して静止している基準系では

$$\Omega = |\boldsymbol{\Omega}| \simeq 7.29\times10^{-5}\,\mathrm{s}^{-1} \quad (6.21)$$

である．$\boldsymbol{\Omega}$ は時間的に不変だとみなしてよい．詳しく見れば大きさも向きも変化しているが，大きさの変化は主に潮汐力によるもので 1 日の長さが 10

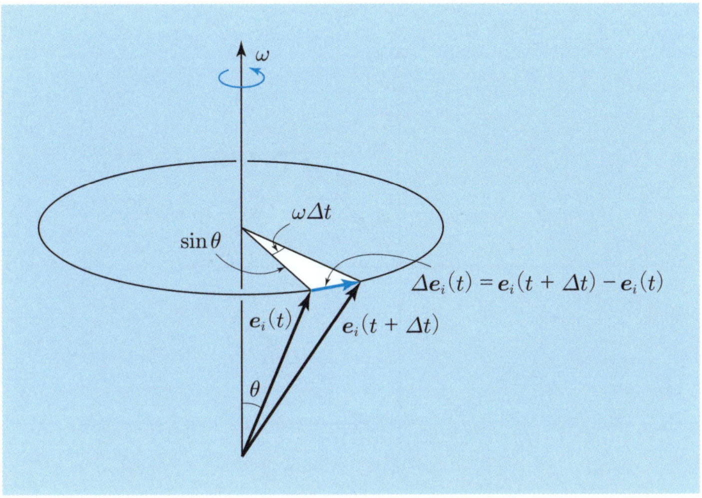

図 6.5　基底の回転と角速度

万年で約1秒長くなる程度である．また向きは，約26000年で一周する日月歳差（第7章参照）をはじめさまざまな変化をしているが，高々数日程度の時間スケールでは微小な変化に過ぎないので，粒子の運動に対するこれらの影響は無視できる．また，公転角速度は自転角速度よりもずっと小さいので，この影響も無視してよい．

■有効重力加速度 地球の中心に原点を選べば，公転の影響を無視する限り，原点は加速度運動をしていないと考えることができる．質量 m の粒子の位置ベクトルを $\boldsymbol{r}$ とし，粒子に働く力を地球からの重力 $m\boldsymbol{g}$ とそれ以外の力 $\boldsymbol{F}$ に分解すると，慣性系における運動方程式は次のように表される．

$$m\frac{d^2\boldsymbol{r}}{dt^2} = \boldsymbol{F} + m\boldsymbol{g} \tag{6.22}$$

ここで，重力加速度 $\boldsymbol{g}$ は地球上の位置によって異なることを注意しておこう．一方，地球に固定された基底を用いた回転基準系では運動方程式は

$$m\frac{d^2\boldsymbol{r}}{dt^2} = \boldsymbol{F} + m\left[\boldsymbol{g} - \boldsymbol{\Omega}\times(\boldsymbol{\Omega}\times\boldsymbol{r})\right] - 2m\boldsymbol{\Omega}\times\frac{d\boldsymbol{r}}{dt} \tag{6.23}$$

となる（次ページの〔下欄参照〕）．右辺第2項に含まれる重力加速度 $\boldsymbol{g}$ と遠心加速度 $-\boldsymbol{\Omega}\times(\boldsymbol{\Omega}\times\boldsymbol{r})$ はどちらも位置 $\boldsymbol{r}$ だけで決まるので，この両者を力学的効果によって分離することはできない．つまり，この両者が一体となって粒子に作用するのである．これを**有効重力加速度**と呼び，$\boldsymbol{g}_{\mathrm{eff}}(\boldsymbol{r})$ で表す（図6.6）．つまり，

$$\boldsymbol{g}_{\mathrm{eff}}(\boldsymbol{r}) = \boldsymbol{g}(\boldsymbol{r}) - \boldsymbol{\Omega}\times(\boldsymbol{\Omega}\times\boldsymbol{r})$$

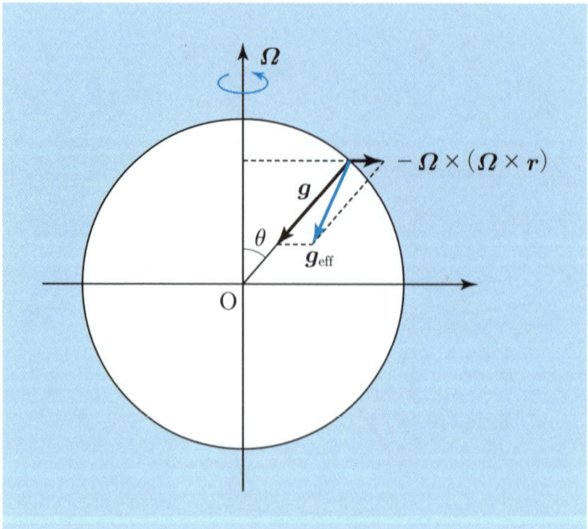

図6.6 有効重力加速度

実際に観測される重力加速度はこの有効重力加速度である．地球の形状を完全な球だとみなして，有効重力加速度の大きさについて考えてみよう．このとき $r = |\boldsymbol{r}|$ は地球の半径であり，

$$\boldsymbol{g}(\boldsymbol{r}) = -g\frac{\boldsymbol{r}}{r}$$

ただし，$g = \dfrac{GM_{\rm E}}{r^2} \simeq 9.83\,\mathrm{m\cdot s^{-2}}$ である．これを用いて有効重力加速度の大きさを求めると，

$$\begin{aligned}|\boldsymbol{g}_{\rm eff}(\boldsymbol{r})|^2 &= \left|g\frac{\boldsymbol{r}}{r} + \boldsymbol{\Omega}\times(\boldsymbol{\Omega}\times\boldsymbol{r})\right|^2 \\ &= g^2 + \frac{2g}{r}\boldsymbol{r}\cdot[\boldsymbol{\Omega}\times(\boldsymbol{\Omega}\times\boldsymbol{r})] + |\boldsymbol{\Omega}\times(\boldsymbol{\Omega}\times\boldsymbol{r})|^2 \\ &= g^2 - 2g\Omega^2 r\sin^2\theta + \Omega^4 r^2\sin^2\theta \end{aligned} \tag{6.24}$$

ただし，θ は $\boldsymbol{\Omega}$ と $\boldsymbol{r}$ のなす角を表す．北緯を正，南緯を負とする緯度 λ とは $\lambda = \dfrac{\pi}{2} - \theta$ の関係にある．ここで $\dfrac{\Omega^2 r}{g} \simeq 0.0034 \ll 1$ であることを用いると，

$$\begin{aligned}|\boldsymbol{g}_{\rm eff}(\boldsymbol{r})| &= \left[g^2 - 2g\Omega^2 r\sin^2\theta + \Omega^4 r^2\sin^2\theta\right]^{1/2} \\ &\simeq g - \Omega^2 r\sin^2\theta \simeq 9.83 - 0.034\sin^2\theta\ \mathrm{m\cdot s^{-2}}\end{aligned} \tag{6.25}$$

という結果を得る．実際には地球上の重力は $9.83 - 0.052\sin^2\theta\,\mathrm{m\cdot s^{-2}}$ に近い変化をしている．上の計算とのずれは地球が完全な球ではないことの影響による．

地表に原点を選ぶ場合

式 (6.23) は地球の中心を原点とし，地球に固定された基底をもつ基準系での運動方程式である．しかし，地表近くの物体の運動を議論するならば，地表に固定された原点を選ぶ方がよい．地球の中心から見たこの原点の位置を $\boldsymbol{R}$ とすると，

$$\left(\frac{d\boldsymbol{R}}{dt}\right)_S = \boldsymbol{\Omega}\times\boldsymbol{R}, \quad \left(\frac{d^2\boldsymbol{R}}{dt^2}\right)_S = \boldsymbol{\Omega}\times(\boldsymbol{\Omega}\times\boldsymbol{R})$$

が成り立つ．そこで $\boldsymbol{r} = \boldsymbol{R} + \boldsymbol{r}'$ とおくと，地表に固定された座標系から見た粒子の位置ベクトル $\boldsymbol{r}'$ に対する運動方程式は，

$$m\frac{d^2\boldsymbol{r}'}{dt^2} = \boldsymbol{F} + m\left[\boldsymbol{g}(\boldsymbol{R}+\boldsymbol{r}') - \boldsymbol{\Omega}\times(\boldsymbol{\Omega}\times(\boldsymbol{R}+\boldsymbol{r}'))\right] - 2m\boldsymbol{\Omega}\times\frac{d\boldsymbol{r}'}{dt}$$

となる．さらに，地球のスケールに対して $\boldsymbol{r}'$ の変化が小さければ，右辺第 2 項は $m[\boldsymbol{g}(\boldsymbol{R}) - \boldsymbol{\Omega}\times(\boldsymbol{\Omega}\times\boldsymbol{R})] = m\boldsymbol{g}_{\rm eff}$ で置き換えることができ，$\boldsymbol{g}_{\rm eff}$ は定ベクトルとして扱ってよい．今の場合，遠心力の主要項 $-m\boldsymbol{\Omega}\times(\boldsymbol{\Omega}\times\boldsymbol{R})$ は，原点が加速度運動することによる慣性力であることに注意しよう．このように，用いる基準系によってどの種類の慣性力であるかは変わってくる．

コリオリ力 コリオリ力は速度をもつ粒子に働く慣性力であり,

$$\boldsymbol{F}_{\mathrm{C}} = -2m\boldsymbol{\Omega} \times \boldsymbol{v}$$

で表される．ここで，$-\boldsymbol{g}_{\mathrm{eff}}$ の向き（鉛直上向き）に $\boldsymbol{e}_z$，東向きに $\boldsymbol{e}_x$，北向きに $\boldsymbol{e}_y$ を選ぼう．この基底を用いると，自転角速度 $\boldsymbol{\Omega}$ は，緯度 λ を用いて,

$$\boldsymbol{\Omega} = \Omega\cos\lambda\,\boldsymbol{e}_y + \Omega\sin\lambda\,\boldsymbol{e}_z \tag{6.26}$$

のように成分に分解できる（$\boldsymbol{g}$ と $\boldsymbol{g}_{\mathrm{eff}}$ の違いが気になるならば，$-\boldsymbol{g}_{\mathrm{eff}}$ と $\boldsymbol{\Omega}$ の間の角を $\frac{\pi}{2}-\lambda$ と定義すればよい）．粒子の速度も $\boldsymbol{v} = v_x\boldsymbol{e}_x + v_y\boldsymbol{e}_y + v_z\boldsymbol{e}_z$ と成分に分解すると，コリオリ力は

$$\boldsymbol{F}_{\mathrm{C}} = 2m\Omega\left[(v_y\sin\lambda - v_z\cos\lambda)\boldsymbol{e}_x - v_x\sin\lambda\boldsymbol{e}_y + v_x\cos\lambda\boldsymbol{e}_z\right] \tag{6.27}$$

となる．

放物運動 物体に働く力が重力以外に存在しないような放物運動について考えよう．運動方程式は,

$$m\frac{d^2\boldsymbol{r}}{dt^2} = m\boldsymbol{g} - 2m\boldsymbol{\Omega} \times \frac{d\boldsymbol{r}}{dt} \tag{6.28}$$

である．地球よりもずっと小さいスケールでの運動を考えるので，$\boldsymbol{g}$ は定数であるとする．まず，右辺第 2 項は第 1 項に比べて常に小さいということに注意しよう．実際，$2|\boldsymbol{v}\times\boldsymbol{\Omega}| \simeq g$ のためには，少なくとも $|\boldsymbol{v}| \simeq \dfrac{g}{2\Omega} \simeq 67\,\mathrm{km}\cdot\mathrm{s}^{-1}$ の速度が必要であるが，これは地上の物体の運動としてはあり得ないぐらい

遠心力とポテンシャル

角速度 $\boldsymbol{\omega}$ が時間変化しない定ベクトルであるとき，遠心力は保存力になる．実際,

$$\begin{aligned}-\mathrm{grad}\left(-\frac{m}{2}|\boldsymbol{\omega}\times\boldsymbol{r}|^2\right) &= \frac{m}{2}\mathrm{grad}\left(|\boldsymbol{\omega}|^2|\boldsymbol{r}|^2 - (\boldsymbol{\omega}\cdot\boldsymbol{r})^2\right) = m\left[(|\boldsymbol{\omega}|^2\boldsymbol{r} - (\boldsymbol{\omega}\cdot\boldsymbol{r})\boldsymbol{\omega}\right] \\ &= -m\boldsymbol{\omega}\times(\boldsymbol{\omega}\times\boldsymbol{r})\end{aligned}$$

より，$-\dfrac{m}{2}|\boldsymbol{\omega}\times\boldsymbol{r}|^2$ がポテンシャルであることがわかる．ただし，これは第 5 章で議論した「遠心力ポテンシャル」とは別のものである．5.3 節の記号を用いて，角運動量 $\boldsymbol{\ell} = mr^2\dot{\phi}\boldsymbol{e}_z$ のとき，角速度は $\omega = \dot{\phi}\boldsymbol{e}_z$ であるので，この角速度で回転する基準系を考えよう．このとき，遠心力を計算すると,

$$-m\boldsymbol{\omega}\times(\boldsymbol{\omega}\times\boldsymbol{r}) = \frac{\ell^2}{mr^3}\boldsymbol{e}_r = -\mathrm{grad}\left(\frac{\ell^2}{2mr^2}\right)$$

となり，確かに遠心力ポテンシャルの勾配で遠心力が表されている（ちなみに，このとき他の慣性力 $-2m\boldsymbol{\omega}\times\dot{\boldsymbol{r}}$ と $-m\dot{\boldsymbol{\omega}}\times\boldsymbol{r}$ とは互いにキャンセルする）．しかし，$-\dfrac{m}{2}|\boldsymbol{\omega}\times\boldsymbol{r}|^2$ と $\dfrac{\ell^2}{2mr^2}$ とでは，絶対値は同じであるが符号が異なっている．この違いは，前者では $\boldsymbol{\omega}$ が一定としているのに対して，後者では $\boldsymbol{\ell}$ が一定の場合を考えていることに起因する．

大きな速度である．第 2 項が小さいことを利用すると，上の方程式を逐次近似を用いて解くことができる．逐次近似とは，

$$\boldsymbol{v} = \boldsymbol{v}^{(0)} + \boldsymbol{v}^{(1)} + \cdots = \sum_{n=0}^{\infty} \boldsymbol{v}^{(n)}$$

とおき，

$$\frac{d\boldsymbol{v}^{(0)}}{dt} = \boldsymbol{g}, \quad \frac{d\boldsymbol{v}^{(n)}}{dt} = -2\boldsymbol{\Omega} \times \boldsymbol{v}^{(n-1)}$$

によって求める方法である．ただし，初期条件は $\boldsymbol{v}^{(0)}(0) = \boldsymbol{v}_0$, $\boldsymbol{v}^{(n)}(0) = \boldsymbol{0}$ $(n \geq 0)$ とする．$\boldsymbol{v}^{(0)}$ の式は解けて，$\boldsymbol{v}^{(0)}(t) = \boldsymbol{v}_0 + \boldsymbol{g}t$ が得られるので，$\boldsymbol{v}^{(1)}$ に対する式は

$$\frac{d\boldsymbol{v}^{(1)}}{dt} = -2\boldsymbol{\Omega} \times \boldsymbol{v}_0 - 2\boldsymbol{\Omega} \times \boldsymbol{g}t$$

と書ける．右辺は既知の関数なので積分できて

$$\boldsymbol{v}^{(1)}(t) = -2\boldsymbol{\Omega} \times \boldsymbol{v}_0 t - \boldsymbol{\Omega} \times \boldsymbol{g}t^2$$

を得る．したがって，ここまでの近似で止めると

$$\boldsymbol{v}(t) \simeq \boldsymbol{v}_0 + \boldsymbol{g}t - 2\boldsymbol{\Omega} \times \boldsymbol{v}_0 t - \boldsymbol{\Omega} \times \boldsymbol{g}t^2$$

となる．また，位置ベクトルは，これを積分して

$$\boldsymbol{r}(t) \simeq \boldsymbol{r}_0 + \boldsymbol{v}_0 t + \frac{\boldsymbol{g}t^2}{2} - \boldsymbol{\Omega} \times \boldsymbol{v}_0 t^2 - \frac{1}{3}\boldsymbol{\Omega} \times \boldsymbol{g}t^3 \qquad (6.29)$$

厳密解

式 (6.28) は線形なので，厳密に解くことができる．本文と同じように基底を選び成分に分解すると，運動方程式は

$$\dot{v}_x = 2(\Omega_z v_y - \Omega_y v_z), \quad \dot{v}_y = -2\Omega_z v_x, \quad \dot{v}_z = -g + 2\Omega_y v_x$$

したがって，$\ddot{v}_x = -4\Omega^2 v_x + 2g\Omega_y$ となるが，これは $v_x - \frac{g\Omega_y}{2\Omega^2}$ に対して調和振動子の式と同じ形になる．この一般解は $v_x(t) = \frac{g\Omega_y}{2\Omega^2} + A\cos(2\Omega t + \delta)$ となるが，初期条件を $\boldsymbol{v}(0) = \boldsymbol{0}$ とすると，$v_x(0) = \dot{v}_x(0) = 0$ より

$$v_x(t) = \frac{g\Omega_y}{2\Omega^2}(1 - \cos 2\Omega t) = \frac{g\cos\lambda}{2\Omega}(1 - \cos 2\Omega t)$$

が得られる．逐次近似の解は $v_x(t) = t^2 g\Omega\cos\lambda$ であるから，これは厳密解を Ωt に関してテイラー展開して，0 でない最初の項で止めたものになっている．ちなみに，速度の他の成分は $v_y(t) = -g\sin\lambda\cos\lambda\left(t - \frac{1}{2\Omega}\sin 2\Omega t\right)$, $v_z(t) = -gt + g\cos^2\lambda\left(t - \frac{1}{2\Omega}\sin 2\Omega t\right)$ であり，これらはまとめて次のように表される．

$$\boldsymbol{v}(t) = \boldsymbol{g}t - \frac{1 - \cos 2\Omega t}{2\Omega^2}\boldsymbol{\Omega} \times \boldsymbol{g} + \frac{2\Omega t - \sin 2\Omega t}{2\Omega^3}\boldsymbol{\Omega} \times (\boldsymbol{\Omega} \times \boldsymbol{g})$$

と求められる．ただし，初期条件は $\boldsymbol{r}(0)=\boldsymbol{r}_0$ とした．これらの式の右辺の最後の 2 項がコリオリ力の効果を表している．

特に，高さ h からの自由落下について考えてみよう．基底 $\boldsymbol{e}_x, \boldsymbol{e}_y, \boldsymbol{e}_z$ をそれぞれ東，北，鉛直上向きの単位ベクトルとすると，これは初期条件が $\boldsymbol{r}=h\boldsymbol{e}_z$, $\boldsymbol{v}_0=\boldsymbol{0}$ の場合に対応する．また，重力加速度と自転角速度は $\boldsymbol{g}=-g\boldsymbol{e}_z$, $\boldsymbol{\Omega}=\Omega\cos\lambda\,\boldsymbol{e}_y+\Omega\sin\lambda\,\boldsymbol{e}_z$ と書ける．ただし，λ は北緯を表す角で，遠心力による重力加速度の違いは無視した．これらを上の結果に代入すると，

$$\boldsymbol{r}(t)=\left(h-\frac{1}{2}gt^2\right)\boldsymbol{e}_z+\frac{t^3}{3}g\Omega\cos\lambda\,\boldsymbol{e}_x \tag{6.30}$$

となる．すなわち，コリオリ力の影響で落体は東にそれる．この軌道を**ナイル**（Neil）**の放物線**と呼ぶ．ただし，ずれの大きさは小さい．地表に落下した時点でのずれは $t=\sqrt{\dfrac{2h}{g}}$ を代入すると，$\sqrt{\dfrac{8h^3}{9g}}\,\Omega\cos\lambda$ となり，赤道 $(\lambda=0)$ 上で 100 m の高さから落下させたとしても 2.2 cm 程度でしかない．式 (6.28) は厳密に解くこともできて，(6.30) は Ωt について 3 次まで展開したものに等しい．

ナイルの放物線は，慣性系から見ると角運動量の地軸方向成分が保存するために引き起こされる現象であるという解釈ができる（〔下欄〕参照）．このように，同じ現象であっても用いる基準系によって見方は変わってくる．

■**フーコー**（Foucault）**振り子**　次に，運動が主として水平方向に行われる場合を考えよう．すなわち，$|v_z|\ll|v_x|, |v_y|$ が成り立つような場合である．このとき，式 (6.27) は

慣性系から見たナイルの放物線

この現象は慣性系では，角運動量保存則を用いて解釈することができる．慣性系では，粒子に働く力は地球が及ぼす重力だけで，これは（第一近似では）中心力なので角運動量は保存する．時刻 $t=0$ で，粒子は地球の自転と同じ角速度で回転しているので，その速度は東向きに $(R+h)\Omega\cos\lambda$ である．したがって，角運動量の地軸方向の成分は $m(R+h)^2\Omega\cos^2\lambda$ となる．これに対し，時刻 t に位置 $\boldsymbol{r}=x\boldsymbol{e}_x+y\boldsymbol{e}_y+(R+z)\boldsymbol{e}_z$ にあるときには，地軸からの距離が $(R+z)\cos\lambda$，慣性系で見た速度の東向きの成分は $\dot{x}+(R+z)\Omega\cos\lambda$ なので，角運動量の地軸方向の成分は $m(R+z)\cos\lambda[\dot{x}+(R+z)\Omega\cos\lambda]$ となる．これらが等しいので，

$$\dot{x}=\frac{(R+h)^2}{R+z}\Omega\cos\lambda-(R+z)\Omega\cos\lambda\simeq 2(h-z)\Omega\cos\lambda$$

ただし，最後の式変形には $\frac{h}{R}\ll 1$, $\frac{z}{R}\ll 1$ とする近似を用いた．この式に $z=h-\frac{gt^2}{2}$ を代入すると，

$$\dot{x}\simeq g\Omega t^2\cos\lambda$$

となり，これを積分して式 (6.30) が得られる．

$$\boldsymbol{F}_{\mathrm{C}} \simeq 2m\Omega\sin\lambda(v_y\boldsymbol{e}_x - v_x\boldsymbol{e}_y) + 2mv_x\Omega\cos\lambda\,\boldsymbol{e}_z \tag{6.31}$$

と近似できる．

球面振り子の微小振動に対する自転の影響について考えよう．平衡位置からの変位を $\boldsymbol{r}$，重力加速度を $\boldsymbol{g} = -g\boldsymbol{e}_z$，$\overline{\boldsymbol{\Omega}} = \Omega\sin\lambda\,\boldsymbol{e}_z$ とおくと，運動方程式は

$$m\frac{d^2\boldsymbol{r}}{dt^2} = -m\frac{g}{l}\boldsymbol{r} - 2m\overline{\boldsymbol{\Omega}}\times\frac{d\boldsymbol{r}}{dt} \tag{6.32}$$

と書ける．振り子の角振動数を $\omega_0 = \sqrt{\frac{g}{l}}$，$\overline{\Omega} = \Omega\sin\lambda$ とすると，運動方程式の各成分は

$$\frac{d^2x}{dt^2} + \omega_0^2 x = 2\overline{\Omega}\frac{dy}{dt} \tag{6.33}$$

$$\frac{d^2y}{dt^2} + \omega_0^2 y = -2\overline{\Omega}\frac{dx}{dt} \tag{6.34}$$

と書ける．これらを一度に解くためにベクトル $\boldsymbol{r} = x\boldsymbol{e}_x + y\boldsymbol{e}_y$ の代わりに複素数 $\xi = x + iy$ を考えよう．すると，上の 2 式より，

$$\frac{d^2\xi}{dt^2} + 2i\overline{\Omega}\frac{d\xi}{dt} + \omega_0^2\xi = 0 \tag{6.35}$$

が導かれる．$\xi = e^{\lambda t}$ として基本解を求めると，λ に対する式は

$$\lambda^2 + 2i\overline{\Omega}\lambda + \omega_0^2 = 0$$

となり，$\lambda = -i\overline{\Omega} \pm i\omega$（ただし $\omega = \sqrt{\omega_0^2 + \overline{\Omega}^2}$）が解になる．したがって，$e^{i(\omega-\overline{\Omega})t}$ と $e^{-i(\omega+\overline{\Omega})t}$ が基本解であり，一般解は A, B を複素定数として

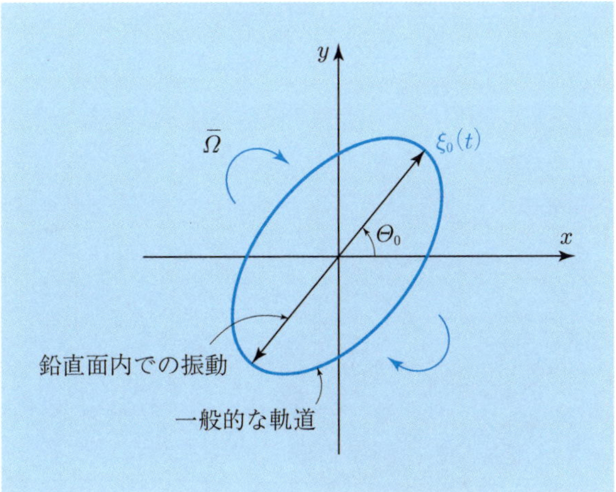

図 6.7 複素数 ξ と振り子の振動面．$\xi_0(t)$ は一般的には楕円を描き，特別な場合は一つの鉛直面内を動く．$\xi(t)$ はこの楕円や鉛直面が，角速度 $\overline{\Omega}$ でゆっくりと時計回りに回転する運動を表す．

$$\xi(t) = e^{-i\overline{\Omega}t}\left(Ae^{i\omega t} + Be^{-i\omega t}\right) \tag{6.36}$$

と表される．ここで，$\xi_0(t) = Ae^{i\omega t}+Be^{-i\omega t}$ とおくと，これは周期 $T = 2\pi/\omega$ の周期関数になる．つまり，x, y がどちらも同じ周期をもつ閉じた軌道（楕円軌道）を表す．この運動がある鉛直面内で起こるような初期条件を選ぼう．すなわち，$R(t)$, Θ_0 を実数として

$$\xi_0(t) = R(t)e^{i\Theta_0} \tag{6.37}$$

と書ける場合を考える．こうすると，

$$\xi(t) = R(t)e^{-i\overline{\Omega}t+i\Theta_0} \tag{6.38}$$

となる．$R(t)$ は周期 $T = 2\pi/\omega$ の周期関数で，ω は $\overline{\Omega}$ よりもずっと小さいので，$e^{-i\overline{\Omega}t+i\Theta_0}$ は $R(t)$ に比べてゆっくり変化する．これは複素数 $\xi(t)$ の偏角の変化を表すので，物理的には振動面がゆっくり回転するような運動を行う（図 6.7）．この振動面の回転の周期は $\dfrac{2\pi}{\overline{\Omega}} = \dfrac{2\pi}{\Omega\sin\lambda} = (\sin\lambda)^{-1}\times 24$ [hours] である．フーコーは 1851 年に公開実験を行って，振り子が実際にこのような運動をすることを実証し，これによって地球の自転を証明した．

この現象を幾何学的に考えてみよう．慣性系から見れば振り子の振動面を変化させるような力は働いていない．したがって振り子の振動面は慣性系の座標軸の向きを表すと考えられる．図 6.8 のように，仮想的に地球に対し，等緯度面で接するような円錐をかぶせ，これを切り開くと，振動面はこの面上を平行移動している．

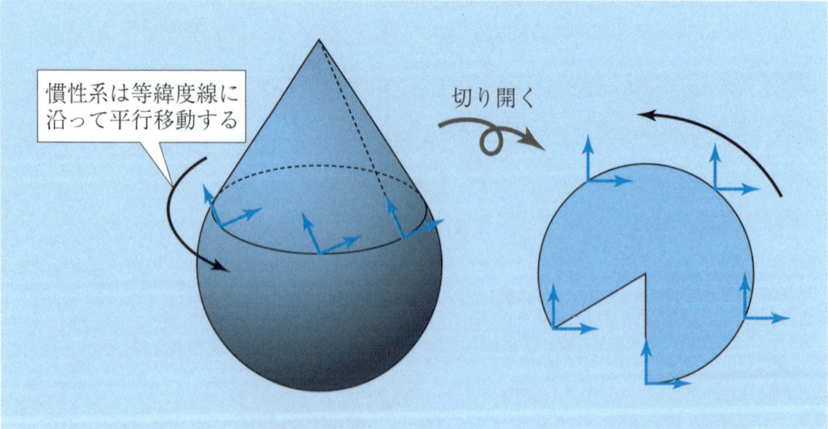

図 6.8　フーコー振り子における振動面（慣性系の座標軸）の変化

6.4 演習問題

6.1 エレベーターの中にバネばかりを持ち込んで重さをはかる．エレベータが地上から最上階まで上昇するとき，はかりの目盛りはどのように変化すると考えられるか．

6.2 質量 m の列車が，北緯 λ の地点を一定の速さ v で緯度線に沿って走る．このとき，線路に及ぼされる鉛直方向の力は，東へ進む場合と西へ進む場合とでどれだけ違うか．

(1) 地球に固定された座標系を用いて議論せよ．

(2) 列車に固定された座標系を用いて議論せよ．

6.3 北緯 λ の地点で，粒子を鉛直上向きに初速 v_0 で投げ上げた．自転の影響を考慮すると，落下地点はどの向きにどれだけずれると考えられるか．

6.4 北緯 λ の地点で，川幅 w の川が北向きに速度 v で流れているとき，コリオリ力のために東岸と西岸の水位に差ができる．どちらがどれだけ高くなるか．

6.5 質量 m，電荷 q の粒子が力 $\boldsymbol{F}$ を受けて運動している．これに一様磁場 $\boldsymbol{B}$ を加えたときの運動は，角速度 $\boldsymbol{\omega} = -\dfrac{q\boldsymbol{B}}{2m}$ で回転している基準系から見れば，磁場がないときの運動と同じであることを示せ．ただし，磁場は弱く，運動方程式の B^2 の項は無視できるものとする．(**ラーモア（Larmor）の定理**)

7

剛体の運動

本章では剛体の運動を扱う．剛体は物体の回転運動を扱うための理想化であり，実際の物体の運動に関する多くの実験結果を説明することができる．以下では，剛体の回転運動が角速度によって記述されることを述べた後で，粒子系における角運動量についての式が，回転運動に対する運動方程式になることを解説する．さらに，回転軸をもつような運動で，角運動量と角速度が慣性モーメントと呼ばれる物理量で結びつけられることを導き，さらに一般の場合へ拡張する．剛体の平面運動や固定点をもつ場合の運動を通して，剛体の運動に対する理解を深めることを目指す．

本章の内容

7.1 剛　体

任意の2粒子間の距離が一定というホロノーム拘束条件を課した粒子系を**剛体**という．したがって，剛体は決して変形しないが，粒子とは異なり向きをもちそれを変化させることができる．つまり，剛体とは，物体の変形を無視して，並進運動と回転運動を扱うための理想化である．

剛体の並進運動は，剛体に固定された点 O′ に着目しその運動を考えることで扱うことができる．さらに，剛体に固定された基準系 $S'(\mathrm{O}'; \boldsymbol{e}'_x, \boldsymbol{e}'_y, \boldsymbol{e}'_z)$ を考えれば，基底ベクトル $(\boldsymbol{e}'_x, \boldsymbol{e}'_y, \boldsymbol{e}'_z)$ の時間変化によって剛体の向きの変化，すなわち回転運動を表すことができる．このような剛体に固定された基準系は，6個の変数によって完全に指定される．まず O′ の位置を与える3個の座標が必要である．次に基底ベクトルの向きを指定するためには，**オイラー角**（〔下欄〕と図 7.1 参照）のような三つの角度変数を用いればよい．一般に系の配置を完全に指定するのに必要な座標の数を**自由度**という．拘束のない粒子の自由度は3であり，剛体の自由度は6である．

さて，慣性系 S における S' の原点の位置ベクトルを $\boldsymbol{R}$ としよう．剛体の任意の点 P について，S から見た位置ベクトルを $\boldsymbol{r}$，S' から見た位置ベクトルを $\boldsymbol{r}'$ としよう．すなわち，

$$\boldsymbol{r} = \boldsymbol{R} + \boldsymbol{r}' \tag{7.1}$$

である．このとき，$\boldsymbol{r}'$ は S' 系では時間変化しないので，慣性系における微

オイラー角

空間に固定された基底ベクトル $(\boldsymbol{e}_x, \boldsymbol{e}_y, \boldsymbol{e}_z)$ に対して，剛体に固定された基準系の基底ベクトル $(\boldsymbol{e}'_x, \boldsymbol{e}'_y, \boldsymbol{e}'_z)$ を指定する角度の組をオイラー角という．これは次のように定義される．まず，$\boldsymbol{e}_z$ のまわりに角度 ϕ だけ回転させることで，$(\boldsymbol{e}_x, \boldsymbol{e}_y)$ が $(\boldsymbol{e}_N, \boldsymbol{e}_\xi)$ に移ったとしよう．すなわち，$\boldsymbol{e}_N = \cos\phi\, \boldsymbol{e}_x + \sin\phi\, \boldsymbol{e}_y$，$\boldsymbol{e}_\xi = -\sin\phi\, \boldsymbol{e}_x + \cos\phi\, \boldsymbol{e}_y$ である．次に，$\boldsymbol{e}_N$ のまわりに角度 θ だけ回転させることで，$(\boldsymbol{e}_\xi, \boldsymbol{e}_z)$ が $(\boldsymbol{e}'_\xi, \boldsymbol{e}'_z)$ になるとする．すなわち，$\boldsymbol{e}'_\xi = \cos\theta\, \boldsymbol{e}_\xi + \sin\theta\, \boldsymbol{e}_z$，$\boldsymbol{e}'_z = -\sin\theta\, \boldsymbol{e}_\xi + \cos\theta\, \boldsymbol{e}_z$．最後に，$\boldsymbol{e}'_z$ のまわりに角度 ψ だけ回転させて，$(\boldsymbol{e}_N, \boldsymbol{e}'_\xi)$ が $(\boldsymbol{e}'_x, \boldsymbol{e}'_y)$ になったとすると，$\boldsymbol{e}'_x = \cos\psi\, \boldsymbol{e}_N + \sin\psi\, \boldsymbol{e}'_\xi$，$\boldsymbol{e}'_y = -\sin\psi\, \boldsymbol{e}_N + \cos\psi\, \boldsymbol{e}'_\xi$ 以上，3回の回転をまとめて表すと，

$$\begin{aligned}
\boldsymbol{e}'_x &= (\cos\phi\cos\psi - \cos\theta\sin\phi\sin\psi)\,\boldsymbol{e}_x + (\sin\phi\cos\psi + \cos\theta\cos\phi\sin\psi)\,\boldsymbol{e}_y + \sin\theta\sin\psi\;\boldsymbol{e}_z \\
\boldsymbol{e}'_y &= -(\cos\phi\sin\psi + \cos\theta\sin\phi\cos\psi)\,\boldsymbol{e}_x + (-\sin\phi\sin\psi + \cos\theta\cos\phi\cos\psi)\,\boldsymbol{e}_y + \sin\theta\cos\psi\;\boldsymbol{e}_z \\
\boldsymbol{e}'_z &= \sin\theta\sin\phi\,\boldsymbol{e}_x - \sin\theta\cos\phi\,\boldsymbol{e}_y + \cos\theta\,\boldsymbol{e}_z
\end{aligned}$$

となる．それぞれの角度の値の範囲は，$0 \le \phi < 2\pi$, $0 \le \theta \le \pi$, $0 \le \psi < 2\pi$ である（オイラー角の取り方には，2回目の回転を $\boldsymbol{e}_N$ のまわりではなく $\boldsymbol{e}_\xi$ のまわりに行うやり方もあるので，文献を読む際には注意が必要である）．

係数は第6章で学んだように，S' の回転の角速度 $\boldsymbol{\omega}$ を用いて $\dot{\boldsymbol{r}}' = \boldsymbol{\omega} \times \boldsymbol{r}'$ と表される．したがって，

$$\dot{\boldsymbol{r}} = \dot{\boldsymbol{R}} + \boldsymbol{\omega} \times \boldsymbol{r}' \tag{7.2}$$

となる．右辺第1項は S' の原点の速度を表し，第2項はそのまわりの回転の効果を表す．

角速度は剛体に固定された基準系の選び方と無関係に一つに決まることを示そう．そのため，剛体に固定された別の基準系 S'' を考える．S'' から見た点Pの位置ベクトルを $\boldsymbol{r}''$ とすると，上と同様に

$$\dot{\boldsymbol{r}} = \dot{\boldsymbol{R}}' + \boldsymbol{\omega}' \times \boldsymbol{r}'' \tag{7.3}$$

が成り立つ．ただし，右辺の $\boldsymbol{R}'$ は S 系から見た S'' 系の原点の位置，$\boldsymbol{\omega}'$ は S'' の座標軸の回転角速度を表す．一方，S'' 系の原点の S' 系から見た位置ベクトルは $\boldsymbol{R}' - \boldsymbol{R} = \boldsymbol{r}' - \boldsymbol{r}''$ だから，式 (7.2) を適用すると，

$$\dot{\boldsymbol{R}}' = \dot{\boldsymbol{R}} + \boldsymbol{\omega} \times (\boldsymbol{r}' - \boldsymbol{r}'') \tag{7.4}$$

が成り立つ．式 (7.2)–(7.4) より，

$$(\boldsymbol{\omega} - \boldsymbol{\omega}') \times \boldsymbol{r}'' = \boldsymbol{0}$$

が得られるが，これが剛体の任意の点Pについて成り立つには $\boldsymbol{\omega}' = \boldsymbol{\omega}$ でなければならない．すなわち，角速度は剛体に固定された基準系の選び方によらず，一意的に定まる．これを剛体の**角速度**と呼ぶ．

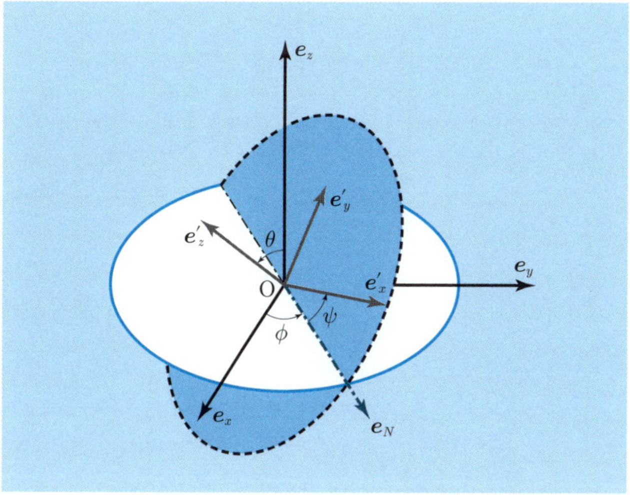

図 7.1 オイラー角

例題 7.1 半径 a の剛体球が直線上を転がる場合を考え，接点の滑りについて論ぜよ（図 7.2）．

解答 球の中心を原点，進行方向（右）に x 軸，鉛直上向きに y 軸，紙面から向かってくる向きに z 軸を選ぶと，剛体の角速度は

$$\boldsymbol{\omega} = -\omega \boldsymbol{e}_z$$

と書ける．球の中心の速度を $\boldsymbol{V} = V\boldsymbol{e}_x$ とおく．このとき剛体の任意の点 $\boldsymbol{r}$ の速度 $\boldsymbol{v}$ は，

$$\boldsymbol{v} = \boldsymbol{V} + \boldsymbol{\omega} \times \boldsymbol{r} \tag{7.5}$$

となる．特に，直線との接点 P の位置ベクトルは $\boldsymbol{r} = -a\boldsymbol{e}_y$ だからその速度 $\boldsymbol{v}_{\mathrm{P}}$ は

$$\boldsymbol{v}_{\mathrm{P}} = (V - \omega a)\boldsymbol{e}_x \tag{7.6}$$

である．したがって，$V = \omega a$ であれば，球と直線の接点は瞬間的に静止している．これを滑らない状態という．これに対して，$V > \omega a$ であれば，接点は進行方向に滑っており，$V < \omega a$ であれば，進行方向と逆向きに滑っている． ■

上の例題のように，剛体に固定された原点の速度 $\boldsymbol{V}$ と角速度 $\boldsymbol{\omega}$ が垂直であれば，剛体の任意の点の速度は $\boldsymbol{\omega}$ と垂直になる．このとき，$\boldsymbol{v} = \boldsymbol{0}$ となる点 $\boldsymbol{r}$ が存在し，これを回転の**一時中心**という．上の例題で，球と直線の間に滑りがない場合には，接点 P が回転の一時中心である．剛体の瞬間的な運動は回転の一時中心を通り $\boldsymbol{\omega}$ に平行な軸（瞬間回転軸）のまわりの回転だけで表される．

オイラー角と角速度

オイラー角を用いて角速度を表すことを考えよう．オイラー角の定義より，

$$\boldsymbol{\omega} = \dot{\phi}\,\boldsymbol{e}_z + \dot{\theta}\,\boldsymbol{e}_N + \dot{\psi}\,\boldsymbol{e}'_z \tag{$*$}$$

である．これは次のようにしてわかる．基底の変換則は行列を用いて

$$\begin{bmatrix} \boldsymbol{e}'_x \\ \boldsymbol{e}'_y \\ \boldsymbol{e}'_z \end{bmatrix} = \begin{bmatrix} \cos\psi & \sin\psi & 0 \\ -\sin\psi & \cos\psi & 0 \\ 0 & 0 & 1 \end{bmatrix} \begin{bmatrix} 1 & 0 & 0 \\ 0 & \cos\theta & \sin\theta \\ 0 & -\sin\theta & \cos\theta \end{bmatrix} \begin{bmatrix} \cos\phi & \sin\phi & 0 \\ -\sin\phi & \cos\phi & 0 \\ 0 & 0 & 1 \end{bmatrix} \begin{bmatrix} \boldsymbol{e}_x \\ \boldsymbol{e}_y \\ \boldsymbol{e}_z \end{bmatrix}$$

と表すことができる．また，チェインルールより $\dfrac{d\boldsymbol{e}'_\alpha}{dt} = \dot{\theta}\dfrac{\partial \boldsymbol{e}'_\alpha}{\partial\theta} + \dot{\phi}\dfrac{\partial \boldsymbol{e}'_\alpha}{\partial\phi} + \dot{\psi}\dfrac{\partial \boldsymbol{e}'_\alpha}{\partial\psi}$ （$\alpha = x,\, y,\, z$）であるが，上の式を用いれば，例えば次式のように $\dfrac{\partial \boldsymbol{e}'_\alpha}{\partial\psi} = \boldsymbol{e}'_z \times \boldsymbol{e}'_\alpha$ が成り立つことがわかる．

$$\frac{\partial}{\partial\psi}\begin{bmatrix} \boldsymbol{e}'_x \\ \boldsymbol{e}'_y \\ \boldsymbol{e}'_z \end{bmatrix} = \begin{bmatrix} -\sin\psi & \cos\psi & 0 \\ -\cos\psi & -\sin\psi & 0 \\ 0 & 0 & 0 \end{bmatrix} \begin{bmatrix} \boldsymbol{e}_N \\ \boldsymbol{e}'_\xi \\ \boldsymbol{e}'_z \end{bmatrix} = \begin{bmatrix} \boldsymbol{e}'_z \times \boldsymbol{e}'_x \\ \boldsymbol{e}'_z \times \boldsymbol{e}'_y \\ \boldsymbol{e}'_z \times \boldsymbol{e}'_z \end{bmatrix}$$

同様に，他の偏微分についても $\dfrac{\partial \boldsymbol{e}'_\alpha}{\partial\phi} = \boldsymbol{e}_z \times \boldsymbol{e}'_\alpha$，$\dfrac{\partial \boldsymbol{e}'_\alpha}{\partial\theta} = \boldsymbol{e}_N \times \boldsymbol{e}'_\alpha$ が成り立つ．こうして式 $(*)$ が成り立つことが示された．基底の変換式を代入すれば，式 $(*)$ を基底 $(\boldsymbol{e}_x, \boldsymbol{e}_y, \boldsymbol{e}_z)$ や $(\boldsymbol{e}'_x, \boldsymbol{e}'_y, \boldsymbol{e}'_z)$ を用いて，次のように表すこともできる．

$$\begin{aligned} \boldsymbol{\omega} &= \left(\dot{\theta}\cos\phi + \dot{\psi}\sin\theta\sin\phi\right)\boldsymbol{e}_x + \left(\dot{\theta}\sin\phi - \dot{\psi}\sin\theta\cos\phi\right)\boldsymbol{e}_y + \left(\dot{\phi} + \dot{\psi}\cos\theta\right)\boldsymbol{e}_z \\ &= \left(\dot{\phi}\sin\theta\sin\psi + \dot{\theta}\cos\psi\right)\boldsymbol{e}'_x + \left(\dot{\phi}\sin\theta\cos\psi - \dot{\theta}\sin\psi\right)\boldsymbol{e}'_y + \left(\dot{\phi}\cos\theta + \dot{\psi}\right)\boldsymbol{e}'_z \end{aligned}$$

7.2　剛体の運動方程式

剛体は拘束のある粒子系だから，粒子系の方程式がそのまま使える．まず，剛体の質量を M，質量中心の位置を $\boldsymbol{R}_{\mathrm{c}}$，全運動量を $\boldsymbol{P}$ と表すと，第 2 章で導いたように

$$M\frac{d^2\boldsymbol{R}_{\mathrm{c}}}{dt^2} = \frac{d\boldsymbol{P}}{dt} = \sum_i \boldsymbol{F}_i \tag{7.7}$$

が成り立つ．ただし，$\boldsymbol{F}_i$ は剛体を構成する粒子 i に働く外力を表す．力 $\boldsymbol{F}_i$ が働く位置を力の**作用点**という．後で述べる等価な力を考える場合，作用点は必ずしも粒子の存在する位置でなくてもよい．次に，剛体の全角運動量を $\boldsymbol{L} = \sum_i \boldsymbol{r}_i \times \boldsymbol{p}_i$ とおくと，

$$\frac{d\boldsymbol{L}}{dt} = \sum_i \boldsymbol{r}_i \times \boldsymbol{F}_i \tag{7.8}$$

となる．あるいは第 5 章の最後で見たように，各粒子の運動を質量中心の運動とそれに相対的な運動に分解すると，角運動量は質量中心の原点に対する角運動量 $\boldsymbol{L}_{\mathrm{c}} = \boldsymbol{R}_{\mathrm{c}} \times \boldsymbol{P}$ と各粒子の質量中心に対する角運動量の和 $\boldsymbol{L}' = \sum \boldsymbol{r}'_i \times \boldsymbol{p}_i$ の和（$\boldsymbol{L} = \boldsymbol{L}_{\mathrm{c}} + \boldsymbol{L}'$）に分解することができ，$\boldsymbol{L}'$ に対しては

$$\frac{d\boldsymbol{L}'}{dt} = \sum_i \boldsymbol{r}'_i \times \boldsymbol{F}_i \tag{7.9}$$

が成り立つので，式 (7.8) の代わりにこの式を用いてもよい．式 (7.7) は，剛体の質量中心の並進運動を表すもので，これだけならば粒子の運動と変わら

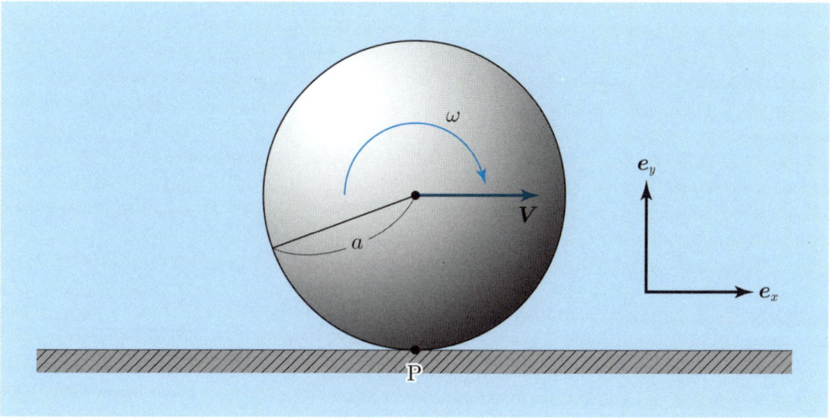

図 7.2　転がる剛体球

ない．式 (7.8) または (7.9) が剛体ならではの回転を表す方程式である．後で見るように角運動量 $\boldsymbol{L}'$ は剛体の角速度 $\boldsymbol{\omega}$ を用いて表すことができるので，式 (7.9) は $\boldsymbol{\omega}$ に対する 1 階の微分方程式である．これを解いて $\boldsymbol{\omega}$ が得られれば，さらに $\dot{\boldsymbol{e}}'_\alpha = \boldsymbol{\omega} \times \boldsymbol{e}'_\alpha$ を解くことで，剛体に固定された基底ベクトル $(\boldsymbol{e}'_\alpha)_{\alpha=x,y,z}$ の運動を求めることができる．このようにして剛体の回転運動が求められる．

■**等価な力**　式 (7.7) と (7.9) からわかるように，剛体の運動は各粒子 i に働く外力 $\boldsymbol{F}_i$ の和 $\sum_i \boldsymbol{F}_i$ と外力のモーメントの和 $\sum_i \boldsymbol{r}'_i \times \boldsymbol{F}_i$ で決まる．したがって，二つの力の組 $\left(\boldsymbol{F}_i^{(1)}\right)$ と $\left(\boldsymbol{F}_j^{(2)}\right)$ が

$$\sum_i \boldsymbol{F}_i^{(1)} = \sum_j \boldsymbol{F}_j^{(2)}, \quad \sum_i \boldsymbol{r}'_i \times \boldsymbol{F}_i^{(1)} = \sum_j \boldsymbol{r}'_j \times \boldsymbol{F}_j^{(2)}$$

を満たすならば，これらの力の組が剛体の運動に及ぼす効果は全く同じになる．このことを，この二つの力の組は等価であるという．特に，力 $\boldsymbol{F}_i$ を作用点 $\boldsymbol{r}_i$ を通り $\boldsymbol{F}_i$ に平行な直線（作用線）上の任意の位置に移動しても等価である．これを**作用線の定理**という（図 7.3(a)）．

次に，平行な二つの力の組を考え，これを 1 個の等価な力で表せるかどうか調べよう．二つの力の作用線が同じであれば，同じ作用線上で力の和を考えればよいだけだから，以下では二つの力の作用線は異なるものとする．すなわち，作用点 $\boldsymbol{r}_1$ に働く力 $\boldsymbol{F}_1 = F_1\boldsymbol{e}$（$\boldsymbol{e}$ は単位ベクトル）と作用点 $\boldsymbol{r}_2$ に働く力 $\boldsymbol{F}_2 = F_2\boldsymbol{e}$ の組を考え，$\boldsymbol{r}_1 - \boldsymbol{r}_2$ と $\boldsymbol{e}$ は平行ではないとする．等価な力を作用

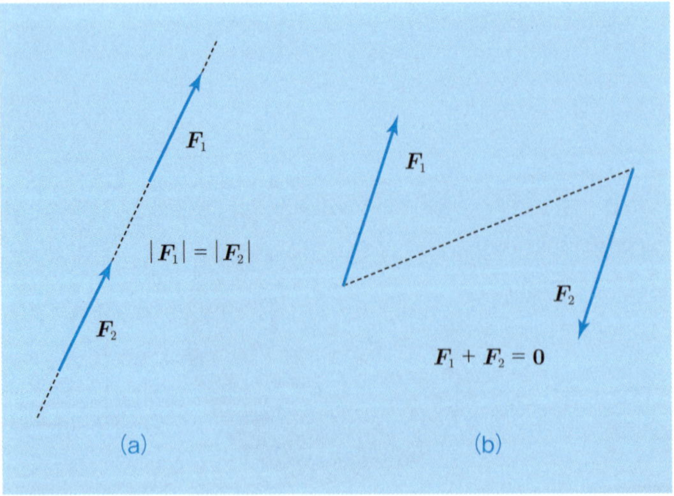

図 7.3　作用線の定理（(a)：$\boldsymbol{F}_1$ と $\boldsymbol{F}_2$ は等価）と偶力（(b)：等価な 1 個の力で表すことはできない）

点 $\boldsymbol{r}$ に働く力 $\boldsymbol{F}$ とすると，和が等しいことから $\boldsymbol{F} = (F_1+F_2)\boldsymbol{e}$ である．さらに，作用線の定理から $\boldsymbol{r}$ を $\boldsymbol{r}_1$ と $\boldsymbol{r}_2$ を結ぶ直線上に選び，$\boldsymbol{r} = \lambda\boldsymbol{r}_1+(1-\lambda)\boldsymbol{r}_2$ のように表すことができる．そこで，$\boldsymbol{r}_1 \times \boldsymbol{F}_1 + \boldsymbol{r}_2 \times \boldsymbol{F}_2 = \boldsymbol{r} \times \boldsymbol{F}$ が成り立つように λ を決めることを考える．$F_1 + F_2 \neq 0$ の場合，

$$\lambda = \frac{F_1}{F_1 + F_2} \tag{7.10}$$

と選べばよいことがわかる．$F_1F_2 > 0$ ならば，$\boldsymbol{r}$ は $\boldsymbol{r}_1$ と $\boldsymbol{r}_2$ を $|F_2| : |F_1|$ に内分する点を表す（図 7.4）．$F_1 + F_2 = 0$ の場合は，$\boldsymbol{F}_1$, $\boldsymbol{F}_2$ の組を等価な一つの力で表すことはできない．このような作用線を共有しない逆向きで大きさの等しい力の組を**偶力**という（図 7.3(b)）．偶力に対し，

$$\boldsymbol{N} = \boldsymbol{r}_1 \times \boldsymbol{F}_1 + \boldsymbol{r}_2 \times \boldsymbol{F}_2 = (\boldsymbol{r}_1 - \boldsymbol{r}_2) \times \boldsymbol{F}_1 \tag{7.11}$$

を**偶力のモーメント**と呼ぶ．偶力のモーメントが等しい偶力はすべて等価である．

上の結果より，作用点 $\boldsymbol{r}_1$, $\boldsymbol{r}_2$, ..., $\boldsymbol{r}_N$ に力 $\boldsymbol{F}_1 = F_1\boldsymbol{e}$, $\boldsymbol{F}_2 = F_2\boldsymbol{e}$, ..., $\boldsymbol{F}_N = F_N\boldsymbol{e}$ がそれぞれ働くとき，$\sum_{i=1}^N F_i \neq 0$ ならば，これらの力の組は位置

$$\boldsymbol{r} = \frac{\sum_{i=1}^N F_i\boldsymbol{r}_i}{\sum_{i=1}^N F_i}$$

に働く一つの力 $\boldsymbol{F} = \sum_{i=1}^N F_i\boldsymbol{e}$ と等価である．特に，一様重力加速度 $\boldsymbol{g}$ のもとで剛体に働く重力は，質量中心に $M\boldsymbol{g}$（M は剛体の質量）の力が働くものとして扱ってよい．

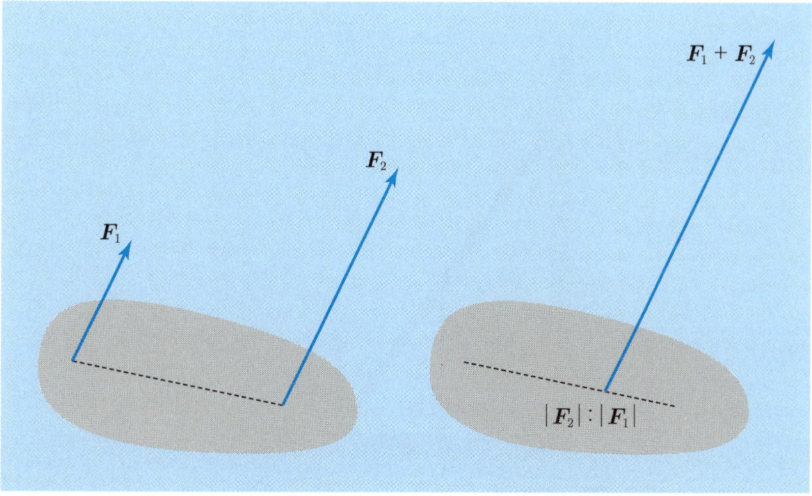

図 7.4　等価な力．平行な二つの力は，偶力の場合を除き一つの力と等価．

■剛体のつり合い 運動方程式からわかるように，剛体が静止し続けるためには，力の和と力のモーメントの和がともに $\mathbf{0}$ でなければならない．

$$\sum_i \boldsymbol{F}_i = \mathbf{0}, \quad \sum_i \boldsymbol{r}_i \times \boldsymbol{F}_i = \mathbf{0} \tag{7.12}$$

後者の条件は，任意の点に関するモーメントの和について成り立てばよい．なぜなら，上の 2 式が成り立つとき，任意の位置 $\boldsymbol{r}_0$ に対する力のモーメントの和は

$$\sum_i (\boldsymbol{r}_i - \boldsymbol{r}_0) \times \boldsymbol{F}_i = \sum_i \boldsymbol{r}_i \times \boldsymbol{F}_i - \boldsymbol{r}_0 \times \sum_i \boldsymbol{F}_i = \mathbf{0} \tag{7.13}$$

となるからである．

例題 7.2 質量 M，長さ l の一様な密度の棒を垂直な壁に立てかけたとき，倒れないための条件を求めよ．ただし，壁はなめらかで床は静止摩擦係数 μ をもつとする（図 7.5）．

解答 このとき，棒に働く力は，重力 $M\boldsymbol{g}$，壁からの垂直抗力 $\boldsymbol{R}_1$，床からの垂直抗力 $\boldsymbol{R}_2$，床からの静止摩擦力 $\boldsymbol{F}$ である（図 7.5）．力の和が 0 になることから

$$Mg = M|\boldsymbol{g}| = |\boldsymbol{R}_2| = R_2$$
$$R_1 = |\boldsymbol{R}_1| = |\boldsymbol{F}| = F$$

が成り立つ．さらに，棒と床との接点のまわりで力のモーメントのつり合いを考えると

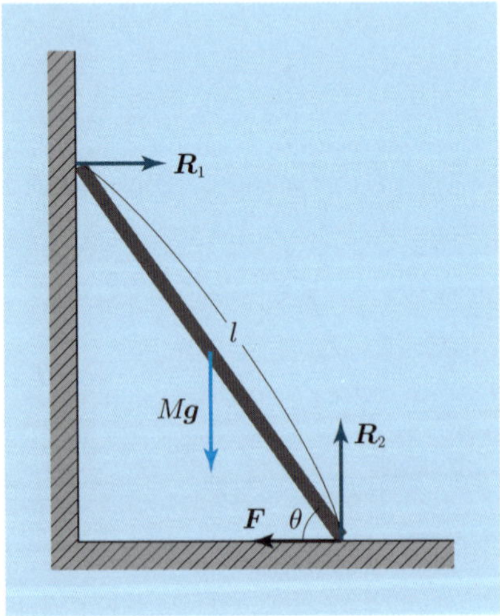

図 7.5 壁に立てかけた棒

$$R_1 l \sin\theta - \frac{1}{2}Mgl\cos\theta = 0$$

が得られる．棒が床を滑らないためには，$F \leq \mu R_2$ が必要だが，上の式からこれは角度 θ に対する条件として

$$\cot\theta \leq 2\mu \tag{7.14}$$

と表すことができる．角度 θ が小さいと，この条件が破れて棒は倒れる．■

7.3　固定軸のまわりの回転

剛体の一般の運動を扱う前に，固定軸のまわりの回転について考えよう（図 7.6）．この運動は，回転角を表す 1 個の変数によって記述される．すなわち，自由度は 1 であり，剛体の運動の最も簡単な場合に相当する．固定軸上の 1 点を原点とする慣性系を取り，固定軸を z 軸として，剛体を構成する粒子 i の位置 $\boldsymbol{r}_i$ を円筒座標 (ρ_i, ϕ_i, z_i) で表すと，ρ_i, z_i は一定値を取り，ϕ_i のみが時間変化する．しかも ϕ_i の微係数 $\dot{\phi}_i$ は i によらず同じ値を取る．これを $\dot{\phi}$ と表すと，$\dot{\boldsymbol{r}}_i = (\dot{\phi}\boldsymbol{e}_z) \times \boldsymbol{r}_i$ が成り立つので，角速度は $\boldsymbol{\omega} = \dot{\phi}\boldsymbol{e}_z$ である．また，粒子 i の角運動量は，$\boldsymbol{\ell}_i = m_i\rho_i^2\dot{\phi}\boldsymbol{e}_z$ と表され，剛体の z 軸に関する角運動量は

$$L_z = \sum_i m_i\rho_i^2\dot{\phi} = I\omega \tag{7.15}$$

と書ける．ただし，

$$I = \sum_i m_i\rho_i^2 \tag{7.16}$$

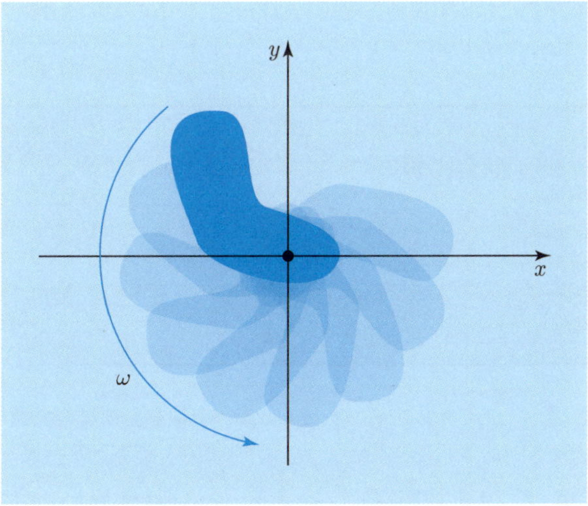

図 7.6　固定軸のまわりの回転

は z 軸に関する**慣性モーメント**と呼ばれる．したがって，運動方程式 (7.8) の z 成分は，剛体に加わる力のモーメントの和の z 成分を N_z と表すと，

$$I\ddot{\phi} = N_z \tag{7.17}$$

となる．固定軸のまわりの回転はこの式によって決定される（〔下欄〕）．式 (7.7) や式 (7.8) の他の成分は，この場合も成立しているが，強制力だけでなく固定軸から剛体に及ぼされる拘束力の寄与を含む．したがって，運動の決定に用いることはできず，むしろ拘束力を求めるための式になる．これに対し，固定軸からの力は N_z には寄与しない．

また，粒子 i の速度が $\boldsymbol{v}_i = \boldsymbol{\omega} \times \boldsymbol{r}_i = \rho_i \dot{\phi} \boldsymbol{e}_\phi(\phi_i)$（ただし，$\boldsymbol{e}_\phi(\phi_i)$ は角 ϕ における $\boldsymbol{e}_\phi$ を表す）となることから，剛体の運動エネルギーは

$$K = \sum_i \frac{m_i |\boldsymbol{v}_i|^2}{2} = \frac{1}{2} \sum_i m_i \rho_i^2 \dot{\phi}^2 = \frac{I\omega^2}{2} \tag{7.18}$$

のように，やはり慣性モーメントと角速度を用いて表すことができる．

慣性モーメントは，z 軸に対してだけでなく，任意の直線に対して定義することができる．すなわち，剛体と直線 l が与えられ，剛体を構成する粒子 i と直線 l との距離を ℓ_i とするとき，

$$I = \sum_i m_i \ell_i^2 \tag{7.19}$$

を直線 l に対する剛体の慣性モーメントという．質量が連続的に分布してい

式 (7.17) と粒子の 1 次元運動の対応

固定軸のまわりの回転運動に対する運動方程式 (7.17) は，粒子の 1 次元運動の運動方程式 $m\ddot{x} = F$ と同じ形をしているので，同じように扱うことができる．両者の対応関係は，次の表のようになる．

粒子の 1 次元運動		剛体の固定軸まわりの回転運動	
位置	x	角度	ϕ
速度	$v = \dot{x}$	角速度	$\omega = \dot{\phi}$
加速度	$a = \ddot{x}$	角加速度	$\dot{\omega} = \ddot{\phi}$
質量	m	慣性モーメント	I
運動量	$p = mv$	角運動量	$L_z = I\omega$
運動エネルギー	$\frac{1}{2}mv^2$	運動エネルギー	$\frac{1}{2}I\omega^2$

粒子の 1 次元運動は，力 F がポテンシャル $U(x)$ で書ける保存力の場合には一般的に解くことができた．同様に，回転軸に関する力のモーメントを $N_z = -\dfrac{\partial U(\phi)}{\partial \phi}$ と表すことができるポテンシャル $U(\phi)$ が存在するならば，固定軸のまわりの回転運動はエネルギー保存則から解くことができる．

る剛体では，式 (7.19) の代わりに，密度 $\sigma(\boldsymbol{r})$ を用いて，

$$I = \int \ell^2 \sigma(\boldsymbol{r}) dV \tag{7.20}$$

のような体積積分を行えばよい．この式の右辺で ℓ は位置 $\boldsymbol{r}$ と直線 l との距離を表す．式で表すならば，軸 l 上に原点を選び，l の向きの単位ベクトルを $\boldsymbol{e}$ とすれば，$\ell = |\boldsymbol{e} \times \boldsymbol{r}|$ である（図 7.7）．dV は位置 $\boldsymbol{r}$ に対する体積要素である．

慣性モーメント I は，粒子の運動における質量に対応する物理量であり，$[\mathrm{ML}^2]$ の次元をもつ．そこで，

$$I = Mk^2 \tag{7.21}$$

となるような長さ k を定義すると便利なことがある．k を直線 l に関する剛体の**回転半径**という．

慣性モーメントに関する次の性質は大変有用である．ある直線 l に関する慣性モーメント I_l は，質量中心を通り l に平行な直線 l' に関する慣性モーメント $I_{l'}^{\mathrm{c}}$ を用いて次のように表すことができる．

$$I_l = I_{l'}^{\mathrm{c}} + Mh^2 \tag{7.22}$$

ただし，M は剛体の質量，h は 2 直線 l, l' の間の距離を表す．これを**平行軸の定理**という（図 7.8）．証明は l が z 軸に一致する場合に行えば十分である．質量中心の位置ベクトルを $\boldsymbol{R}_{\mathrm{c}} = X\boldsymbol{e}_x + Y\boldsymbol{e}_y + Z\boldsymbol{e}_z$ とし，l 上の原点から

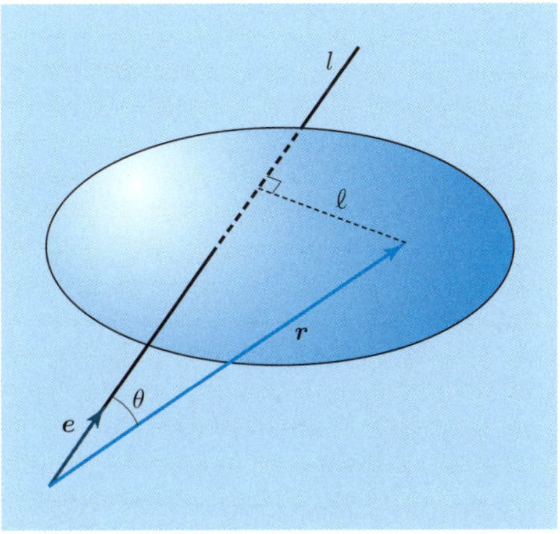

図 7.7　直線 l に関する慣性モーメント．位置 $\boldsymbol{r}$ と直線 l の距離 ℓ は $\ell = |\boldsymbol{e}\times\boldsymbol{r}| = |\boldsymbol{r}|\sin\theta$ と書ける．

の粒子 i の位置ベクトルを $\boldsymbol{r}_i = x_i\boldsymbol{e}_x + y_i\boldsymbol{e}_y + z_i\boldsymbol{e}_z$，質量中心からの相対位置ベクトルを $\boldsymbol{r}'_i = x'_i\boldsymbol{e}_x + y'_i\boldsymbol{e}_y + z'_i\boldsymbol{e}_z$ とすると，$\boldsymbol{r}_i = \boldsymbol{R}_{\mathrm{c}} + \boldsymbol{r}'_i$ が成り立つので，

$$
\begin{aligned}
I_l &= \sum_i m_i \left(x_i^2 + y_i^2\right) = \sum_i m_i \left[(X + x'_i)^2 + (Y + y'_i)^2\right] \\
&= \sum_i m_i \Big[\left(X^2 + Y^2\right) + 2\left(Xx'_i + Yy'_i\right) + \left((x'_i)^2 + (y'_i)^2\right) \Big] \\
&= Mh^2 + I^{\mathrm{c}}_{l'}
\end{aligned}
\tag{7.23}
$$

質量中心の定義より $\sum_i m_i x'_i = \sum_i m_i y'_i = 0$ が成り立つので，右辺第 2 項の和は消えた．この定理より，同じ方向のさまざまな直線に関する慣性モーメントの中で，質量中心を通る直線に関するものが最小値を与えることがわかる．

■剛体振り子　一様重力のもとで，水平な軸のまわりに自由に回転を行うことができる剛体を取りつけた装置を**剛体振り子**（もしくは実体振り子，複振り子など）という．軸 O に垂直でかつ質量中心 C を含む断面における様子を図 7.9 に示す．軸 O に関する慣性モーメントを I とし，鉛直下向きから測った振り子のふれの角度を θ とおくと，角速度は $\omega = \dot{\theta}$ より，運動方程式は，

$$
I\frac{d^2\theta}{dt^2} = -Mgh\sin\theta \tag{7.24}
$$

ただし h は OC 間の距離を表す．これは，長さ $l = \dfrac{I}{Mh}$ の単振り子の式と同じ形であり，微小振動の場合は角振動数 $\Omega = \sqrt{\dfrac{g}{l}} = \sqrt{\dfrac{Mgh}{I}}$ の調和振動を

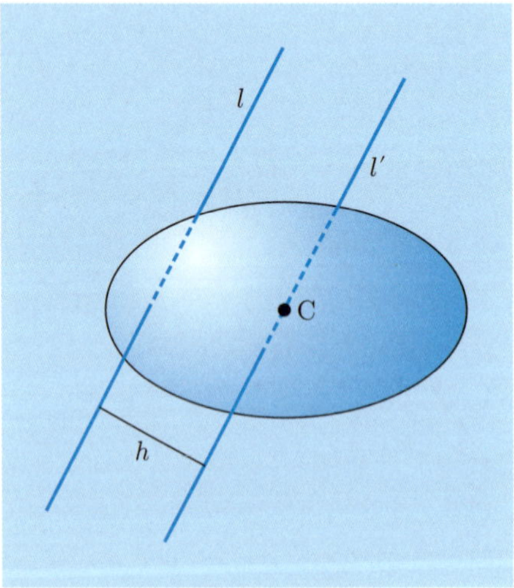

図 7.8　平行軸の定理

行う．長さ l は，相当単振り子の長さと呼ばれる．ところで，平行軸の定理より，質量中心 C を通り軸 O と平行な軸（軸 C と呼ぶ）に関する慣性モーメントを I^{c} とすると，平行軸の定理より $I = I^{\mathrm{c}} + Mh^2 = M(k_{\mathrm{c}}^2 + h^2)$ である．ここで，$I^{\mathrm{c}} = Mk_{\mathrm{c}}^2$ によって軸 C に関する回転半径 k_{c} を導入した．これより $\varOmega$ は

$$\varOmega = \sqrt{\frac{gh}{k_{\mathrm{c}}^2 + h^2}} \tag{7.25}$$

となり，h の関数として $h = k_{\mathrm{c}}$ のときに最大値 $\sqrt{\dfrac{g}{2k_{\mathrm{c}}}}$ を取ることがわかる．また，h と l（等価な単振り子の長さ）の関係は

$$l = \frac{k_{\mathrm{c}}^2 + h^2}{h} \tag{7.26}$$

と書ける．この式を h に対する方程式と見ると，2 次方程式であるからもう一つ解が存在する．その解を h' とおけば，解と係数の関係より

$$h + h' = l, \quad hh' = k_{\mathrm{c}}^2 \tag{7.27}$$

が成り立つ．したがって，質量中心から h' だけ離れた軸をもつ剛体振り子も（軸が O と平行ならば）同じ角振動数 $\varOmega$ で振動する．質量中心 C を正確に決めるのは困難なので h を直接測定することは難しいが，C から距離 h' の軸 O′ を，直線 OC 上，C を挟んで O と反対側に選べば，$l = h + h'$ は OO′ 間の距離となり，容易に測定できる．したがって，振り子の周期を T とすれば，重力加速度を

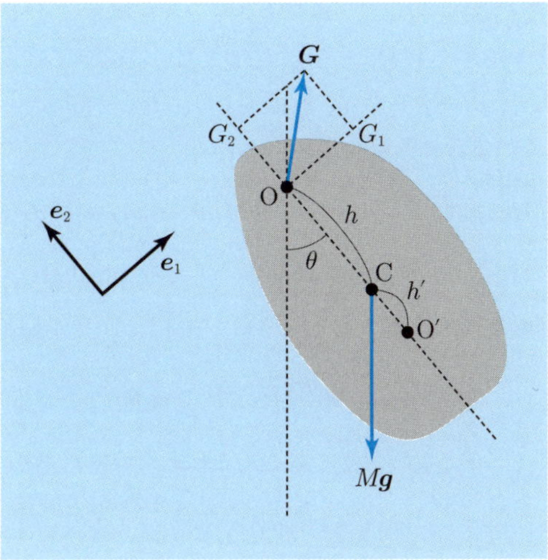

図 7.9　剛体振り子

$$g = \frac{4\pi^2 (h + h')}{T^2} \tag{7.28}$$

により実験的に求めることができる．このようにして重力加速度 g の測定を行う装置を**ケーター**（Kater）**の可逆振り子**という．

7.4 慣性テンソル

一般の剛体の運動で，角運動量や運動エネルギーを角速度と結びつけるのが，**慣性テンソル**である．剛体に固定された A を原点とし，剛体に固定された向きをもつ基準系を考える．このとき，剛体の各粒子の速度は $\boldsymbol{v}_i = \boldsymbol{\omega} \times \boldsymbol{r}_i$ と表されるので，角運動量 $\boldsymbol{L}^{\mathrm{A}}$ は

$$\boldsymbol{L}^{\mathrm{A}} = \sum_i m_i \boldsymbol{r}_i \times \boldsymbol{v}_i \tag{7.29}$$

$$= \sum_i m_i \boldsymbol{r}_i \times (\boldsymbol{\omega} \times \boldsymbol{r}_i) \tag{7.30}$$

$$= \sum_i m_i \left[|\boldsymbol{r}_i|^2 \boldsymbol{\omega} - (\boldsymbol{\omega} \cdot \boldsymbol{r}_i) \boldsymbol{r}_i \right] \tag{7.31}$$

$$\begin{aligned} = \sum_i m_i \Big\{ & \left[\left(y_i^2 + z_i^2\right) \omega_x - x_i y_i \omega_y - x_i z_i \omega_z \right] \boldsymbol{e}_x \\ & + \left[-x_i y_i \omega_x + \left(x_i^2 + z_i^2\right) \omega_y - y_i z_i \omega_z \right] \boldsymbol{e}_y \\ & + \left[-x_i z_i \omega_x - y_i z_i \omega_y + \left(x_i^2 + y_i^2\right) \omega_z \right] \boldsymbol{e}_z \Big\} \end{aligned} \tag{7.32}$$

となる．そこで，

剛体振り子の回転軸から及ぼされる拘束力

質量中心の運動に関する式 (7.7) を用いて，剛体振り子の回転軸から及ぼされる拘束力を求めてみよう．拘束力を $\boldsymbol{G}$ とすると，運動方程式は $M\ddot{\boldsymbol{R}}_{\mathrm{c}} = M\boldsymbol{g} + \boldsymbol{G}$ となる．図 7.9 のように振り子とともに動く基底 $\boldsymbol{e}_1$, $\boldsymbol{e}_2$ をとると，$\boldsymbol{R}_{\mathrm{c}} = -h\boldsymbol{e}_2$, $\dot{\boldsymbol{e}}_2 = -\dot{\theta}\boldsymbol{e}_1$, $\dot{\boldsymbol{e}}_1 = \dot{\theta}\boldsymbol{e}_2$ より，$\ddot{\boldsymbol{R}}_{\mathrm{c}} = h\ddot{\theta}\boldsymbol{e}_1 + h\dot{\theta}^2\boldsymbol{e}_2$ となる．また，拘束力を $\boldsymbol{G} = G_1\boldsymbol{e}_1 + G_2\boldsymbol{e}_2$ のように成分に分解すると，

$$Mh\ddot{\theta} = G_1 - Mg\sin\theta, \quad Mh\dot{\theta}^2 = G_2 - Mg\cos\theta$$

を得る．したがって，式 (7.24) より，$G_1 = Mg\sin\theta - \frac{M^2gh^2}{I}\sin\theta = Mg\left(1 - \frac{h^2}{k^2}\right)\sin\theta$ を得る．ただし，$I = Mk^2$ により，回転半径 k を導入した．また，式 (7.24) を 1 回積分すると，

$$\frac{\dot{\theta}^2}{2} = \frac{Mgh}{I}(\cos\theta - \cos\theta_0) \tag{$*$}$$

が得られる．ただし，θ_0 は $\dot{\theta} = 0$ となる角度である．これを用いて，

$$G_2 = Mg\cos\theta + \frac{2M^2gh^2}{I}(\cos\theta - \cos\theta_0) = Mg\left[\left(1 + \frac{2h^2}{k^2}\right)\cos\theta - \frac{2h^2}{k^2}\cos\theta_0\right]$$

となる．こうして拘束力 $\boldsymbol{G}$ が得られた．拘束力のモーメントはこれとは独立に求める必要がある（演習問題 **7.5**）．

$$I_{xx}^{\mathrm{A}} = \sum_i m_i \left(y_i^2 + z_i^2\right), \quad I_{yy}^{\mathrm{A}} = \sum_i m_i \left(x_i^2 + z_i^2\right),$$
$$I_{zz}^{\mathrm{A}} = \sum_i m_i \left(x_i^2 + y_i^2\right) \tag{7.33}$$

$$I_{xy}^{\mathrm{A}} = I_{yx}^{\mathrm{A}} = -\sum_i m_i x_i y_i, \quad I_{yz}^{\mathrm{A}} = I_{zy}^{\mathrm{A}} = -\sum_i m_i y_i z_i,$$
$$I_{zx}^{\mathrm{A}} = I_{xz}^{\mathrm{A}} = -\sum_i m_i z_i x_i \tag{7.34}$$

とおくと,

$$L_\alpha^{\mathrm{A}} = \sum_\beta I_{\alpha\beta}^{\mathrm{A}} \omega_\beta \tag{7.35}$$

と書ける．ただし，α, β は x, y, z を取り得る添え字である．あるいは行列を用いて表せば,

$$\begin{bmatrix} L_x^{\mathrm{A}} \\ L_y^{\mathrm{A}} \\ L_z^{\mathrm{A}} \end{bmatrix} = \begin{bmatrix} I_{xx}^{\mathrm{A}} & I_{xy}^{\mathrm{A}} & I_{xz}^{\mathrm{A}} \\ I_{yx}^{\mathrm{A}} & I_{yy}^{\mathrm{A}} & I_{yz}^{\mathrm{A}} \\ I_{zx}^{\mathrm{A}} & I_{zy}^{\mathrm{A}} & I_{zz}^{\mathrm{A}} \end{bmatrix} \begin{bmatrix} \omega_x \\ \omega_y \\ \omega_z \end{bmatrix} \tag{7.36}$$

となる．このことを

$$\boldsymbol{L}^{\mathrm{A}} = \mathsf{I}^{\mathrm{A}} \boldsymbol{\omega}$$

と書く．この $\mathsf{I}^{\mathrm{A}} = \left[I_{\alpha\beta}^{\mathrm{A}}\right]$ を点 A に関する慣性テンソルという．慣性テンソルの対角成分 $I_{xx}^{\mathrm{A}}, I_{yy}^{\mathrm{A}}, I_{zz}^{\mathrm{A}}$ は，それぞれ x 軸，y 軸，z 軸に関する慣性モーメントに一致する．また，非対角成分に負号をつけたもの（$-I_{xy}^{\mathrm{A}}$ など）は

主慣性モーメントの計算 (1)——棒

以下の計算では，すべて均質な密度をもつ質量 M の物体を考える．長さ l，質量 M の太さを無視できる一様な棒の場合，棒の方向に $\boldsymbol{e}_3$ を取り，それに直交するように $\boldsymbol{e}_1, \boldsymbol{e}_2$ を選べばよい．主慣性モーメントは

$$I_1 = I_2 = \int_{-l/2}^{l/2} \frac{M x_3^2}{l} dx_3 = \frac{Ml^2}{12}$$
$$I_3 = 0$$

となる．

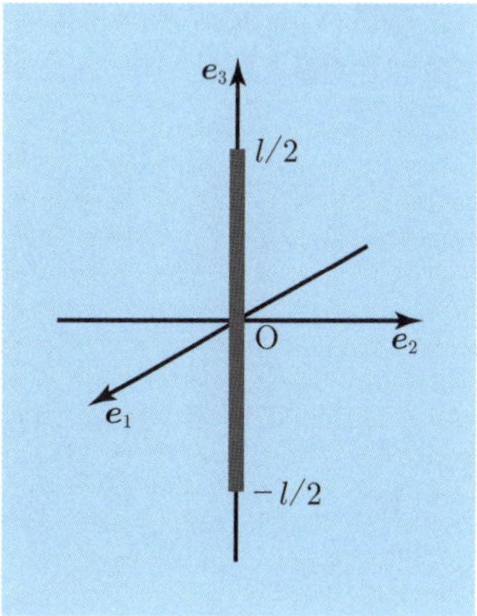

慣性乗積と呼ばれる．

運動エネルギーは，一般に重心運動の運動エネルギーと質量中心に対する相対運動の運動エネルギーの和 $K = K_c + K'$（式 (4.60)）に分解することができるが，質量中心に相対的な位置 $\boldsymbol{r}'_i$ と速度 $\boldsymbol{v}'_i$ を用いると後者は

$$\begin{aligned} K' &= \frac{1}{2}\sum_i m_i |\boldsymbol{v}'_i|^2 \\ &= \frac{1}{2}\sum_i m_i \boldsymbol{v}'_i \cdot (\boldsymbol{\omega} \times \boldsymbol{r}'_i) \\ &= \frac{1}{2}\sum_i m_i \boldsymbol{\omega} \cdot (\boldsymbol{r}'_i \times \boldsymbol{v}'_i) \\ &= \frac{1}{2}\boldsymbol{\omega} \cdot \boldsymbol{L}' \end{aligned} \tag{7.37}$$

と表すことができるので，式 (7.35) を代入すると

$$K' = \frac{1}{2}\sum_{\alpha,\beta} I_{\alpha\beta}\omega_\alpha\omega_\beta = \frac{1}{2}\boldsymbol{\omega} \cdot \boldsymbol{I}\boldsymbol{\omega} \tag{7.38}$$

が得られる．ただし，$\boldsymbol{I} = (I_{\alpha\beta})$ は質量中心に対する慣性テンソルを表す．

慣性テンソルは，基準点の選び方によって異なる．そこで，質量中心以外の点 A に関する慣性テンソルは，$\boldsymbol{I}^{\mathrm{A}}$ のように基準点をあらわに示すこととし，質量中心に対する慣性テンソルは添え字のない $\boldsymbol{I}$ で表すことにしよう．これらの間の関係は，質量中心から点 A への相対位置ベクトルを $\boldsymbol{a}$ と書くと，

主慣性モーメントの計算 (2)——球

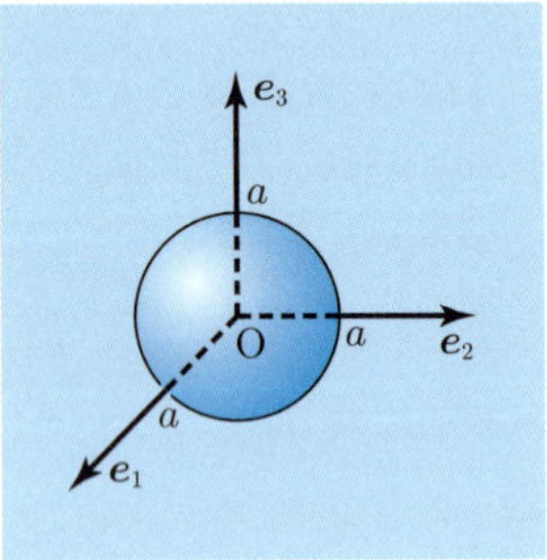

半径 a，質量 M の一様な球の場合，互いに直交する任意の 3 軸が慣性主軸となり，明らかに $I_1 = I_2 = I_3$．したがって，

$$\begin{aligned} I_1 &= \frac{1}{3}(I_1 + I_2 + I_3) \\ &= \frac{2}{3}\int |\boldsymbol{r}|^2 \rho(\boldsymbol{r})dV \\ &= \frac{2}{3}4\pi\frac{3M}{4\pi a^3}\int_0^a r^4 dr \\ &= \frac{2}{5}Ma^2 \end{aligned}$$

である．

$$I^{\mathrm{A}}_{\alpha\beta} = \sum_i m_i \left[|\boldsymbol{r}'_i - \boldsymbol{a}|^2 \delta_{\alpha\beta} - (r_{i\alpha} - a_\alpha)(r_{i\beta} - a_\beta) \right]$$
$$= \sum_i m_i \left[\left(|\boldsymbol{r}'_i|^2 \delta_{\alpha\beta} - r'_{i\alpha} r'_{i\beta} \right) + \left(|\boldsymbol{a}|^2 \delta_{\alpha\beta} - a_\alpha a_\beta \right) \right]$$
$$= I_{\alpha\beta} + M \left(|\boldsymbol{a}|^2 \delta_{\alpha\beta} - a_\alpha a_\beta \right) \tag{7.39}$$

で与えられる．途中の式では $\boldsymbol{r}'_i = \sum_\alpha r'_{i\alpha} \boldsymbol{e}_\alpha$ のように成分を定義した．

慣性テンソルの成分，慣性モーメントや慣性乗積は，基準系の選び方による．特に，慣性テンソルは対称テンソルであるので，基底をうまく選ぶと対角形にできる．すなわち，ある $(\boldsymbol{e}_1, \boldsymbol{e}_2, \boldsymbol{e}_3)$ という基底が存在して，この基底における慣性乗積はすべて 0（$I_{12} = I_{23} = I_{31} = I_{21} = I_{32} = I_{13} = 0$）になる．このような基底で表される軸を**慣性主軸**と呼ぶ．また，このときの対角成分を $I_{11} = I_1$, $I_{22} = I_2$, $I_{33} = I_3$ のように表し，**主慣性モーメント**という（p.169–172, 174〔下欄〕）．基底 $(\boldsymbol{e}_1, \boldsymbol{e}_2, \boldsymbol{e}_3)$ を用いて，角速度が $\boldsymbol{\omega} = \omega_1 \boldsymbol{e}_1 + \omega_2 \boldsymbol{e}_2 + \omega_3 \boldsymbol{e}_3$ と表されていれば，質量中心に関する相対運動の運動エネルギーは

$$K' = \frac{1}{2} \sum_\alpha I_\alpha \omega_\alpha^2 = \frac{1}{2} \left(I_1 \omega_1^2 + I_2 \omega_2^2 + I_3 \omega_3^2 \right) \tag{7.40}$$

質量中心に関する角運動量は，

$$\boldsymbol{L}' = \sum_\alpha I_\alpha \omega_\alpha \boldsymbol{e}_\alpha = I_1 \omega_1 \boldsymbol{e}_1 + I_2 \omega_2 \boldsymbol{e}_2 + I_3 \omega_3 \boldsymbol{e}_3 \tag{7.41}$$

主慣性モーメントの計算 (3)——円板

半径 a，質量 M の一様な薄い円板では，面内に互いに垂直な $\boldsymbol{e}_1$, $\boldsymbol{e}_2$ を選び，面に垂直に $\boldsymbol{e}_3$ を取る．このとき，

$$I_3 = \int_0^a d\rho \int_0^{2\pi} d\phi \, \rho^3 \frac{M}{\pi a^2} = \frac{1}{2} M a^2,$$
$$I_1 = I_2 = \frac{M a^2}{4}$$

確かに $I_1 + I_2 = I_3$ が成り立っている．

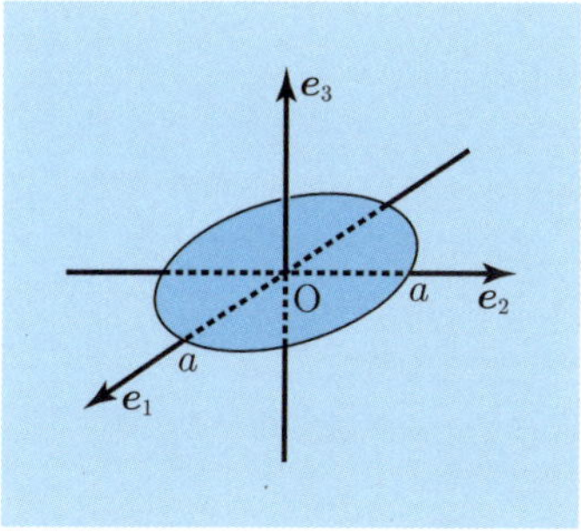

と表される．また，質量中心を通り，単位ベクトル $\boldsymbol{e}$ に平行な軸に関する慣性モーメント $I_{\boldsymbol{e}}$ は

$$I_{\boldsymbol{e}} = \boldsymbol{e} \cdot \mathsf{I}\boldsymbol{e} = \sum_{\alpha,\beta} I_{\alpha\beta} e_\alpha e_\beta \tag{7.42}$$

で与えられる．ただし，$e_\alpha = \boldsymbol{e} \cdot \boldsymbol{e}_\alpha$ は $\boldsymbol{e}$ の α 成分である．

慣性主軸の向きは剛体に固定された向きであるから，慣性系では

$$\dot{\boldsymbol{e}}_\alpha = \boldsymbol{\omega} \times \boldsymbol{e}_\alpha$$

のように時間変化する．したがって，剛体の回転を表す運動方程式 (7.9) に (7.41) を代入すると，

$$\sum_\alpha I_\alpha \left(\frac{d\omega_\alpha}{dt} \boldsymbol{e}_\alpha + \omega_\alpha \boldsymbol{\omega} \times \boldsymbol{e}_\alpha \right) = N_\alpha \tag{7.43}$$

を得る．これを成分ごとに書くと，

$$\begin{aligned} I_1 \frac{d\omega_1}{dt} + (I_3 - I_2)\,\omega_2\omega_3 &= N_1 \\ I_2 \frac{d\omega_2}{dt} + (I_1 - I_3)\,\omega_3\omega_1 &= N_2 \\ I_3 \frac{d\omega_3}{dt} + (I_2 - I_1)\,\omega_1\omega_2 &= N_3 \end{aligned} \tag{7.44}$$

となる．ただし，$\sum_i \boldsymbol{r}_i \times \boldsymbol{F}_i = \boldsymbol{N} = \sum_\alpha N_\alpha \boldsymbol{e}_\alpha$ と表した．式 (7.44) を**オイラーの方程式**という．この式については，次の節で議論する．

主慣性モーメントの計算 (4)——円柱

半径 a，高さ h，質量 M の一様な円柱では，円柱の軸方向に $\boldsymbol{e}_3$，それに垂直に $\boldsymbol{e}_1, \boldsymbol{e}_2$ を選べばよい．主慣性モーメントは，

$$\begin{aligned} I_1 = I_2 &= \frac{M}{12}\left(3a^2 + h^2\right) \\ I_3 &= \int_{-h/2}^{h/2} dx_3 \int_0^a d\rho \int_0^{2\pi} d\phi\, \rho^3 \frac{M}{\pi a^2 h} \\ &= \frac{1}{2} M a^2 \end{aligned}$$

となる． （p.174 へ続く）

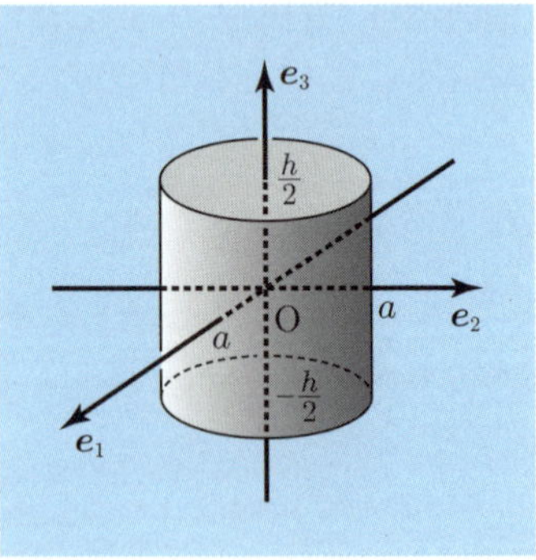

例題 7.3　$x \geq 0, y \geq 0, z \geq 0, x + y + z \leq a$ で表される質量 M の三角錐の原点 O に関する慣性テンソルを求め，対角化によって主慣性モーメントと慣性主軸を求めよ（図 7.10）．

解答　まず，対称性より $I^{\rm O}_{xx} = I^{\rm O}_{yy} = I^{\rm O}_{zz}$ である．また，密度は $\frac{6M}{a^3}$ であるから，x 軸に関する慣性モーメントは

$$I^{\rm O}_{xx} = \frac{6M}{a^3} \int_0^a dx \int_0^{a-x} dy \int_0^{a-x-y} \left(y^2 + z^2\right) dz = \frac{1}{5} M a^2 \tag{7.45}$$

となる．また，非対角成分についても $I^{\rm O}_{xy} = I^{\rm O}_{yz} = I^{\rm O}_{zx}$ であり

$$I^{\rm O}_{xy} = -\frac{6M}{a^3} \int_0^a dx \int_0^{a-x} dy \int_0^{a-x-y} xy\, dz = -\frac{1}{20} M a^2 \tag{7.46}$$

である．したがって，慣性テンソルは

$$\boldsymbol{I}^{\rm O} = \frac{Ma^2}{20} \begin{bmatrix} 4 & -1 & -1 \\ -1 & 4 & -1 \\ -1 & -1 & 4 \end{bmatrix} \tag{7.47}$$

そこで $\frac{20}{Ma^2} \boldsymbol{I}^{\rm O}$ の固有値を λ とおくと，特性方程式は $(\lambda - 5)^2(\lambda - 2) = 0$ となる．すなわち主慣性モーメントは $I^{\rm O}_1 = \frac{1}{10} M a^2$, $I^{\rm O}_2 = I^{\rm O}_3 = \frac{1}{4} M a^2$ である．$I^{\rm O}_1$ に対する慣性主軸の方向は $\boldsymbol{I}^{\rm O} \boldsymbol{e}_1 = I^{\rm O}_1 \boldsymbol{e}_1$ となるベクトル $\boldsymbol{e}_1 = \frac{1}{\sqrt{3}} \begin{bmatrix} 1 \\ 1 \\ 1 \end{bmatrix}$ で与えられる．また，$I^{\rm O}_2$, $I^{\rm O}_3$ に関する慣性主軸は，$\boldsymbol{e}_1$ に垂直かつ互いに垂直な任意のベ

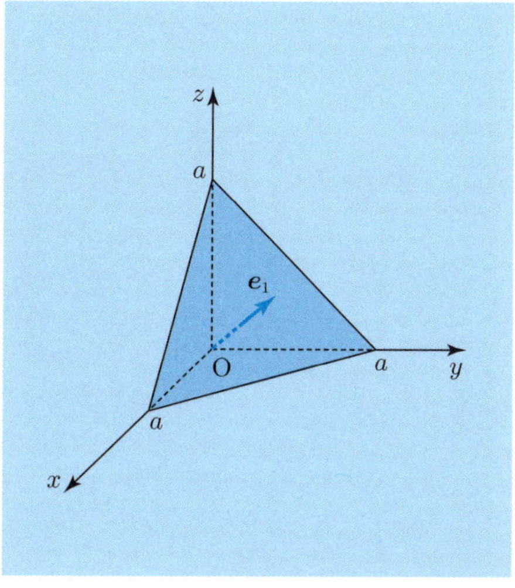

図 7.10　例題 7.3 の三角錐

クトルの組で与えられる．例えば $\boldsymbol{e}_2 = \dfrac{1}{\sqrt{6}}\begin{bmatrix} 1 \\ -2 \\ 1 \end{bmatrix}$, $\boldsymbol{e}_3 = \dfrac{1}{\sqrt{2}}\begin{bmatrix} 1 \\ 0 \\ -1 \end{bmatrix}$ とすればよい． ■

剛体に対称性がある場合には，慣性主軸の向きは対称性から決まる．例えば，面対称な剛体の対称面内の点に関する慣性テンソルでは，慣性主軸の一つは対称面に垂直であり，対称面上に残りの2本の軸が存在する．特に，平面上に質量が分布する場合，$\boldsymbol{e}_3$ 軸が面に垂直な軸とすると，

$$I_1 + I_2 = I_3 \tag{7.48}$$

が成り立つ．なぜなら，このとき $I_1 = \sum_i m_i r_{i2}^2$, $I_2 = \sum_i m_i r_{i1}^2$, $I_3 = \sum_i m_i \left(r_{i1}^2 + r_{i2}^2\right)$ だからである．次に，ある軸のまわりの角度 $2\pi/n$ だけの回転で元の図形とぴったり重なるような，n 次の回転対称性がある場合を考えよう．任意の次数の回転対称性がある場合，慣性主軸の一つは対称軸に一致する．また，3次以上の回転対称であれば，対称軸に垂直な残りの2軸の向きは任意に選ぶことができて，それらの主慣性モーメントは一致する．この場合を**対称こま**という．特別な場合として，直線上に質量が分布する場合は，軸方向の主慣性モーメントは0であり，残りの二つの主慣性モーメントは相等しい．このような剛体は**回転子**と呼ばれる．また，$I_1 = I_2 = I_3$ の場合は**球状こま**と呼ばれ，任意の直交軸が慣性主軸になる．

■剛体の平面運動　剛体の各点が慣性系に固定された互いに平行な平面上を

主慣性モーメントの計算 (5)——直方体

（p.172 の続き） 3辺の長さが a, b, c, 質量 M の一様な直方体では，それぞれの辺の向きに $\boldsymbol{e}_1, \boldsymbol{e}_2, \boldsymbol{e}_3$ を選べばよい．I_1 は

$$I_1 = \frac{M}{abc}\int_{-a/2}^{a/2} dx_1 \int_{-b/2}^{b/2} dx_2 \int_{-c/2}^{c/2} \left(y^2 + z^2\right) dx_3 = \frac{M(b^2 + c^2)}{12}$$

となる．同様にして，

$$I_2 = \frac{M(a^2 + c^2)}{12}, \quad I_3 = \frac{M(a^2 + b^2)}{12}$$

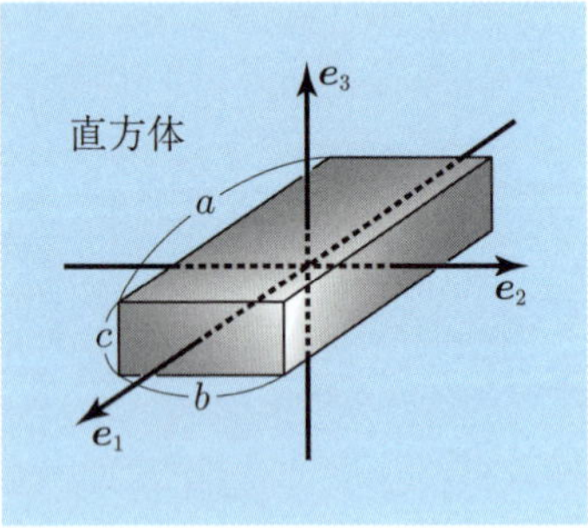

運動するとき，この運動を剛体の**平面運動**という．このような運動は，慣性主軸がこの平面と垂直な場合にのみ可能であり，角速度の向きはこの主軸の向きに保たれる．質量中心が運動を行う平面を xy 平面とし，慣性系の基底を $(\boldsymbol{e}_x, \boldsymbol{e}_y, \boldsymbol{e}_z)$ として，質量中心の位置を $\boldsymbol{R}_\mathrm{c} = X\boldsymbol{e}_x + Y\boldsymbol{e}_y$ と表す．質量中心を通り，剛体に固定された直線が $\boldsymbol{e}_x$ となす角を ϕ とすると，剛体の角速度は $\boldsymbol{\omega} = \omega\boldsymbol{e}_z = \dot{\phi}\boldsymbol{e}_z$ と表される．剛体の位置と向きは X, Y, ϕ の 3 個の変数で完全に指定されるので，平面運動の自由度は 3 である．質量中心を通り $\boldsymbol{e}_z$ に平行な直線に関する慣性モーメントを I，剛体に働く力の和を $F_x\boldsymbol{e}_x + F_y\boldsymbol{e}_y$，力のモーメントの和を $N_z\boldsymbol{e}_z$ と表すと，運動方程式は

$$M\frac{d^2X}{dt^2} = F_x, \quad M\frac{d^2Y}{dt^2} = F_y \tag{7.49}$$

および

$$I\frac{d\omega}{dt} = I\frac{d^2\phi}{dt^2} = N_z \tag{7.50}$$

で与えられる．

例題 7.4 傾斜角 α の摩擦のある斜面を，半径 a の一様な密度の球が転がり落ちるときの運動を求めよ．ただし，球と斜面の静止摩擦係数を μ，動摩擦係数を μ' とする．

解答 図 7.11 のように，垂直抗力を $\boldsymbol{F}_\mathrm{N}$，摩擦力を $\boldsymbol{F}$ とし，それぞれの大きさを F_N, F と表すと，運動方程式は

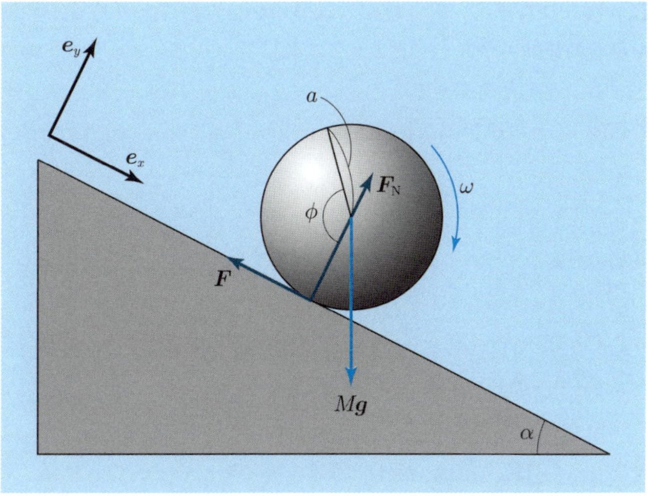

図 7.11 例題 7.4 の斜面を転がり落ちる球

$$M\ddot{X} = Mg\sin\alpha - F, \quad M\ddot{Y} = F_{\rm N} - Mg\cos\alpha = 0, \quad I\dot{\omega} = I\ddot{\phi} = Fa \quad (7.51)$$

となる．未知数が $X, \phi, F_{\rm N}, F$ の 4 個に対して，方程式の数は 3 であり，他の条件を付加しなければ解けない．そこで，まず球が滑らない場合の運動について考えよう．例題 7.1 で考えたように球と斜面の接点が滑らないとすると，

$$\dot{X} = \omega a$$

が成り立つ．これより，簡単な計算で

$$\ddot{X} = \frac{Ma^2}{I + Ma^2} g\sin\alpha \quad (7.52)$$

となることがわかる．したがって，剛体球は等加速度運動を行い，特に時刻 $t = 0$ で $X = \dot{X} = 0$ とすれば，

$$X(t) = \frac{Ma^2}{2(I + Ma^2)} gt^2 \sin\alpha = \frac{5}{7} gt^2 \sin\alpha \quad (7.53)$$

が得られる．ただし，最後の式変形では球の慣性モーメント $I = \frac{2}{5}Ma^2$ を用いた．これより，本書の冒頭の部分に書いたように，転がり落ちる球は摩擦なくすべる場合に比べて，同じ距離を落ちるのに $\sqrt{\frac{7}{5}}$ 倍の時間がかかることがわかる．摩擦力の大きさは

$$F = \frac{I}{I + Ma^2} Mg\sin\alpha \quad (7.54)$$

であるが，接点の速度は 0 なのでこれは静止摩擦である．したがって，静止摩擦係数を μ とすると，最大摩擦力 $\mu F_{\rm N}$ より大きくなることはできない．したがって，滑らずに転がり落ちる運動が可能であるためには，

$$\tan\alpha \leq \left(1 + \frac{Ma^2}{I}\right)\mu = \frac{7}{2}\mu \quad (7.55)$$

ビリヤード球の運動

静止している半径 a の一様な密度の剛体球に，球の中心を含む鉛直面内で，床からの高さ h の位置に水平に撃力を加えた場合の運動について考えよう．これはちょうど，ビリヤードのボールをキューで突いたときの運動に相当する．速度と角速度の向きを図 7.12 のように定め，撃力の力積の大きさを ΔP とすると，直後の剛体の速度 V_0 と角速度 ω_0 は，$MV_0 = \Delta P$, $I\omega_0 = (h - a)\Delta P$ によって決まる．したがって，接点 P の速度は，

$$v_{\rm P0} = V_0 - a\omega_0 = V_0\left[1 - \frac{Ma(h-a)}{I}\right] = \frac{7V_0}{2}\left(1 - \frac{5h}{7a}\right)$$

となる．ただし，最後の式変形では，$I = \frac{2}{5}Ma^2$ であることを用いた．したがって，$0 < h < \frac{7}{5}a$ ならば $v_{\rm P0} > 0$，$h = \frac{7}{5}a$ ならば $v_{\rm P0} = 0$，$\frac{7}{5}a < h < 2a$ ならば $v_{\rm P0} < 0$ となる．その後の運動では，$v_{\rm P} = 0$ ならば球は滑らずに転がるが，$v_{\rm P} \neq 0$ の場合は床との間に滑りがあり，$v_{\rm P}$ と逆向きに摩擦力が働く．動摩擦係数 μ' のクーロン摩擦であれば，運動方程式は

$$M\dot{V} = -\mu' Mg\frac{v_{\rm P}}{|v_{\rm P}|}, \quad I\dot{\omega} = \mu' Mga\frac{v_{\rm P}}{|v_{\rm P}|}$$

となる．これを解くと，$\frac{2}{7\mu' g}|V_0 - a\omega_0|$ だけの時間の後に $V - a\omega = 0$ となり，その後は滑らずに転がることがわかる．特に，$\frac{7}{5}a < h < 2a$ の場合，並進運動が摩擦力のために加速されるという，粒子ではあり得ない現象が起こる．

という条件を満たさなければならない．この条件が満たされない場合は，球と斜面の接点が滑り動摩擦が働く．したがってこの場合，動摩擦係数 μ' を用いて $F = \mu' F_{\mathrm{N}}$ となり，

$$\dot{X} = gt(\sin\alpha - \mu'\cos\alpha), \quad \omega = \dot{\phi} = \frac{\mu' Mgat\cos\alpha}{I} \tag{7.56}$$

が得られる．ただし，$t = 0$ で $\dot{X} = \dot{\phi} = 0$ とした．接点の速度は

$$\dot{X} - \omega a = gt\left[\sin\alpha - \left(1 + \frac{Ma^2}{I}\right)\mu'\cos\alpha\right] = gt\left(\sin\alpha - \frac{7}{2}\mu'\cos\alpha\right) \tag{7.57}$$

となる．一般に摩擦係数には $\mu' < \mu$ の関係があるから，条件 (7.55) が満たされないとき，上の式は正の量を与える．すなわち，球は進行方向に滑りながら転がり落ちる．■

7.5　剛体の自由回転

本節では，剛体に働く外力のモーメントが $\mathbf{0}$ の場合の回転運動について議論する．これは，外力が全く働かない場合だけでなく，外力があっても，並進運動と回転運動を関係づけるような拘束がなければ，質量中心に対する相対運動を分離して議論することができるので，そのような場合も含まれる．簡単な場合からはじめて，より一般の場合へと拡張していくことにしよう．解析の手段となるのは，前節で導入したオイラーの方程式 (7.44) である．

■球状こまの自由回転　まず，$I_1 = I_2 = I_3$ であるような剛体の自由回転について考えよう．このとき，オイラーの方程式は $\dot{\boldsymbol{\omega}} = \mathbf{0}$ となり，角速度 $\boldsymbol{\omega}$ は時間的に一定である．すなわち，剛体は一定の角速度で回転する．

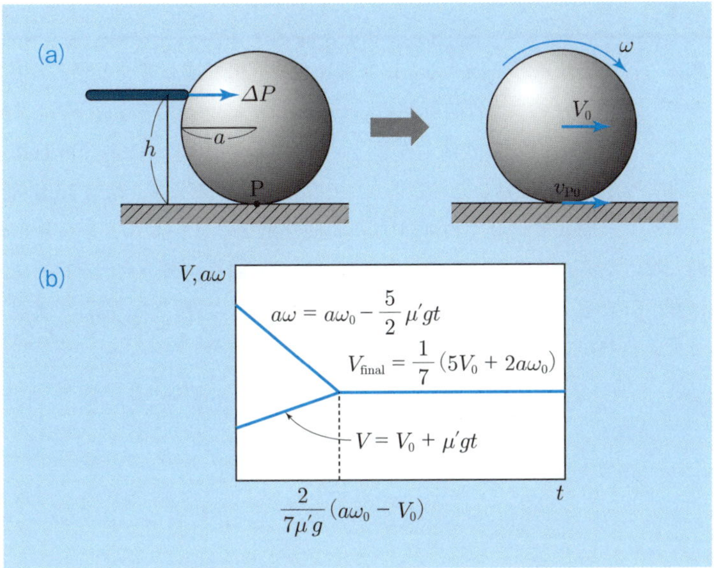

図 7.12　(a) はビリヤード球の運動．(b) は $V_0 < a\omega_0$ の場合の V と $a\omega$ の時間変化．

対称こまの自由回転 次に，$I_1 = I_2 \neq I_3$, $\boldsymbol{N} = \boldsymbol{0}$ の場合を考える．このときオイラーの方程式 (7.44) の第 3 式より $\omega_3 = \text{const.}$ であり，第 2 式，第 3 式は

$$\frac{d\omega_1}{dt} = \frac{(I_1 - I_3)\omega_3}{I_1}\omega_2, \quad \frac{d\omega_2}{dt} = -\frac{(I_1 - I_3)\omega_3}{I_1}\omega_1 \tag{7.58}$$

となる．$\varOmega_{\mathrm{P}} = \dfrac{(I_3 - I_1)\omega_3}{I_1}$ とおくと，これは角振動数 $|\varOmega_{\mathrm{P}}|$ の単振動の運動方程式と同じであるから，ω_0, t_0 を定数として次の解が得られる．

$$\omega_1 = \omega_0 \cos[\varOmega_{\mathrm{P}}(t - t_0)], \quad \omega_2 = \omega_0 \sin[\varOmega_{\mathrm{P}}(t - t_0)] \tag{7.59}$$

したがって，$I_3 > I_1$ のときは $\varOmega_{\mathrm{P}} > 0$ より ω_3 の正の向きから見て反時計回りに，$I_3 < I_1$ のときは $\varOmega_{\mathrm{P}} < 0$ より同じ向きから見て時計回りに，瞬間回転軸 $\boldsymbol{\omega}$ は対称軸 $\boldsymbol{e}_3$ のまわりを，一定角度 θ $\left(\tan\theta = \dfrac{\omega_0}{\omega_3}\right)$ だけ傾いたまま角振動数 $\varOmega_{\mathrm{P}}$ で回転する．このように回転軸がある定ベクトルに対し一定の角度を保って，円錐を描くように回転する運動を**歳差運動**という．また，角速度の大きさ $\omega = |\boldsymbol{\omega}| = \sqrt{\omega_0^2 + \omega_3^2}$ は一定である．さらに，角運動量は

$$\begin{aligned} \boldsymbol{L} &= I_1\omega_0 \cos[\varOmega_{\mathrm{P}}(t - t_0)]\boldsymbol{e}_1 + I_1\omega_0 \sin[\varOmega_{\mathrm{P}}(t - t_0)]\boldsymbol{e}_2 + I_3\omega_3\boldsymbol{e}_3 \\ &= I_1\boldsymbol{\omega} + (I_3 - I_1)\,\omega_3\boldsymbol{e}_3 \end{aligned} \tag{7.60}$$

と書けるので，$\boldsymbol{e}_3$, $\boldsymbol{\omega}$ と同一平面上にあって，$\boldsymbol{\omega}$ と同様に $\boldsymbol{e}_3$ 軸から角度 θ' $\left(\tan\theta' = \dfrac{I_1\omega_0}{I_3\omega_3}\right)$ だけ傾いたまま $\boldsymbol{e}_3$ のまわりを回転する．

チャンドラー極運動

地球の自転を剛体の自由回転として扱うことは非常に良い近似で成り立つと思われる．実際，オイラーはそのように考えて，式 (7.59) のような自転軸の回転が起こっているだろうと予言した．地球の慣性モーメントの値を用いてこの回転の周期を計算すると，$\dfrac{I_3 - I_1}{I_1} = \dfrac{1}{306}$ より，約 306 日になる．研究者たちは，このオイラー周期と呼ばれる運動を発見しようとしたが見つけられず，結局 1891 年に，チャンドラー (Chandler) が，オイラー周期ではなく約 433 日の周期運動をしていることを突き止めた．この周期は**チャンドラー周期**と呼ばれる．北極の近くで，自転軸は反時計回りにおよそ円を描くような動きをしており，その大きさは直径 3 から 10 m 程度である．オイラー周期との違いは，地球が実際には剛体ではないことに起因すると考えられている．

次に，この運動を剛体の質量中心が静止して見えるような慣性系で考えてみよう．運動方程式は，

$$\frac{d\boldsymbol{L}}{dt} = \mathbf{0} \tag{7.61}$$

であるから，慣性系においては角運動量は保存量であり，時間変化しない．そこで，$\boldsymbol{e}_z$ を $\boldsymbol{L}$ の向きに選んで（すなわち $\boldsymbol{L} = L\boldsymbol{e}_z = \sqrt{I_1^2\omega_0^2 + I_3^2\omega_3^2}\ \boldsymbol{e}_z$），オイラーの角を導入すると，角速度は p.158〔下欄〕の式 (∗) のように，

$$\boldsymbol{\omega} = \dot{\phi}\boldsymbol{e}_z + \dot{\theta}\boldsymbol{e}_N + \dot{\psi}\boldsymbol{e}_3 \tag{7.62}$$

となる（p.156–158 の〔下欄〕の記事の $(\boldsymbol{e}'_x, \boldsymbol{e}'_y, \boldsymbol{e}'_z)$ は，今の場合 $(\boldsymbol{e}_1, \boldsymbol{e}_2, \boldsymbol{e}_3)$ に置き換わっていることに注意）．一方，式 (7.60) より，

$$\boldsymbol{\omega} = \frac{L}{I_1}\boldsymbol{e}_z - \frac{(I_3 - I_1)\,\omega_3}{I_1}\boldsymbol{e}_3 \tag{7.63}$$

であるから，これは

$$\dot{\theta} = 0, \quad \dot{\phi} = \frac{L}{I_1}, \quad \dot{\psi} = -\frac{(I_3 - I_1)\omega_3}{I_1} \tag{7.64}$$

であることを意味する．したがって慣性系では不変な角運動量ベクトルのまわりを剛体の対称軸 $\boldsymbol{e}_3$ 軸と瞬間回転軸 $\boldsymbol{\omega}$ が歳差運動を行うが，その角速度は

$$\omega_{\mathrm{P}} = \frac{L}{I_1} = \frac{L_3}{I_1\cos\theta'} = \frac{I_3\omega_3}{I_1\cos\theta'} \tag{7.65}$$

であって，剛体に固定された基準系における $\boldsymbol{\omega}$ の歳差運動の角速度 Ω_{P} とは異なる．

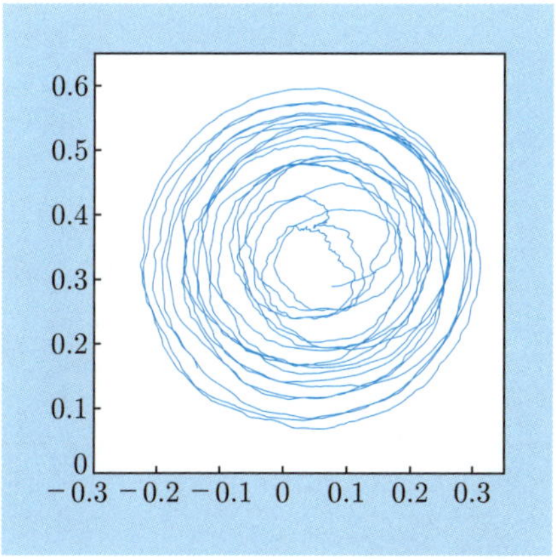

図 7.13　1990 年から 2012 年までの極運動．自転軸の北極の位置 (x, y) を IERS Earth Orientation Center のデータを用いて作図した．横軸は経度 0° 方向，縦軸は西経 90° 方向を表す．目盛の単位は角度秒である．1 角度秒は地表では約 30.8 m に相当する．

一般の剛体の自由回転 対称性のない一般の剛体の自由回転について考えよう．このとき，$I_1 < I_2 < I_3$ としても一般性を失わないので，以下ではそのように仮定する．さて，オイラーの方程式には，次のような

$$(\omega_1, \omega_2, \omega_3) = (\Omega, 0, 0), (0, \Omega, 0), (0, 0, \Omega) \tag{7.66}$$

の 3 種類の定常解が存在する（図 7.14）．ただし Ω は定数である．これらは，剛体が慣性主軸のまわりを一定の角速度で回転する運動を表す．これらの解の安定性を議論するため，例えば $\delta\omega_2$, $\delta\omega_3$ を微小量として次の形の解を考える．

$$(\omega_1, \omega_2, \omega_3) = (\Omega, \delta\omega_2, \delta\omega_3) \tag{7.67}$$

オイラーの方程式に代入して，$\delta\omega_2$, $\delta\omega_3$ について 1 次の項まで考えると，

$$\frac{d^2}{dt^2}\delta\omega_k = -\frac{(I_2 - I_1)(I_3 - I_1)}{I_2 I_3}\Omega^2 \delta\omega_k \quad (k = 2, 3) \tag{7.68}$$

という式が得られる．これは単振動の式と同じであり，初期条件で $\delta\omega_2$, $\delta\omega_3$ が微小であれば，その後も微小であり続ける．つまり，定常解 $(\omega_1, \omega_2, \omega_3) = (\Omega, 0, 0)$ は安定であるということがわかる．同様にして，$(0, 0, \Omega)$ のまわりの解を考えると，

$$\frac{d^2}{dt^2}\delta\omega_k = -\frac{(I_3 - I_1)(I_3 - I_2)}{I_1 I_2}\Omega^2 \delta\omega_k \quad (k = 1, 2) \tag{7.69}$$

が得られ，これも安定になる．しかし，$(\delta\omega_1, \Omega, \delta\omega_3)$ の形の解を考えると，$\delta\omega_1$, $\delta\omega_3$ に対する式は

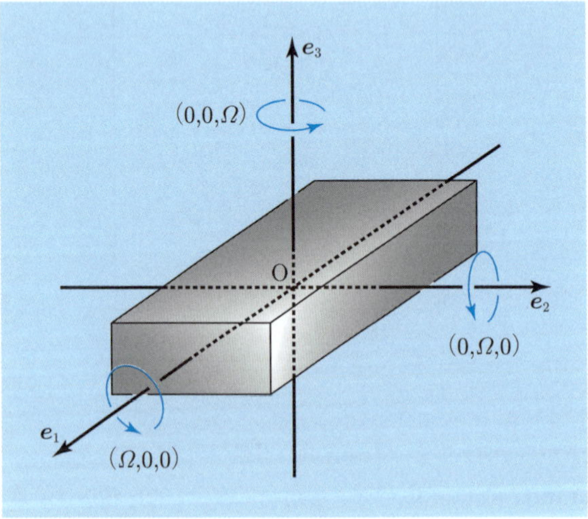

図 7.14 3 種類の定常解

$$\frac{d^2}{dt^2}\delta\omega_k = \frac{(I_2 - I_1)(I_3 - I_2)}{I_1 I_3}\Omega^2 \delta\omega_k \quad (k = 1, 3) \tag{7.70}$$

となり，これは $\lambda = \Omega\sqrt{\dfrac{(I_1 - I_2)(I_2 - I_3)}{I_1 I_3}}$ として，$e^{\lambda t}$, $e^{-\lambda t}$ という基本解をもつ．したがって，$\delta\omega_1$, $\delta\omega_3$ は一般に指数関数的に増大し，微小量という近似は成り立たなくなる．すなわち，定常解 $(0, \Omega, 0)$ は不安定である．

同じことを次のように保存量の議論から確認することもできる．自由回転では，次の二つの量は保存量である．

$$E = \frac{1}{2}\left(I_1\omega_1^2 + I_2\omega_2^2 + I_3\omega_3^2\right) \tag{7.71}$$

$$\left|\boldsymbol{L}'\right|^2 = I_1^2\omega_1^2 + I_2^2\omega_2^2 + I_3^2\omega_3^2 \tag{7.72}$$

実際，オイラーの方程式を用いると，

$$\frac{dE}{dt} = 0, \quad \frac{d\left|\boldsymbol{L}\right|^2}{dt} = 0 \tag{7.73}$$

が示される．そこで，$x_k = I_k\omega_k$ $(k = 1, 2, 3)$ として，(x_1, x_2, x_3) を座標とする空間を考えると，式 (7.72) は，$x_1^2 + x_2^2 + x_3^2 = L^2$ となり，半径 $L = |\boldsymbol{L}|$ の球面を表す（図 7.15）．これに対し，式 (7.71) は

$$\frac{x_1^2}{2EI_1} + \frac{x_2^2}{2EI_2} + \frac{x_3^2}{2EI_3} = 1 \tag{7.74}$$

となり，これは半軸 $\sqrt{2EI_1} < \sqrt{2EI_2} < \sqrt{2EI_3}$ の楕円体の表面を表す．保

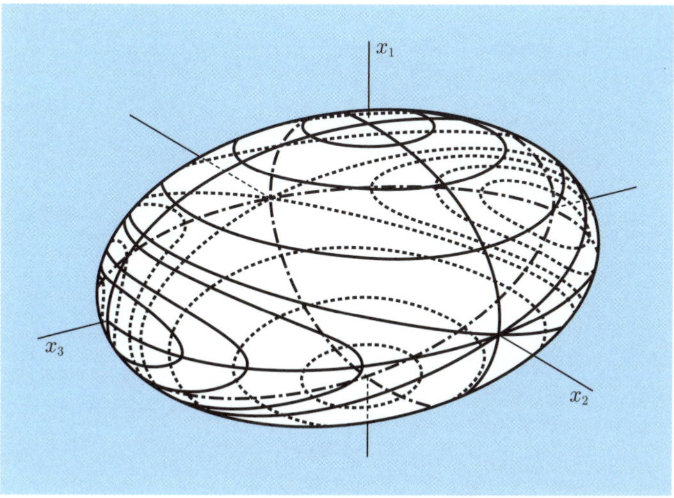

図 7.15 式 (7.71), (7.72) の交線を (x_1, x_2, x_3) の空間で表示した図

存則より，一つの運動は (x_1, x_2, x_3) において，これら二つの曲面の交線上しか動けない．幾何学的考察から，このような交線は図 7.15 に示すようになることがわかる．したがって，最も大きい主慣性モーメントや最も小さい主慣性モーメントに対応する慣性主軸のまわりの回転は安定だが，中間の大きさの主慣性モーメントに対する慣性主軸のまわりの回転は不安定で実現されない．このことは直方体の物体をそれぞれの向きに回転させながら放り上げてみれば実際に確認することができる．

7.6 こまの運動

■ラグランジュのこま　$\boldsymbol{e}_3$ 軸上に質量中心をもつ対称こま（$I_1 = I_2 \neq I_3$）が，一様重力の作用を受けながら，$\boldsymbol{e}_3$ 軸上の 1 点 O を固定点として回転する場合の運動について考えよう．これは，**ラグランジュ**（Lagrange）**のこま**と呼ばれる．まず，図 7.16 のようにオイラーの角を定義しよう．点 O に関する主慣性モーメントは，$I'_1 = I^{\mathrm{O}}_1 = I_1 + Ml^2$, $I^{\mathrm{O}}_3 = I_3$ のように質量中心に関する主慣性モーメントと結びついている．角速度は，

$$\boldsymbol{\omega} = \left(\dot{\phi}\sin\theta\sin\psi + \dot{\theta}\cos\psi\right)\boldsymbol{e}_1 + \left(\dot{\phi}\sin\theta\cos\psi - \dot{\theta}\sin\psi\right)\boldsymbol{e}_2 + \left(\dot{\phi}\cos\theta + \dot{\psi}\right)\boldsymbol{e}_3 \tag{7.75}$$

であり，外力のモーメントは，O と質量中心の間の距離を l とすると $\boldsymbol{N} = l\boldsymbol{e}_3 \times (-Mg\boldsymbol{e}_z) = Mgl\sin\theta(\cos\psi\ \boldsymbol{e}_1 - \sin\psi\ \boldsymbol{e}_2)$ となる．これらを用いてオイラーの方程式を書き下し，多少整理すると

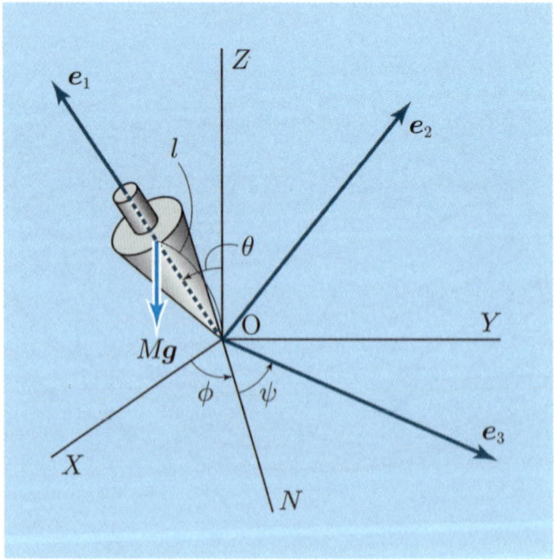

図 7.16　ラグランジュのこま

$$I_1'\left(\ddot{\phi}\sin\theta + 2\dot{\theta}\dot{\phi}\cos\theta\right) - I_3\omega_3\dot{\theta} = 0 \tag{7.76}$$

$$I_1'\left(\ddot{\theta} - \dot{\phi}^2\sin\theta\cos\theta\right) + I_3\omega_3\dot{\phi}\sin\theta = Mgl\sin\theta \tag{7.77}$$

$$I_3\frac{d\omega_3}{dt} = 0 \tag{7.78}$$

が得られる．したがって，$\omega_3 = \dot{\phi}\cos\theta + \dot{\psi}$，あるいは $L_3 = I_3\omega_3$ は保存量になる．同様に，以下の量も保存量であることがわかる．

$$L_z = \dot{\phi}\left(I_1'\sin^2\theta + I_3\cos^2\theta\right) + I_3\dot{\psi}\cos\theta \tag{7.79}$$

$$E = \frac{I_1'}{2}\left(\dot{\theta}^2 + \dot{\phi}^2\sin^2\theta\right) + \frac{I_3}{2}\left(\dot{\phi}\cos\theta + \dot{\psi}\right)^2 + Mgl\cos\theta \tag{7.80}$$

L_z は角運動量の z 成分，すなわち $\boldsymbol{L}\cdot\boldsymbol{e}_z$ であり，E は力学的エネルギーを表す．L_3, L_z の式を $\dot{\phi}$, $\dot{\psi}$ について解き，その結果をエネルギーの式に代入すると，次のように θ とその導関数のみを用いて E を表すことができる．

$$E = \frac{I_1'}{2}\dot{\theta}^2 + \frac{L_3^2}{2I_3} + Mgl\cos\theta + \frac{(L_z - L_3\cos\theta)^2}{2I_1'\sin^2\theta} \tag{7.81}$$

これより θ の運動は，次のような有効ポテンシャル中の“質量”I_1' の粒子の1次元運動として扱える．

$$U_{\text{eff}}(\theta) = Mgl\cos\theta + \frac{(L_z - L_3\cos\theta)^2}{2I_1'\sin^2\theta} \tag{7.82}$$

右辺第1項の $Mgl\cos\theta$ は重力を表すが，第2項は回転運動の効果である．あるいは，$u = \cos\theta$ とおくと，エネルギー保存則 (7.81) を

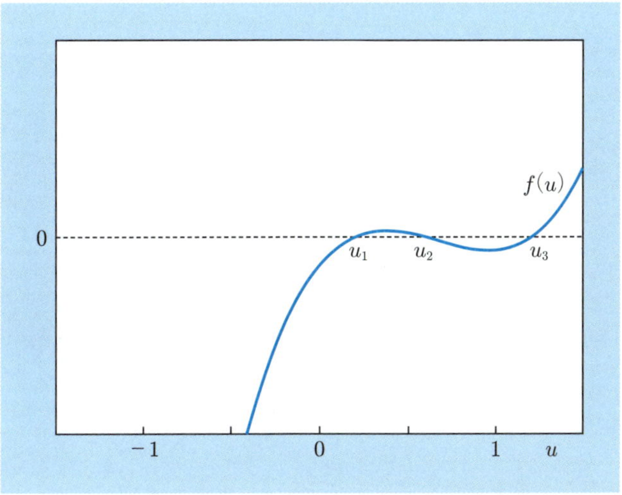

図 7.17　$f(u)$ の例

$$\dot{u}^2 = f(u) = (\alpha - \beta u)(1 - u^2) - (a - bu)^2 \tag{7.83}$$

という形に表すこともできる．ただし，ここで

$$\alpha = \frac{2}{I_1'}\left(E - \frac{L_3^2}{2I_3}\right), \quad \beta = \frac{2Mgl}{I_1'}, \quad a = \frac{L_z}{I_1'}, \quad b = \frac{L_3}{I_1'} \tag{7.84}$$

とおいた．運動が可能な u の範囲は，$-1 \leq u \leq 1$ と $f(u) \geq 0$ の二つの条件を同時に満たすことから決まる．まず，$f(\pm 1) = -(a \mp b)^2$ より，$u = 1$ や $u = -1$ の運動が可能であるためには $b = \pm a$，すなわち $L_3 = \pm L_z$ が必要になる．これは慣性主軸 $\boldsymbol{e}_3$ が鉛直方向を向く場合に相当し，**眠りごま**といわれる．それ以外の場合は，$f(\pm 1) < 0$ であり，回転軸は鉛直方向から傾いている．関数 $f(u)$ は 3 次関数で，$\lim_{u \to +\infty} f(u) = +\infty$, $\lim_{u \to -\infty} f(u) = -\infty$ であることから，$f(u) = 0$ は $-1 \leq u \leq 1$ に 2 個の解をもち，$u > 1$ に 1 個の解をもつ．解を $u_1 \leq u_2 \leq u_3$ とすると，運動の可能な範囲は $u_1 \leq u \leq u_2$ である．$u_1 \neq u_2$ ならば，u は区間 $[u_1, u_2]$ で周期的な往復運動をする．u と θ は 1 対 1 対応なので，このとき θ も同様な運動をする．このような対称軸の傾きの周期的変動を**章動**という．u の運動が求められれば，他の変数 ϕ と ψ に関しては，

$$\dot{\phi} = \frac{a - bu}{1 - u^2} \tag{7.85}$$

$$\dot{\psi} = \omega_3 - \frac{u(a - bu)}{1 - u^2} \tag{7.86}$$

を解くことにより得ることができる．ϕ の運動は歳差運動を表し，ψ は対称

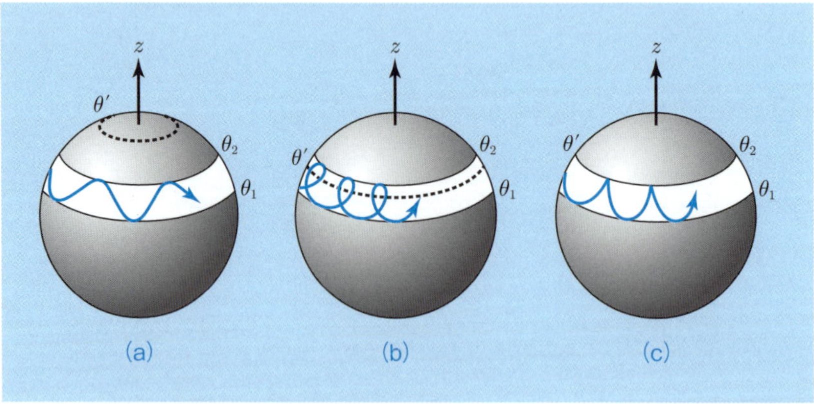

図 7.18　こまの軸の向きの運動．θ_1, θ_2 は $u_1 = \cos\theta_1, u_2 = \cos\theta_2$ で決まる角度．θ' は $u' = \cos\theta'$ で決まる角度を表す（p.185 参照）．

軸まわりの回転を表す．こまの運動は，これら 3 種類の運動の組合せとして理解することができる．これらの計算は，楕円関数を用いて厳密に行うことができるが，本書ではその計算の詳細には踏み込まず，定性的な議論にとどめる．

■こまの軸の運動　$u' = \dfrac{a}{b} = \dfrac{L_z}{L_3}$ が区間 $[u_1, u_2]$ に含まれるかどうかによって，こまの軸の運動の様子は変わる（図 7.18（p.184））．

(a)　$u' < u_1$ あるいは $u' > u_2$ のとき，$\dot{\phi}$ は常に同じ符号の値を取り続ける．したがって，軸の先端の運動は，一方向の歳差運動に正弦曲線に似た振動が重ね合わされたものになる．
(b)　$u_1 < u' < u_2$ のとき，$\dot{\phi}$ は符号を変えるので，軸の先端はらせんを描きながら鉛直軸のまわりを回る．
(c)　$u' = u_1$ または $u' = u_2$ のとき，θ の取り得る範囲の端点で $\dot{\phi} = 0$ となるので，軸の先端の運動はそこで尖った形をもつようになる．

■ 2 種類の歳差運動　剛体の自由回転における歳差運動とこまの歳差運動は別のもので，自由回転における歳差運動はむしろこまの章動に対応するものだということを注意しておこう．有効ポテンシャル (7.82) において $g = 0$ とすると，$L_z = L_3 \cos\theta_0$ となる角 θ_0 が安定平衡点となるが，式 (7.85) より，このとき $\dot{\phi} = 0$ となり，こまの意味での歳差運動は起こらない．また，安定平衡点では $\boldsymbol{L} = L\boldsymbol{e}_3$ である．この点のまわりでの微小振動を調べるた

地球に働くトルク (1)

地球が完全な球ではなく回転楕円体であることと，地軸が公転面に対して傾いていることのために，太陽からの万有引力は地球にトルクを生じる．太陽から地球の中心への位置ベクトルを $\boldsymbol{R}$ とし，地軸の向きを $\boldsymbol{e}_3$ とする．また，公転面に垂直に $\boldsymbol{e}_z$ を取り，$\boldsymbol{e}_3$ と $\boldsymbol{e}_z$ が張る平面上に $\boldsymbol{e}_3$ に垂直な $\boldsymbol{e}_2$ を選び，この平面に垂直に $\boldsymbol{e}_1$ を取る．$\boldsymbol{e}_3$ は地球に固定されているが，$\boldsymbol{e}_1, \boldsymbol{e}_2$ はそうでないことに注意せよ．このとき，地球の中心からの位置 $\boldsymbol{r}$ 近傍の ΔV の体積に働く太陽からの引力は，

$$\Delta\boldsymbol{F} = -\frac{GM\rho\Delta V}{|\boldsymbol{R}+\boldsymbol{r}|^3}(\boldsymbol{R}+\boldsymbol{r}) \simeq -\frac{GM\rho(\boldsymbol{r})\Delta V}{R^3}\left(1 - \frac{3\boldsymbol{R}\cdot\boldsymbol{r}}{R^2}\right)(\boldsymbol{R}+\boldsymbol{r})$$

である．ただし，$\boldsymbol{r}$ における地球の密度を $\rho(\boldsymbol{r})$，太陽の質量を M とし，$R = |\boldsymbol{R}| \gg |\boldsymbol{r}|$ を用いて近似を行った．これらを用いると，地球に働くトルクは

$$\boldsymbol{N} = \frac{3GM}{R^5}\int \boldsymbol{R}\cdot\boldsymbol{r}(\boldsymbol{r}\times\boldsymbol{R})\rho(\boldsymbol{r})dV \qquad (*)$$

という式で表されることがわかる．

め $\theta = \theta_0 + x$ とおいて，有効ポテンシャルを x について展開すると，

$$U_{\mathrm{eff}}(\theta_0 + x) = \frac{I_3^2 \omega_3^2}{2I_1'} x^2 + o(x^2) \quad (x \to 0) \tag{7.87}$$

を得る．したがって，微小振動の振動数は

$$\omega_{\mathrm{nut}} = \frac{I_3 \omega_3}{I_1'}$$

であり，これは自由回転の振動数で I_1 を I_1' に置き換えただけのものである．微小振動の解は $x = x_0 \cos(\omega_{\mathrm{nut}} t + \delta)$ の形に書ける．さらに，式 (7.85) の右辺を同様に x について展開すると，

$$\dot{\phi} = \frac{L_3}{I_1' \sin\theta_0} x = \frac{\omega_{\mathrm{nut}}}{\sin\theta_0} x \tag{7.88}$$

となり，これに x の微小振動の解を代入して積分すると，

$$\phi(t) \sin\theta_0 = x_0 \sin(\omega_{\mathrm{nut}} t + \delta) + \phi_0 \sin\theta_0 \tag{7.89}$$

ただし，ϕ_0 は積分定数である．$\sin\theta_0(\phi(t) - \phi_0)$ は，単位球面上で緯線 $\theta = \theta_0$ に沿った距離を表し，$x = \theta - \theta_0$ は経線 $\phi = \phi_0$ 上の距離を表すので，この解は $\boldsymbol{e}_3$ の先端の点が (θ_0, ϕ_0) で表される点を中心に半径 x_0 の円を描くことを表す．これは確かに，剛体の自由回転において対称軸が角運動量のまわりを回転する歳差運動に対応する．一方，こまの歳差運動は外力（この場合は重力）によって引き起こされたものである．

地球に働くトルク (2)

前項で得られた式 $(*)$ を用いて，地球に働くトルクを具体的に計算してみよう．まず，簡単のため，太陽も $\boldsymbol{e}_3, \boldsymbol{e}_z$ が張る平面上にある場合を考えよう．$\boldsymbol{R} = R\cos\alpha\, \boldsymbol{e}_2 + R\sin\alpha\, \boldsymbol{e}_3$, $\boldsymbol{r} = x_1\boldsymbol{e}_1 + x_2\boldsymbol{e}_2 + x_3\boldsymbol{e}_3$ のように座標を設定すると，

$$\boldsymbol{N} = \frac{3GM}{R^3} \sin\alpha\cos\alpha \int \left(x_2^2 - x_3^2\right) \rho(\boldsymbol{r}) dV \boldsymbol{e}_1 = \frac{3GM}{R^3} (I_3 - I_1) \sin\alpha\cos\alpha\, \boldsymbol{e}_1$$

が得られる．これがこの場合の地球に働くトルクである．　(p.188 へ続く)

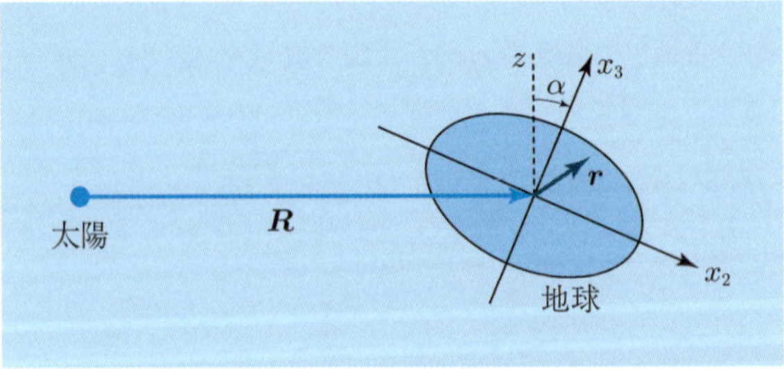

例題 7.5　$u_1 = u_2 = \cos\theta_0$ のとき，こまの軸は鉛直軸と一定の角度 θ_0 を保って運動することができる．これを**正則歳差運動**という（図 7.19）．正則歳差運動が起こるための ω_3 に対する条件を求めよ．また，この歳差運動の角振動数はいくらになるか．ただし，$u_1^2 \neq 1$ とする．

解答　$u_1 = u_2$ は，$f(u) = 0$ の重解であるから，$f(u) = f'(u) = 0$ を満足する．$f(u_1) = 0$ と $u_1^2 \neq 1$ より，

$$\alpha - \beta u_1 = \frac{(a - bu_1)^2}{1 - u_1^2}$$

となるので，これを $f'(u_1) = 0$ の式に代入し，式 (7.85) を用いて整理すると，

$$2u_1\dot{\phi}^2 - 2b\dot{\phi} + \beta = 0 \tag{7.90}$$

が得られる．この $\dot{\phi}$ に対する 2 次方程式が解をもつためには，判別式が正，すなわち

$$b^2 - 2u_1\beta = \frac{L_3^2}{I_1'^2} - \frac{4Mgl\cos\theta_0}{I_1'} \geq 0$$

が必要であり，これを書き直すと，ω_3 に対する条件

$$\omega_3^2 \geq \frac{4I_1'Mgl\cos\theta_0}{I_3^2} \tag{7.91}$$

が得られる．$\theta_0 \geq \dfrac{\pi}{2}$ の場合（1 点を固定してこまをつり下げるような場合）は，どのような ω_3 でも条件を満たすが，$\theta_0 < \dfrac{\pi}{2}$ の場合は，ある程度以上速く回転しないと正則歳差運動は実現できない．解は

$$\dot{\phi} = \frac{1}{2u_1}\left(b \pm \sqrt{b^2 - 2\beta u_1}\right) \tag{7.92}$$

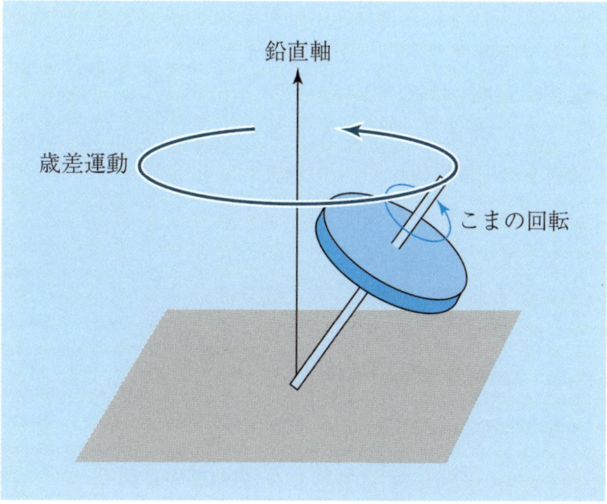

図 7.19　正則歳差運動

となるが，こまが高速で回転する場合，すなわち，

$$\omega_3^2 \gg \frac{4I_1' Mgl\cos\theta_0}{I_3^2} \tag{7.93}$$

が満たされる場合は，根号の部分を展開して，

$$\dot{\phi} = \begin{cases} \dfrac{b}{u_1} = \dfrac{I_3\omega_3}{I_1'\cos\theta_0} & \text{（速い歳差運動）} \\ \dfrac{\beta}{2b} = \dfrac{Mgl}{I_3\omega_3} & \text{（遅い歳差運動）} \end{cases} \tag{7.94}$$

のように近似することができる． ■

正則歳差運動は特殊な初期条件に対する解であることに注意しよう．2 種類の歳差運動が求められたが，そのうち速い歳差運動は重力の大きさによらない．この場合の $\dot{\phi}$ は式 (7.65) の ω_{FP} と同じ形であり，$g \to 0$ の極限で対称こまの自由回転における歳差運動に移行する．つまり，こまの運動としては章動に当たる．通常のこまの運動で観測される歳差運動は遅い歳差運動であり，これは重力（のモーメント）の作用によって引き起こされたものである．したがって，$g \to 0$ の極限を考えると消えてしまう．このときの角速度は次のように考えて求めることもできる．$\dot{\theta} = 0$ のとき剛体の角速度は

$$\boldsymbol{\omega} = \dot{\phi}\boldsymbol{e}_z + \dot{\psi}\boldsymbol{e}_3$$

と書けるので，軸のまわりの回転が高速で $\dot{\phi} \ll \dot{\psi}$ が成り立っているならば，角運動量は

$$\boldsymbol{L} \simeq I_3\omega_3\boldsymbol{e}_3$$

地球に働くトルク (3)

（p.186 の続き） (2) で計算したのは，地球が公転軌道上の右図 A の位置にあるような場合であったが，明らかに B や D の位置にある場合はトルクは働かない．また，公転軌道を円で近似すれば，C の位置の場合は A と同じトルクが働く．そこで，軌道上の位置を表す角 β を導入して $\boldsymbol{R} = R\cos\beta\ \boldsymbol{e}_1 + R\sin\beta\cos\alpha\ \boldsymbol{e}_2 + R\sin\beta\sin\alpha\ \boldsymbol{e}_3$ として上の計算をやり直すと，$\boldsymbol{N}$ の第 1 成分は上で求めたものに $\sin^2\beta$ を乗じたものになる．また，第 2，第 3 成分は $\sin\beta\cos\beta$ の因子をもつ．したがって，β に関して平均（本当は時間平均を取るべきだが，円軌道と考えれば同じになる）を取ると，第 2，第 3 成分は消えて

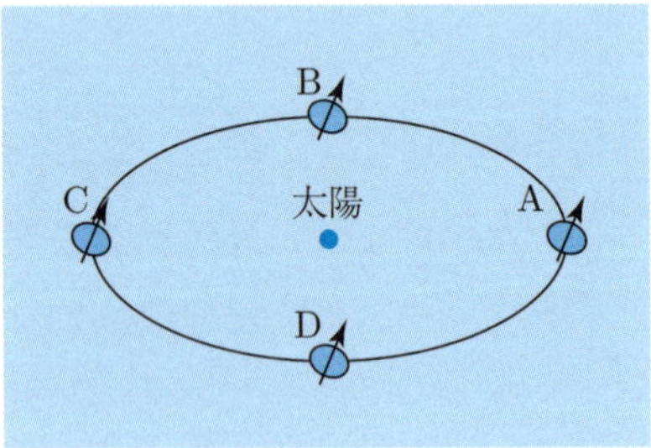

$$\boldsymbol{N} = \frac{3GM}{2R^3}(I_3 - I_1)\sin\alpha\cos\alpha\,\boldsymbol{e}_1$$

となる．これは地軸を $\boldsymbol{e}_z$ の向きに回転させようとする向きのトルクである．

と近似できる．これより，慣性系で

$$\frac{d\boldsymbol{L}}{dt} = \boldsymbol{\omega} \times \boldsymbol{L} \simeq \dot{\phi} I_3 \omega_3 \boldsymbol{e}_z \times \boldsymbol{e}_3 \tag{7.95}$$

一方，こまに働く力のモーメントは

$$\boldsymbol{N} = (l\boldsymbol{e}_3) \times (M\boldsymbol{g}) = Mgl\boldsymbol{e}_z \times \boldsymbol{e}_3$$

となる．運動方程式よりこれらが等しいことから，式 (7.94) の遅い歳差運動と同じ

$$\dot{\phi} = \frac{Mgl}{I_3\omega_3}$$

が得られる．$\dot{\phi}$ がこまの傾きの角度 θ_0 によらないことは，歳差運動の注目すべき性質である．

地球に働くトルク (4)——日月歳差運動

本文で述べたように，トルクと $\boldsymbol{\omega} \times \boldsymbol{L}$ が等しいことから，歳差運動の角速度や周期を求めることができる．すなわち，

$$\dot{\phi} = -\frac{3GM(I_3 - I_1)\cos\alpha}{2R^3 I_3 \omega_3}$$

ここで，

$$T_{\mathrm{y}} = 2\pi\sqrt{\frac{R^3}{GM}} = 1\,年, \quad T_{\mathrm{d}} = \frac{2\pi}{\omega_3} = 1\,日, \quad \frac{I_3 - I_1}{I_3} \simeq \frac{1}{306}, \quad \alpha \simeq 23.4^\circ$$

を用いると，

$$\dot{\phi} \simeq -1.232 \times 10^{-5} \frac{2\pi}{T_{\mathrm{y}}}$$

となり，周期を計算すると約 81000 年になる．実は，月の影響のほうが大きく，上の式で M と R を月の質量と地球と月の間の平均距離に置き換えて計算すると，太陽の約 2.178 倍の角速度が得られる．これは月と太陽の軌道面の違いなどを無視した近似であるが，両方の効果を合わせて周期を評価すると，約 25500 年となり実際の値に近い値が得られる．また，負号があることからわかるように，向きは自転とは逆になる．このような月と太陽の引力による地球の歳差運動を**日月**(じつげつ)**歳差運動**と呼ぶ．

7.7 演習問題

7.1 傾斜角 α の斜面上に，質量 M の一様な密度の直方体の物体が，一つの軸を水平に静止して置かれている．その軸に垂直，かつ質量中心を含む平面で切った断面を図 1 に示す．水平な軸と垂直な直方体の辺の長さは図に示す通りである．斜面と物体の静止摩擦係数は μ とする．斜面から物体に働く垂直抗力と摩擦力の大きさと作用点を図に書き入れよ．また，α を大きくしていくとあるところで物体は静止できなくなる．どのようなことが起こるか述べよ．

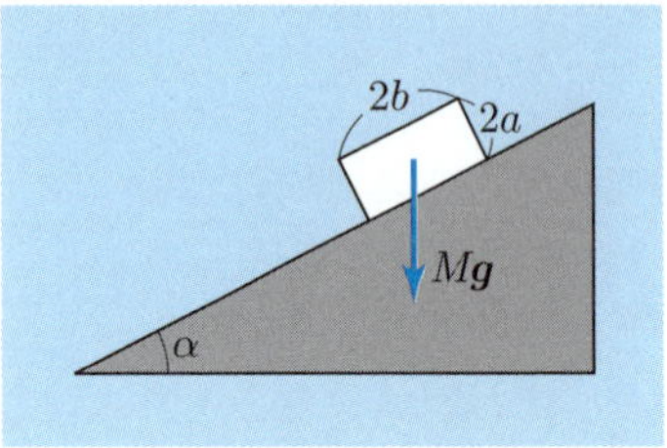

図 1

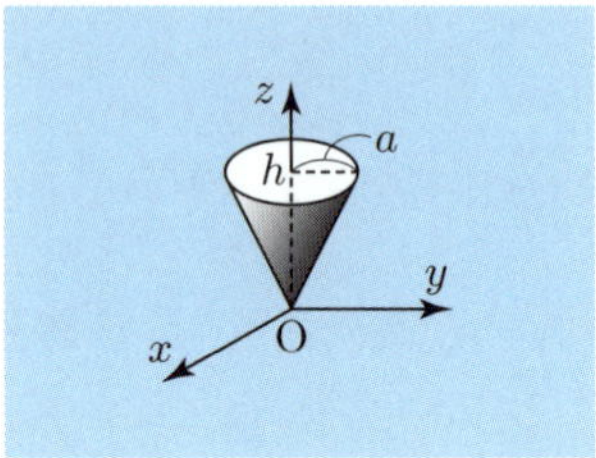

図 2

7.2 高さ h，底面の半径 a，質量 M の一様な密度の円錐がある．この物体の質量中心に関する主慣性モーメントを求めよ（図 2）．

7.3 軸 O のまわりに自由に回転できる剛体が静止して置かれている．軸に垂直で，質量中心 C を含む平面上で，線分 OC の延長上 O から距離 l の点 A にこの平面上の軸に垂直な向きに撃力が加わったとき，軸 O に働く拘束力の力積が 0 となるような l を求めよ．ただし，剛体の質量を M，固定軸 O に関する慣性モーメントを I，OC の長さを h とする（点 O に対し，このような A を**打撃の中心**と呼ぶ）（図 3）．

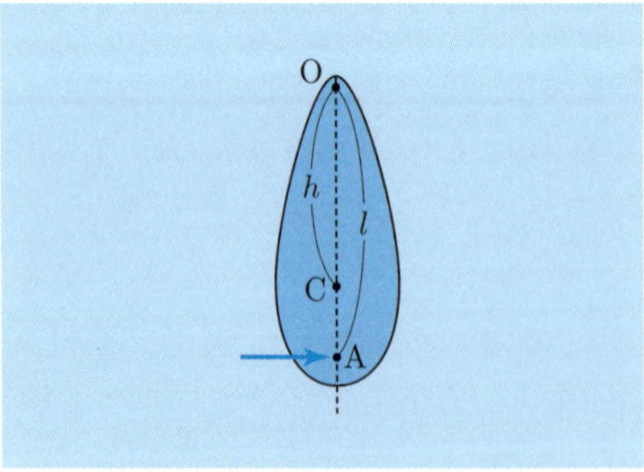

図 3

7.4 p.176–177 の〔下欄〕のビリヤード球の運動で，速度 V_0，角速度 ω_0 の状態から一定速度ですべらずに転がるようになるまでに摩擦力がした仕事を求めよ．

7.5 剛体振り子において，回転軸から及ぼされる拘束力のモーメントを求めよ．

7.6 こまの軸が常に鉛直上向きで角速度一定のこま（眠りごま）が安定に回り続けるための条件を求めよ．

演習問題略解

第1章　運動方程式の基礎

■1.1　$\boldsymbol{a} = a_1\boldsymbol{e}_1 + a_2\boldsymbol{e}_2 + a_3\boldsymbol{e}_3 = a_1'\boldsymbol{e}_1 + a_2'\boldsymbol{e}_2 + a_3'\boldsymbol{e}_3$ のように2通りの表現があるとすると，$(a_1 - a_1')\boldsymbol{e}_1 + (a_2 - a_2')\boldsymbol{e}_2 + (a_3 - a_3')\boldsymbol{e}_3 = \boldsymbol{0}$ が成り立つ．基底ベクトル $\boldsymbol{e}_1, \boldsymbol{e}_2, \boldsymbol{e}_3$ は一次独立であるから，これは $a_1 = a_1'$, $a_2 = a_2'$, $a_3 = a_3'$ を意味する．

■1.2　$\boldsymbol{a} = a_1\boldsymbol{e}_1 + a_2\boldsymbol{e}_2 + a_3\boldsymbol{e}_3$, $\boldsymbol{b} = b_1\boldsymbol{e}_1 + b_2\boldsymbol{e}_2 + b_3\boldsymbol{e}_3$, $\boldsymbol{c} = c_1\boldsymbol{e}_1 + c_2\boldsymbol{e}_2 + c_3\boldsymbol{e}_3$ と成分で表すと，$[\boldsymbol{a} \times (\boldsymbol{b} \times \boldsymbol{c})] \cdot \boldsymbol{e}_1 = a_2(b_1c_2 - b_2c_1) - a_3(b_3c_1 - b_1c_3) = (a_1c_1 + a_2c_2 + a_3c_3)b_1 - (a_1b_1 + a_2b_2 + a_3b_3)c_1 = [(\boldsymbol{a} \cdot \boldsymbol{c})\boldsymbol{b} - (\boldsymbol{a} \cdot \boldsymbol{b})\boldsymbol{c}] \cdot \boldsymbol{e}_1$ が成り立つ．同様に $[\boldsymbol{a} \times (\boldsymbol{b} \times \boldsymbol{c})] \cdot \boldsymbol{e}_2 = [(\boldsymbol{a} \cdot \boldsymbol{c})\boldsymbol{b} - (\boldsymbol{a} \cdot \boldsymbol{b})\boldsymbol{c}] \cdot \boldsymbol{e}_2$, $[\boldsymbol{a} \times (\boldsymbol{b} \times \boldsymbol{c})] \cdot \boldsymbol{e}_3 = [(\boldsymbol{a} \cdot \boldsymbol{c})\boldsymbol{b} - (\boldsymbol{a} \cdot \boldsymbol{b})\boldsymbol{c}] \cdot \boldsymbol{e}_3$ も成立．したがって $\boldsymbol{a} \times (\boldsymbol{b} \times \boldsymbol{c}) = (\boldsymbol{a} \cdot \boldsymbol{c})\boldsymbol{b} - (\boldsymbol{a} \cdot \boldsymbol{b})\boldsymbol{c}$ が成り立つ．

■1.3　前問と同様に成分に分解すると，$|\boldsymbol{a} \times \boldsymbol{b}|^2 = (a_2b_3 - a_3b_2)^2 + (a_3b_1 - a_1b_3)^2 + (a_2b_3 - a_3b_2)^2 = (a_1^2 + a_2^2 + a_3^2)(b_1^2 + b_2^2 + b_3^2) - (a_1b_1 + a_2b_2 + a_3b_3)^2 = |\boldsymbol{a}|^2 |\boldsymbol{b}|^2 - (\boldsymbol{a} \cdot \boldsymbol{b})^2$ が得られる．

■1.4　$|\boldsymbol{e}_r| = |\boldsymbol{e}_\theta| = 1$, $\boldsymbol{e}_r \cdot \boldsymbol{e}_\theta = 0$, かつ $\boldsymbol{e}_r \times \boldsymbol{e}_\theta = \boldsymbol{e}_\phi$ であることを示せばよい．

■1.5　式(1.7)より $\boldsymbol{e}_x = (\boldsymbol{e}_x \cdot \boldsymbol{e}_r)\boldsymbol{e}_r + (\boldsymbol{e}_x \cdot \boldsymbol{e}_\theta)\boldsymbol{e}_\theta + (\boldsymbol{e}_x \cdot \boldsymbol{e}_\phi)\boldsymbol{e}_\phi$ などが成り立つことを用いて，次を得る．

$$\begin{aligned}
\boldsymbol{e}_x &= \sin\theta\cos\phi\,\boldsymbol{e}_r + \cos\theta\cos\phi\,\boldsymbol{e}_\theta - \sin\phi\,\boldsymbol{e}_\phi \\
\boldsymbol{e}_y &= \sin\theta\sin\phi\,\boldsymbol{e}_r + \cos\theta\sin\phi\,\boldsymbol{e}_\theta + \cos\phi\,\boldsymbol{e}_\phi \\
\boldsymbol{e}_z &= \cos\theta\,\boldsymbol{e}_r - \sin\theta\,\boldsymbol{e}_\theta
\end{aligned}$$

■1.6　(1)　$\sin\theta\cos\phi$　(2)　$-\sin\theta$　(3)　$\cos\phi$　(4)　$\cos\theta\,\boldsymbol{e}_y - \sin\theta\sin\phi\,\boldsymbol{e}_z$
(5)　$\sin\theta\,\boldsymbol{e}_x + \cos\theta\cos\phi\,\boldsymbol{e}_z$　(6)　$\cos\phi\,\boldsymbol{e}_x + \sin\phi\,\boldsymbol{e}_y$　(7)　$-\cos\phi$　(8)　$-\cos\theta$　(9)　$-\cos\phi$
(10)　$-\cos\theta\,\boldsymbol{e}_y + \sin\theta\sin\phi\,\boldsymbol{e}_z$　(11)　$-\sin\phi\,\boldsymbol{e}_\theta$

■1.7　(1)　$\sin\theta\cos\phi$ あるいは $\frac{x}{r}$　(2)　$r\cos\theta\sin\phi$　(3)　0

■1.8　(1)　$\frac{x}{r}$ または $\sin\theta\cos\phi$　(2)　$\frac{\cos\theta\sin\phi}{r}$　(3)　0

■1.9　(1)　$\boldsymbol{e}_\theta$　(2)　$\cos\theta\,\boldsymbol{e}_\phi$　(3)　$\boldsymbol{0}$

■1.10　(1)　$\frac{\cos\theta\cos\phi\,\boldsymbol{e}_\theta - \sin\phi\,\boldsymbol{e}_\phi}{r}$　(2)　$\frac{\cos\theta(\cos\phi\,\boldsymbol{e}_\phi - \sin\theta\sin\phi\,\boldsymbol{e}_r)}{r\sin\theta}$　(3)　$\boldsymbol{0}$

■1.11　位置ベクトルは $\boldsymbol{r} = r\boldsymbol{e}_r$ と表される．したがって $\boldsymbol{v} = \dot{\boldsymbol{r}} = \dot{r}\boldsymbol{e}_r + r\dot{\boldsymbol{e}}_r$ であるが，式(1.33)を微分すると $\dot{\boldsymbol{e}}_r = \dot{\theta}\,\boldsymbol{e}_\theta + \dot{\phi}\sin\theta\,\boldsymbol{e}_\phi$ となることがわかる．これより式(1.36)が得られる．

■1.12　$\boldsymbol{a} = \left(\ddot{r} - r\dot{\theta}^2 - r\dot{\phi}^2\sin^2\theta\right)\boldsymbol{e}_r + \left(2\dot{r}\dot{\theta} + r\ddot{\theta} - r\dot{\phi}^2\sin\theta\cos\theta\right)\boldsymbol{e}_\theta + \left(2\dot{r}\dot{\phi}\sin\theta + 2r\dot{\theta}\dot{\phi}\cos\theta + r\ddot{\phi}\sin\theta\right)\boldsymbol{e}_\phi$

■1.13　$\boldsymbol{e}_\mathrm{b} = \boldsymbol{e}_\mathrm{t} \times \boldsymbol{e}_\mathrm{n}$ より，$\frac{d\boldsymbol{e}_\mathrm{b}}{ds} = \frac{d\boldsymbol{e}_\mathrm{t}}{ds} \times \boldsymbol{e}_\mathrm{n} + \boldsymbol{e}_\mathrm{t} \times \frac{d\boldsymbol{e}_\mathrm{n}}{ds}$ であるが，式(1.46)より右辺第1項は消え $\frac{d\boldsymbol{e}_\mathrm{b}}{ds} = \boldsymbol{e}_\mathrm{t} \times \frac{d\boldsymbol{e}_\mathrm{n}}{ds}$ となる．これは $\frac{d\boldsymbol{e}_\mathrm{b}}{ds}$ と $\boldsymbol{e}_\mathrm{t}$ が互いに垂直であることを表している．また，$\boldsymbol{e}_\mathrm{b} \cdot \boldsymbol{e}_\mathrm{b} = 1$ を s で微分して $\boldsymbol{e}_\mathrm{b} \cdot \frac{d\boldsymbol{e}_\mathrm{b}}{ds} = 0$, すなわち $\boldsymbol{e}_\mathrm{b}$ と $\frac{d\boldsymbol{e}_\mathrm{b}}{ds}$ とが互いに垂直であることが導かれる．したがって $\frac{d\boldsymbol{e}_\mathrm{b}}{ds} = -\kappa\boldsymbol{e}_\mathrm{n}$ と書ける．$\frac{d\boldsymbol{e}_\mathrm{n}}{ds}$ に関しては，$\boldsymbol{e}_\mathrm{n} = \boldsymbol{e}_\mathrm{b} \times \boldsymbol{e}_\mathrm{t}$ と書けることから，式(1.46), (1.50)を用いて，次を得る．

$$\frac{d\boldsymbol{e}_\mathrm{n}}{ds} = \frac{d\boldsymbol{e}_\mathrm{b}}{ds} \times \boldsymbol{e}_\mathrm{t} + \boldsymbol{e}_\mathrm{b} \times \frac{d\boldsymbol{e}_\mathrm{t}}{ds} = -\lambda\boldsymbol{e}_\mathrm{t} + \kappa\boldsymbol{e}_\mathrm{b}$$

■1.14　位置ベクトルが $\boldsymbol{r} = x\boldsymbol{e}_x + ax^2\boldsymbol{e}_y$ と表されるので，速度は $\boldsymbol{v} = \dot{x}\boldsymbol{e}_x + 2ax\dot{x}\boldsymbol{e}_y$ となる．ここで速度の大きさを v とすると，$\dot{x}^2 + 4a^2x^2\dot{x}^2 = v^2$. また $\dot{x} > 0$ より，$\dot{x} = \frac{v}{\sqrt{1+4a^2x^2}}$ を得る．よって速度は $\boldsymbol{v} = \frac{v(\boldsymbol{e}_x + 2ax\boldsymbol{e}_y)}{\sqrt{1+4a^2x^2}}$ と表される．これを v が定数であることに注意して時刻 t で微分し，もう一度 $\dot{x} = \frac{v}{\sqrt{1+4a^2x^2}}$ の関係を用いると，加速度は

$$\boldsymbol{a} = \frac{-4a^2v^2x}{(1+4a^2x^2)^2}\boldsymbol{e}_x + \frac{2av^2}{(1+4a^2x^2)^2}\boldsymbol{e}_y$$

と求められる．

第2章 運動の法則

■**2.1** (1) $\boldsymbol{v} = -ae^{-\gamma t}(\gamma\cos\omega t + \omega\sin\omega t)\boldsymbol{e}_x + be^{-\gamma t}(-\gamma\sin\omega t + \omega\cos\omega t)\boldsymbol{e}_y$, $\frac{dS}{dt} = \frac{\omega ab}{2}e^{-2\gamma t}$, $\boldsymbol{a} = -2\gamma\boldsymbol{v} - \left(\gamma^2+\omega^2\right)\boldsymbol{r}$ (2) $\boldsymbol{v} = \gamma a(e^{\gamma t} - e^{-\gamma t})\boldsymbol{e}_x + b(e^{\gamma t} - e^{-\gamma t})\boldsymbol{e}_y$, $\frac{dS}{dt} = 2\gamma ab$, $\boldsymbol{a} = \gamma^2\boldsymbol{r}$

■**2.2** $\overline{\mathrm{PS}} + \overline{\mathrm{PS'}} = \sqrt{(x-\varepsilon a)^2+y^2} + \sqrt{(x+\varepsilon a)^2+y^2}$ だが，$y^2 = (1-\varepsilon^2)(a^2-x^2)$ を代入すると，$(x\pm\varepsilon a)^2 + (1-\varepsilon^2)(a^2-x^2) = (a\pm\varepsilon x)^2$ より，

$$\overline{\mathrm{PS}} + \overline{\mathrm{PS'}} = |a+\varepsilon x| + |a-\varepsilon x|$$

が得られる．$a > |\varepsilon x|$ より，結局 $\overline{\mathrm{PS}} + \overline{\mathrm{PS'}} = 2a$ となる．

■**2.3** r に関する積分を $\int_0^z dr$ と $\int_z^R dr$ の二つに分けて行う必要がある．結果は $\boldsymbol{F} = -\frac{GmM}{R^3}z\boldsymbol{e}_z$（ただし，$M$ は地球の質量を表す）．

■**2.4** 重力/静電気力 $= 4.41\times10^{-40}$

■**2.5** 地球の中心からの距離 r の位置での重力加速度の大きさは $g(r) = \frac{GM(r)}{r^2}$（ただし $M(r) = \int_0^r 4\pi r'^2\rho(r')dr'$）となる．この両辺に r^2 をかけて微分すると

$$\rho(r) = \frac{1}{4\pi Gr^2}\frac{d}{dr}\left(r^2 g(r)\right)$$

という関係が得られる．与えられたグラフより，$R = 6400\,\mathrm{km}$, $r_0 = 3500\,\mathrm{km}$, $g_0 = 9.8\,\mathrm{m\cdot s^{-2}}$ として，

$$g(r) = \begin{cases} g_0\dfrac{r}{r_0} & (0 \le r \le r_0) \\ g_0 & (r_0 < r \le R) \end{cases}$$

と読み取れるので，それらを代入して

$$\rho(r) = \begin{cases} \dfrac{3g_0}{4\pi Gr_0} & (0 \le r \le r_0) \\ \dfrac{g_0}{2\pi Gr} & (r_0 < r \le R) \end{cases}$$

を得る．グラフは右図上のようになる．

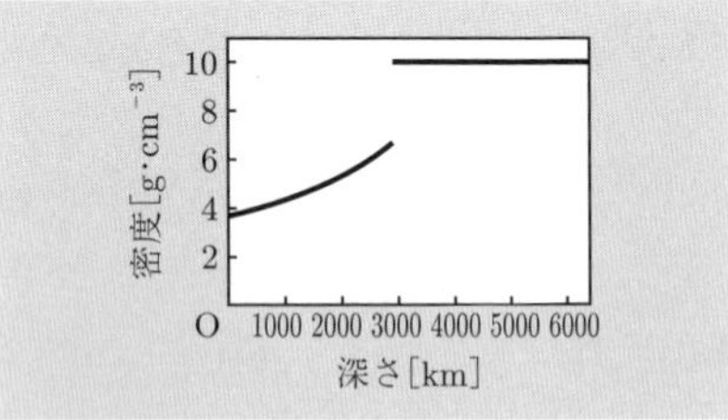

実際には，地震波の解析などから密度分布が先に求められる．また，実際の地球の密度分布はここで考えたものよりずっと複雑である．右図下を示す．ρ が密度，v_p, v_s は地震波の速度を表す．

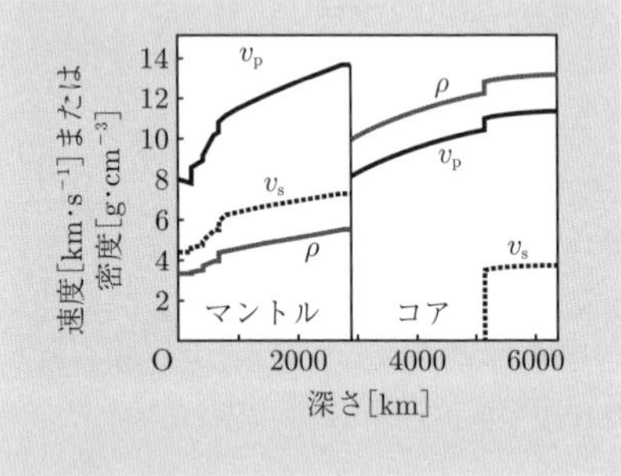

■**2.6** (1) $\dot{\boldsymbol{r}} = \sum_{i=1}^2 \dot{q}_i\frac{\partial\boldsymbol{r}}{\partial q_i}$,
$\ddot{\boldsymbol{r}} = \sum_{i=1}^2 \ddot{q}_i\frac{\partial\boldsymbol{r}}{\partial q_i} + \sum_{i=1}^2\sum_{j=1}^2 \dot{q}_i\dot{q}_j\frac{\partial^2\boldsymbol{r}}{\partial q_i\partial q_j}$

(2) $m\left(\sum_{i=1}^2 \ddot{q}_i\frac{\partial\boldsymbol{r}}{\partial q_i} + \sum_{i=1}^2\sum_{j=1}^2 \dot{q}_i\dot{q}_j\frac{\partial^2\boldsymbol{r}}{\partial q_i\partial q_j}\right)\cdot\frac{\partial\boldsymbol{r}}{\partial q_k} = \boldsymbol{F}\cdot\frac{\partial\boldsymbol{r}}{\partial q_k}$

(3) (2) に相当する式をそのまま書くと，$ml\ddot{\theta} - ml\dot{\phi}^2\sin\theta\cos\theta = mgl\sin\theta$, $ml\ddot{\phi}\sin\theta + 2ml\dot{\theta}\dot{\phi}\cos\theta = 0$

第3章 運動方程式を解く

■**3.1** (1) $v_x = v_0\cos\alpha e^{-kt/m}$, $v_z = -\frac{mg}{k} + \left(v_0\sin\alpha + \frac{mg}{k}\right)e^{-kt/m}$ より t を消去して，

$$z = f(x) = \left(\tan\alpha + \frac{mg}{kv_0\cos\alpha}\right)x + \frac{m^2g}{k^2}\log\left(1 - \frac{kx}{mv_0\cos\alpha}\right)$$

(2) $f'(x) = 0$ より $x = \frac{mv_0^2\sin\alpha\cos\alpha}{mg+kv_0\sin\alpha}$ を得る．この値を $z = f(x)$ に代入して，

$$z = \frac{mv_0}{k}\sin\alpha - \frac{m^2g}{k^2}\log\left(1 + \frac{kv_0}{mg}\sin\alpha\right)$$

(3) 角度 α の向きに投げ上げたときの水平到達距離 $x(\alpha)$ は，$f(x(\alpha)) = 0$ と $x(\alpha) \neq 0$ により定義される．すなわち，

$$x(\alpha)\left(\tan\alpha + \frac{mg}{kv_0\cos\alpha}\right) + \frac{m^2g}{k^2}\log\left(1 - \frac{kx(\alpha)}{mv_0\cos\alpha}\right) = 0$$

が成り立つ．上の式を α で微分し，$\alpha=\alpha_{\mathrm{M}}$ で $x(\alpha)$ が最大になるとすれば $\frac{dx}{d\alpha}(\alpha_{\mathrm{M}})=0$ であることを考慮すると，水平到達距離の最大値 x_{M} が

$$x_{\mathrm{M}}=x(\alpha_{\mathrm{M}})=\frac{mv_0^2\cos\alpha_{\mathrm{M}}}{kv_0+mg\sin\alpha_{\mathrm{M}}}$$

と書けることが導かれる．角度 β の定義より $\tan\beta=-f'(x(\alpha))$ であるから，水平到達距離が最大になる場合には（そのときの β を β_{M} と書くと），

$$\tan\beta_{\mathrm{M}}=-f'(x_{\mathrm{M}})=\frac{1}{\sin\alpha_{\mathrm{M}}\cos\alpha_{\mathrm{M}}}-\tan\alpha_{\mathrm{M}}=\cot\alpha_{\mathrm{M}}$$

となることがわかる．すなわち，$\alpha_{\mathrm{M}}+\beta_{\mathrm{M}}=\frac{\pi}{2}$ が成り立つ．

■3.2 それぞれの事象が起きるための条件は，(1) $\tan(\omega't+\delta)=-\frac{\gamma}{\omega'}$，(2) $\cos(\omega't+\delta)=1$，(3) $\omega't+\delta=\left(2n-\frac{1}{2}\right)\pi$（$n$ は整数）である．したがって，これらはすべて時間 T ごとに起きる．

■3.3 (1) $x(t)=\int_0^t f(s)ds$ より，$K(s)=1$

(2) $x(t)=\int_0^t du\int_0^u f(s)ds=\int_0^t ds\int_s^t f(s)du=\int_0^t(t-s)f(s)ds$ より，$K(t-s)=t-s$，すなわち $K(s)=s$

(3) $x(t)=e^{-kt}y(t)$ とおくと，$\dot{y}=e^{kt}f(t)$ より，$x(t)=\int_0^t e^{k(s-t)}f(s)ds$，すなわち $K(s)=e^{-ks}$

■3.4 求める解を $x(t)=e^{-\omega t}f(t)$ とおき，運動方程式 $\ddot{x}+2\omega\dot{x}+\omega^2x=0$ に代入すると，関数 $f(t)$ に対する条件として $\ddot{f}=0$ が得られる．すなわち $f(t)=A+Bt$（A, B は定数）となる．これは $e^{-\omega t}$, $te^{-\omega t}$ が基本解であることを表している．

■3.5 棒の場合の結果 (2.56) と (3.64)（ただし $\alpha=v_0/l$）を用いると，張力は $T=mg(3\cos\theta-2)+\frac{mv_0^2}{l}$ と書ける．最高点に達しても糸がたるまないためには，$0\leq\theta\leq\pi$ で常に $T\geq 0$ であることが必要なので，その条件は $v_0>\sqrt{5gl}$ である．これが満たされないとき，θ_1 を

$$\cos\theta_1=\frac{2gl-v_0^2}{3gl}$$

によって定義すると，$\theta=\theta_1$ で $T=0$ となり，糸がたるみ始める．このときの速度は $v_1(\cos\theta_1\boldsymbol{e}_x+\sin\theta_1\boldsymbol{e}_y)$（ただし $v_1=l\dot{\theta}=\sqrt{-gl\cos\theta_1}$）．よって，糸がたるみ始めた時刻を $t=0$ とすると，$t>0$ では放物運動になり，位置ベクトルを $\boldsymbol{r}=x\boldsymbol{e}_x+y\boldsymbol{e}_y$ とすると，

$$x=l\sin\theta_1-\sqrt{gl}(-\cos\theta_1)^{3/2}t,\quad y=-l\cos\theta_1+\sqrt{gl}(-\cos\theta_1)^{1/2}\sin\theta_1 t-\frac{g}{2}t^2$$

となることがわかる．最低位置に戻るためには $x=0$ となる時刻 $t=\sqrt{\frac{l}{g}}\frac{\sin\theta_1}{(-\cos\theta_1)^{3/2}}$ に，$y=-l$ とならなければならない．この条件から $\cos\theta_1=-\frac{1}{2}$ が求められ，$v_0=\sqrt{\frac{7gl}{2}}$ が得られる．

■3.6 (1) 速さ v が一定なので，時間 dt の間に，引き上げられた部分の長さが x から dx だけ増えて $x+dx$ になったとすると，運動量の時間微分は $\rho v\frac{dx}{dt}=\rho v^2$ になる．これが引き上げる力 F と重力 ρxg の差に等しいので，$F=\rho(v^2+gx)$.

(2) 力が一定とすると，$F-\rho xg=\frac{d}{dt}(\rho xv)=\rho(\dot{x}v+x\dot{v})=\rho(v^2+x\dot{v})$ であるが，

$$\frac{1}{2}\frac{d}{dx}\left(x^2v^2\right)=xv^2+x^2v\frac{dv}{dx}=xv^2+\frac{\frac{dv}{dt}}{\frac{dx}{dt}}=xv^2+x^2\frac{dv}{dt}$$

より，$\frac{Fx}{\rho}=xv^2+x^2\frac{dv}{dt}+gx^2=\frac{d}{dx}\left(\frac{x^2v^2}{2}+\frac{gx^3}{3}\right)$

これを積分して，$x^2v^2=\frac{F}{\rho}x^2-\frac{2}{3}gx^3+C$ を得る．$x=x_0$ で $v=v_0$ ならば $C=x_0^2v_0^2-\frac{F}{\rho}x_0^2-\frac{2}{3}gx_0^3$ であり，求める関係式は

$$v^2=\frac{F}{\rho}\left(1-\frac{x_0^2}{x^2}\right)-\frac{2g}{3}\left(x-\frac{x_0^3}{x^2}\right)+\frac{v_0^2x_0^2}{x^2}$$

となる．

第 4 章 エネルギーと運動量

■**4.1** 円筒座標の場合，$\mathrm{grad}\,U = U'_\rho \boldsymbol{e}_\rho + U'_\phi \boldsymbol{e}_\phi + U'_z \boldsymbol{e}_z$ とおくと，$U'_\rho = \boldsymbol{e}_\rho \cdot \mathrm{grad}\,U = \frac{\partial \boldsymbol{r}}{\partial \rho} \cdot \mathrm{grad}\,U = \frac{\partial U}{\partial \rho}$．同様にして，$U'_\phi = \boldsymbol{e}_\phi \cdot \mathrm{grad}\,U = \left|\frac{\partial \boldsymbol{r}}{\partial \phi}\right|^{-1} \frac{\partial \boldsymbol{r}}{\partial \phi} \cdot \mathrm{grad}\,U = \left|\frac{\partial \boldsymbol{r}}{\partial \phi}\right|^{-1} \frac{\partial U}{\partial \phi} = \frac{1}{\rho}\frac{\partial U}{\partial \phi}$．したがって，

$$\mathrm{grad}\,U = \frac{\partial U}{\partial \rho}\boldsymbol{e}_\rho + \frac{1}{\rho}\frac{\partial U}{\partial \phi}\boldsymbol{e}_\phi + \frac{\partial U}{\partial z}\boldsymbol{e}_z$$

が得られる．同様に，極座標の場合，

$$\mathrm{grad}\,U = \frac{1}{\left|\frac{\partial \boldsymbol{r}}{\partial r}\right|}\frac{\partial U}{\partial r}\boldsymbol{e}_r + \frac{1}{\left|\frac{\partial \boldsymbol{r}}{\partial \theta}\right|}\frac{\partial U}{\partial \theta}\boldsymbol{e}_\theta + \frac{1}{\left|\frac{\partial \boldsymbol{r}}{\partial \phi}\right|}\frac{\partial U}{\partial \phi}\boldsymbol{e}_\phi = \frac{\partial U}{\partial r}\boldsymbol{e}_r + \frac{1}{r}\frac{\partial U}{\partial \theta}\boldsymbol{e}_\theta + \frac{1}{r\sin\theta}\frac{\partial U}{\partial \phi}\boldsymbol{e}_\phi$$

■**4.2** (1) $\boldsymbol{a}$ (2) $\boldsymbol{a}\times\boldsymbol{b}$ (3) $\frac{r^2\boldsymbol{a}-3(\boldsymbol{a}\cdot\boldsymbol{r})\boldsymbol{r}}{r^5}$ (4) $2\boldsymbol{a}\times(\boldsymbol{r}\times\boldsymbol{a})$

■**4.3** 問題のように $U(\boldsymbol{r})$ を定義すると，例えば

$$\begin{aligned} -\frac{\partial U}{\partial x} &= \int_0^1 \left[F_x(s\boldsymbol{r}) + sx\frac{\partial F_x}{\partial x}(s\boldsymbol{r}) + sy\frac{\partial F_y}{\partial x}(s\boldsymbol{r}) + sz\frac{\partial F_z}{\partial x}(s\boldsymbol{r})\right] ds \\ &= \int_0^1 \left[F_x(s\boldsymbol{r}) + s\frac{dF_x}{ds}(s\boldsymbol{r})\right] ds = \int_0^1 \frac{d}{ds}\left(sF_x(s\boldsymbol{r})\right) ds = F_x(\boldsymbol{r}) \end{aligned}$$

となる．F_y, F_z についても同様．

■**4.4** $U(\boldsymbol{r}) = -\int_\Omega \frac{Gm\rho(\boldsymbol{r}')}{|\boldsymbol{r}-\boldsymbol{r}'|}dV'$ より，2.3 節と同様に $\boldsymbol{r} = z\boldsymbol{e}_z$ $(z \geq 0)$ とおくと，

$$U(z) = -Gm\int_0^R dr \int_0^\pi d\theta \int_0^{2\pi} d\phi \frac{r^2\sin\theta}{\sqrt{z^2+r^2-2zr\cos\theta}} = -\frac{2\pi Gm}{z}\int_0^R r(z+r-|z-r|)\rho(r)dr$$

となる．これより $z \geq R$ の場合は $U(z) = -\frac{GMm}{z}$，また密度 ρ が一様であれば，$z < R$ では $U(z) = -\frac{GMm}{2R^3}\left(3R^2 - z^2\right)$ となる．これらの勾配を求めると，先に得たものと一致する．

■**4.5** $M, \mu, \boldsymbol{R}, \boldsymbol{r}$ の定義式を右辺に代入して整理すると左辺になる．

■**4.6** (1) $x = 0$ が不安定平衡点，$x = \pm\sqrt{\frac{b}{2a}}$ が安定平衡点．

(2) 安定平衡点で $U'' = 4b$ より，$\omega = 2\sqrt{\frac{b}{m}}$．周期は $\frac{2\pi}{\omega} = \pi\sqrt{\frac{m}{b}}$

(3) $U(x) \leq E$ より，$-\frac{b^2}{4a} \leq E \leq 0$ では，$-\sqrt{\frac{b+\sqrt{b^2+4aE}}{2a}} \leq x \leq -\sqrt{\frac{b-\sqrt{b^2+4aE}}{2a}}$ または $\sqrt{\frac{b-\sqrt{b^2+4aE}}{2a}} \leq x \leq \sqrt{\frac{b+\sqrt{b^2+4aE}}{2a}}$．$E > 0$ のときは $-\sqrt{\frac{b+\sqrt{b^2+4aE}}{2a}} \leq x \leq \sqrt{\frac{b+\sqrt{b^2+4aE}}{2a}}$

■**4.7** (1) $\frac{m}{2}\left(\frac{dx}{dt}\right)^2 + U(x) = E$ より $\frac{dx}{dt} = \pm\sqrt{\frac{2}{m}\left[E - U_0\left(e^{-2ax} - 2e^{-ax}\right)\right]}$ を得るが，これは $y = e^{ax}$ とおけば

$$\frac{dy}{dt} = \pm a\sqrt{\frac{-2E}{m}}\sqrt{(y-y_-)(y_+-y)}$$

と等価．ただし，$k = -\frac{U_0}{E}$ として $y_\pm = k \pm \sqrt{k^2-k}$ である．よって運動の領域は $a^{-1}\log y_- \leq x \leq a^{-1}\log y_+$ であり，両端で $\dot{x} \neq 0$ だから，粒子の運動は周期的である．また，周期 T は式 (4.32) より

$$T = \frac{2}{a}\sqrt{\frac{m}{-2E}}\int_{y_-}^{y_+}\frac{dy}{\sqrt{(y-y_-)(y_+-y)}} = \frac{\pi}{a}\sqrt{\frac{2m}{|E|}}$$

(2) $U(x) = E$ を解くと，$u = e^{ax} = \sqrt{k} \pm \sqrt{k-1}$ が得られる．ただし，$k = -\frac{U_0}{E}$ である．したがって，運動の領域は

$$x_- \equiv \frac{1}{a}\log\left(\sqrt{k} - \sqrt{k-1}\right) \leq x \leq \frac{1}{a}\log\left(\sqrt{k} + \sqrt{k-1}\right) \equiv x_+$$

であり，端点で $U'(x_\pm) \neq 0$ より運動は周期的．また周期は，

$$T = \sqrt{2m}\int_{x_-}^{x_+}\frac{dx}{\sqrt{E-U(x)}} = \frac{1}{a}\sqrt{\frac{2m}{|E|}}\int_{-\sqrt{k-1}}^{\sqrt{k-1}}\frac{du}{\sqrt{k-1-u^2}} = \frac{\pi}{a}\sqrt{\frac{2m}{|E|}}$$

である（上の式では途中で $u=\sinh ax$ の変数変換を行った）．

■4.8 求めるものは，$\frac{m_2|\boldsymbol{v}_{2\mathrm{f}}|^2}{m_1|\boldsymbol{v}|^2} = \frac{4m_1m_2}{(m_1+m_2)^2}\sin^2\frac{\chi}{2}$

■4.9 (1) 重心の速度は $\boldsymbol{V} = \frac{m_1\boldsymbol{v}_{1\mathrm{i}}+m_2\boldsymbol{v}_{2\mathrm{i}}}{m_1+m_2} = \frac{m_1\boldsymbol{v}_{1\mathrm{f}}+m_2\boldsymbol{v}_{2\mathrm{f}}}{m_1+m_2}$ であるから，重心系での散乱過程を $(\boldsymbol{v}'_{1\mathrm{i}}, \boldsymbol{v}'_{2\mathrm{i}}) \to (\boldsymbol{v}'_{1\mathrm{f}}, \boldsymbol{v}'_{2\mathrm{f}})$ とすれば，

$$\boldsymbol{v}'_{1i} = \boldsymbol{v}_{1i} - \boldsymbol{V} = \frac{m_2}{m_1+m_2}(\boldsymbol{v}_{1\mathrm{i}} - \boldsymbol{v}_{2\mathrm{i}}), \quad \boldsymbol{v}'_{2i} = \boldsymbol{v}_{2i} - \boldsymbol{V} = \frac{m_1}{m_1+m_2}(\boldsymbol{v}_{2\mathrm{i}} - \boldsymbol{v}_{1\mathrm{i}})$$

となる．本文で述べたように，重心系では $|\boldsymbol{v}'_{1\mathrm{i}}| = |\boldsymbol{v}'_{1\mathrm{f}}|$, $|\boldsymbol{v}'_{2\mathrm{i}}| = |\boldsymbol{v}'_{2\mathrm{f}}|$ が成り立つから，$\boldsymbol{v}'_{1\mathrm{f}} = |\boldsymbol{v}'_{1\mathrm{i}}|\boldsymbol{e} = \frac{m_2}{m_1+m_2}|\boldsymbol{v}_{1\mathrm{i}} - \boldsymbol{v}_{2\mathrm{i}}|\,\boldsymbol{e}$ であれば，

$$\boldsymbol{v}'_{2\mathrm{f}} = -|\boldsymbol{v}'_{2\mathrm{i}}|\boldsymbol{e} = -\frac{m_1}{m_1+m_2}|\boldsymbol{v}_{1\mathrm{i}} - \boldsymbol{v}_{2\mathrm{i}}|\,\boldsymbol{e}$$

となる．以上より次の結果を得る．

$$\begin{aligned}\boldsymbol{v}_{1\mathrm{f}} &= \boldsymbol{v}'_{1\mathrm{f}} + \boldsymbol{V} = \frac{m_2}{m_1+m_2}|\boldsymbol{v}_{1\mathrm{i}} - \boldsymbol{v}_{2\mathrm{i}}|\,\boldsymbol{e} + \frac{m_1\boldsymbol{v}_{1\mathrm{i}} + m_2\boldsymbol{v}_{2\mathrm{i}}}{m_1+m_2} \\ \boldsymbol{v}_{2\mathrm{f}} &= \boldsymbol{v}'_{2\mathrm{f}} + \boldsymbol{V} = -\frac{m_1}{m_1+m_2}|\boldsymbol{v}_{1\mathrm{i}} - \boldsymbol{v}_{2\mathrm{i}}|\,\boldsymbol{e} + \frac{m_1\boldsymbol{v}_{1\mathrm{i}} + m_2\boldsymbol{v}_{2\mathrm{i}}}{m_1+m_2}\end{aligned}$$

(2) 上の結果に対し，$m_1 \ll m_2$ の極限を考えると，$\boldsymbol{v}_{1\mathrm{f}} = |\boldsymbol{v}_{1\mathrm{i}} - \boldsymbol{v}_{2\mathrm{i}}|\,\boldsymbol{e} + \boldsymbol{v}_{2\mathrm{i}}$ を得る．

(3) $\boldsymbol{e}$ を $\boldsymbol{v}_{2\mathrm{i}}$ と同じ向きに選べば，三角不等式より $|\boldsymbol{v}_{1\mathrm{f}}| = |\boldsymbol{v}_{1\mathrm{i}} - \boldsymbol{v}_{2\mathrm{i}}| + |\boldsymbol{v}_{2\mathrm{i}}| \geq |\boldsymbol{v}_{1\mathrm{i}}|$ となる．このとき $\boldsymbol{v}_{1\mathrm{i}}\cdot\boldsymbol{v}_{2\mathrm{i}} = |\boldsymbol{v}_{1\mathrm{i}}||\boldsymbol{v}_{2\mathrm{i}}|\cos 60^\circ$ を用いると，

$$|\boldsymbol{v}_{1\mathrm{i}} - \boldsymbol{v}_{2\mathrm{i}}|^2 = |\boldsymbol{v}_{1\mathrm{i}}|^2 + |\boldsymbol{v}_{2\mathrm{i}}|^2 - 2\boldsymbol{v}_{1\mathrm{i}}\cdot\boldsymbol{v}_{2\mathrm{i}} = 13^2 + 11^2 - 2\cdot 13\cdot 11\cdot\frac{1}{2} = 147$$

$\sqrt{147} \fallingdotseq 12.1$ だから，$|\boldsymbol{v}_{1\mathrm{f}}| \fallingdotseq 12.1 + 13 = 25.1\,\mathrm{km\cdot s^{-1}}$ が得られる．

■4.10 質量 m の粒子に対して運動方程式 $m\frac{d^2\boldsymbol{r}(t)}{dt^2} = -\mathrm{grad}\,U(\boldsymbol{r})$ が成り立つとき，$M=\lambda^2 m, T=\lambda t$ とすると $M\frac{d^2\boldsymbol{r}(T)}{dT^2} = -\mathrm{grad}\,U(\boldsymbol{r})$ が成り立つ．したがって，質量 M の粒子の運動を $\boldsymbol{r}_M(t)$ と書くと，$\boldsymbol{r}_{\lambda^2 m}(\lambda t) = \boldsymbol{r}_m(t)$ が成り立つ．$\lambda=2$ とすれば，これは 4 倍の質量の粒子は 2 倍の周期をもつことを意味する．

第 5 章　角運動量と中心力

■5.1 (1) 有効ポテンシャルは $U_{\mathrm{eff}}(r) = \frac{k}{\lambda}r^\lambda + \frac{\ell^2}{2mr^2}$ となる．$U'_{\mathrm{eff}}(r) = kr^{\lambda-1} - \frac{\ell^2}{mr^3} = 0$ を満たす r が円軌道の半径だから，$a = \left(\frac{\ell^2}{mk}\right)^{1/(\lambda+2)}$ である．これを ℓ について解くと $\ell = \sqrt{mk}a^{(\lambda+2)/2}$ が得られる．また，エネルギーは $E = U_{\mathrm{eff}}(a) = \frac{\lambda+2}{2\lambda}ka^\lambda$ となる．さらに円軌道では $\dot\phi = \frac{\ell}{ma^2} = \sqrt{\frac{k}{m}}a^{(\lambda-2)/2}$ が一定だから周期は $T = \frac{2\pi}{\dot\phi} = 2\pi\sqrt{\frac{m}{k}}a^{(2-\lambda)/2}$ である．

(2) $\omega = \sqrt{\frac{k(\lambda+2)}{m}}a^{(\lambda-2)/2}$．$\lambda = -1, 2, 7$ のとき，それぞれ $\omega = \dot\phi,\ 2\dot\phi,\ 3\dot\phi$ となるので，下の図のようになる．$\lambda=7$ も微小振動の範囲では軌道が閉じる．

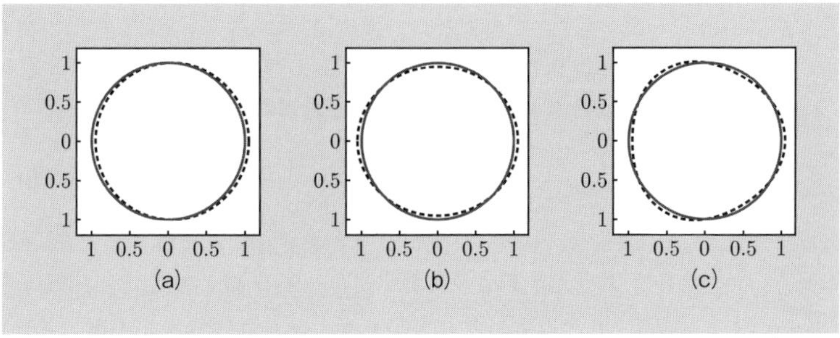

■**5.2** 太陽に固定された系は慣性系ではなく，この基準系での力と加速度の関係は $\boldsymbol{F}=\mu\boldsymbol{a}$ となる．ただし，μ は換算質量を表す．したがって，式 (2.31) より，

$$\boldsymbol{F}=\frac{mM}{m+M}\boldsymbol{a}=-\frac{mM}{m+M}\frac{4\pi^2a^3}{\rho^2T^2}\boldsymbol{e}_\rho$$

である．これに式 (5.40) より，$\frac{4\pi^2a^3}{T^2}=G(m+M)$ を適用すると正しいニュートンの万有引力の法則が得られる．あるいは太陽と惑星の質量中心を原点とする基準系を用いると，この基準系から見た惑星の加速度の ρ 成分は

$$\frac{M}{m+M}\left(\ddot{\rho}-\rho\dot{\phi}^2\right)=-\frac{M}{m+M}\frac{4\pi^2a^3}{\rho^2T^2}$$

となる．この基準系は慣性系なので，惑星に働く力は $\boldsymbol{F}=m\boldsymbol{a}$ であるから，上の式に戻る．2.3 節では，力の式と第 3 法則とでそれぞれ $(m+M)$ を M で置き換えた式を用いていた．

■**5.3** まず，$U(r)=-\frac{\alpha}{r}$ のとき，$U_{\text{eff}}(r)=E$ となる r を $r_{\min}$，$r_{\max}$（$r_{\min}<r_{\max}$）とし，$a=(r_{\max})^{-1}$，$b=(r_{\min})^{-1}$ とおくと，式 (5.21) の積分は，$u=r^{-1}$ の変数変換により，

$$\Delta\phi=2\int_a^b\frac{du}{\sqrt{(u-a)(b-u)}}$$

さらに，$v=\frac{u-a}{b-a}$, $v=\sin^2\theta$ の 2 段階の変数変換により，$\Delta\phi=2\pi$ が得られる．次に，$U(r)=\frac{kr^2}{2}$ の場合，前と同様に $a=(r_{\max})^{-1}$, $b=(r_{\min})^{-1}$ とおき，$u=r^{-2}$ の変数変換を行うと，式 (5.21) は

$$\int_{a^2}^{b^2}\frac{du}{\sqrt{(b^2-u)(u-a^2)}}$$

したがって，$\Delta\phi=\pi$.

■**5.4** 衝突パラメター $\rho>a$ の場合衝突は起こらないので，以下では $\rho\le a$ を仮定する．球の中心を原点とし，粒子は xy 平面上を $x=\infty$ から x 軸と平行に入射するとしても一般性を失わない．このとき，衝突パラメター ρ の粒子は直線的に入射し，xy 平面上の座標 $(a\cos\varphi, a\sin\varphi\ (=\rho))$ の位置で球に衝突し，x 軸に対し 2φ の向きに飛んでいく．散乱角は $\chi=\pi-2\varphi$ なので，ρ と χ の関係は $\rho=a\sin\varphi=a\cos\frac{\chi}{2}$ で与えられる．したがって，微分散乱断面積は

$$d\sigma=2\pi\rho(\chi)\left|\frac{d\rho}{d\chi}\right|d\chi=\frac{\pi a^2}{2}\sin\chi d\chi \quad \text{あるいは} \quad \frac{d\sigma}{d\Omega}=\frac{a^2}{4}d\Omega$$

となる．これを全立体角で積分すると πa^2 となり，これは大円の面積を表す．

■**5.5** $\dot{\boldsymbol{p}}=m\ddot{\boldsymbol{r}}=\frac{\alpha\boldsymbol{r}}{r^3}$ より，

$$\dot{\boldsymbol{\varepsilon}}=\frac{\dot{\boldsymbol{p}}\times\boldsymbol{\ell}}{m\alpha}+\frac{\dot{\boldsymbol{r}}}{r}+\boldsymbol{r}\left(\dot{\boldsymbol{r}}\cdot\text{grad}\frac{1}{r}\right)=\frac{\boldsymbol{r}\times\boldsymbol{\ell}}{mr^3}+\frac{\boldsymbol{p}}{mr}-\frac{(\boldsymbol{r}\cdot\boldsymbol{p})\boldsymbol{r}}{mr^3}$$

となるが，ここに $\boldsymbol{r}\times\boldsymbol{\ell}=\boldsymbol{r}\times(\boldsymbol{r}\times\boldsymbol{p})=(\boldsymbol{r}\cdot\boldsymbol{p})\boldsymbol{r}-r^2\boldsymbol{p}$ を用いると，$\dot{\boldsymbol{\varepsilon}}=\boldsymbol{0}$ が導かれる．また，$\boldsymbol{\varepsilon}$ と $\boldsymbol{r}$ のなす角を θ とすると，

$$\boldsymbol{\varepsilon}\cdot\boldsymbol{r}=\varepsilon r\cos\theta=\frac{\ell^2}{m\alpha}+r$$

となるので，$r=\frac{\frac{\ell^2}{m\alpha}}{\varepsilon\cos\theta-1}$ が軌道を表す式になる．

■**5.6** 問 4.10 の記号を用いると，重心系での散乱過程は，速度 $\boldsymbol{v}_\infty=\boldsymbol{v}_{1\text{i}}-\boldsymbol{v}_{2\text{i}}$ で入射した探査機が，原点にある木星からの万有引力の影響を受けて $v_\infty\boldsymbol{e}$（ただし，$v_\infty=|\boldsymbol{v}_\infty|$）の速度で飛び去るという過程になる．$|\boldsymbol{v}_{1\text{f}}|$ が最大になるのは $\boldsymbol{e}$ と $\boldsymbol{v}_{2\text{i}}$ が同じ向きの場合であった．よって重心系における散乱角 χ は，

$$\cos\chi=\frac{\boldsymbol{v}_\infty\cdot\boldsymbol{e}}{v_\infty}=\frac{(\boldsymbol{v}_{1\text{i}}-\boldsymbol{v}_{2\text{i}})\cdot\boldsymbol{v}_{2\text{i}}}{|\boldsymbol{v}_{1\text{i}}-\boldsymbol{v}_{2\text{i}}|\,|\boldsymbol{v}_{2\text{i}}|}=\frac{|\boldsymbol{v}_{1\text{i}}|\cos\theta-|\boldsymbol{v}_{2\text{i}}|}{|\boldsymbol{v}_{1\text{i}}-\boldsymbol{v}_{2\text{i}}|}=\frac{\frac{11}{2}-13}{\sqrt{147}}\fallingdotseq-0.619$$

を満たし，$\chi\fallingdotseq128°$．ただし，θ は $\boldsymbol{v}_{1\text{i}}$ と $\boldsymbol{v}_{2\text{i}}$ のなす角（今の場合 $60°$）を表す．一方，散乱角 χ と離心率 ε の関係は $\varepsilon=\left(\sin\frac{\chi}{2}\right)^{-1}$ である．よって，木星の質量を M とすると，衝突パラメターは p.131 の式より $\rho=\frac{\alpha}{2E}\cot\frac{\chi}{2}=\frac{GM}{v_\infty^2}\cot\frac{\chi}{2}$ となる．また，軌道の式 (5.31) と離心率の定義 (5.33) を用いると，探査機と木星の

距離の最小値は，

$$r_{\min} = \frac{\ell^2}{\mu\alpha}\frac{1}{1+\varepsilon} = \frac{\alpha}{2E}(\varepsilon - 1) = \frac{GM}{v_\infty^2}\left(\frac{1}{\sin\frac{\chi}{2}} - 1\right)$$

と書ける．ここに，G, M, v_∞，および χ の値を代入すると，$\rho \fallingdotseq 4.19\times 10^8\,\mathrm{m}$, $r_{\min} \fallingdotseq 9.63\times 10^7\,\mathrm{m}$ が得られる．これは木星の半径（およそ $6.99\times 10^7\,\mathrm{m}$）の約 1.38 倍である．$\boldsymbol{e}$ を $\boldsymbol{v}_{2\mathrm{i}}$ の向きからずらして $\chi = 110^\circ$ とすると，$v_{1\mathrm{f}} \fallingdotseq 23.7\,\mathrm{km\cdot s^{-1}}$ と減るが，木星との距離は $r_{\min} \fallingdotseq 1.90\times 10^8\,\mathrm{m}$ とほぼ倍にすることができる．

■5.7 $d\Omega = 2\pi\sin\chi d\chi$, $d\Omega_{\mathrm{L}} = 2\pi\sin\theta d\theta$ より，$\frac{d\sigma}{d\Omega_{\mathrm{L}}}(\theta) = \frac{d\sigma}{d\Omega}(\chi)\frac{\sin\chi}{\sin\theta}\frac{d\chi}{d\theta}$ であるが，式 (4.53) を θ で微分すると，

$$\frac{1}{\cos^2\theta} = \frac{1+\frac{m_1}{m_2}\cos\chi}{\left(\cos\chi + \frac{m_1}{m_2}\right)^2}\frac{d\chi}{d\theta}$$

一方で，

$$\frac{1}{\cos^2\theta} = 1 + \tan^2\theta = \frac{1+2\frac{m_1}{m_2}\cos\chi + \left(\frac{m_1}{m_2}\right)^2}{\left(\cos\chi + \frac{m_1}{m_2}\right)^2}$$

だから，$\frac{d\chi}{d\theta} = \frac{1+2\frac{m_1}{m_2}\cos\chi+\left(\frac{m_1}{m_2}\right)^2}{1+\frac{m_1}{m_2}\cos\chi}$

また，$\frac{\sin\chi}{\sin\theta} = \frac{\cos\chi+\frac{m_1}{m_2}}{\cos\theta} = \sqrt{1+2\frac{m_1}{m_2}\cos\chi + \left(\frac{m_1}{m_2}\right)^2}$ であるから，これらを代入して問題文の式を得る．

第 6 章　非慣性系における運動方程式

■6.1 最初の加速のときは重くなり，一定速度の場合は静止時と同じ．減速時には軽くなる．

■6.2 (1) 地球に固定された基準系では，コリオリ力の違いによる．式 (6.31) より，西向きの方が東向きの場合よりも $4mv\Omega\cos\lambda$ だけ重くなる．

(2) 列車に固定された基準系では，同じものが遠心力の違いと解釈される．地球の半径を R とすると，東向きの列車に固定された基準系の角速度は $\omega_{\mathrm{e}} = \Omega + \frac{v}{R}$，西向きの場合は $\omega_{\mathrm{w}} = \Omega - \frac{v}{R}$ となる．よって，遠心力の大きさの差は $m\omega_{\mathrm{e}}^2 R - m\omega_{\mathrm{w}}^2 R = 4mv\Omega$．その鉛直成分を考えるので，$4mv\Omega\cos\lambda$ だけ東向きの方が鉛直上向きの力が大きいという，(1) と同じ結果が得られる．

■6.3 式 (6.29) より，このときの運動は

$$\boldsymbol{r}(t) = \left(v_0 t - \frac{gt^2}{2}\right)\boldsymbol{e}_z + \left(\frac{gt^3}{3} - v_0 t^2\right)\Omega\cos\lambda\boldsymbol{e}_x$$

粒子が落下する時刻は $t_1 = \frac{2v_0}{g}$ だから，これを代入すると，$\boldsymbol{r}(t_1) = -\frac{4v_0^3\Omega\cos\lambda}{3g^2}\boldsymbol{e}_x$ を得る．すなわち西に $\frac{4v_0^3\Omega\cos\lambda}{3g^2}$ だけずれる．

■6.4 コリオリ力は東向きに働くので，東岸が高くなる．今，水面が水平面となす角を θ とすると，$\tan\theta$ はコリオリ力と重力の比に等しい．すなわち，$\tan\theta = \frac{2\Omega v\sin\lambda}{g}$

したがって，水位の差は $w\tan\theta = \frac{2w\Omega v\sin\lambda}{g}$ である．

■6.5 力 $\boldsymbol{F}$ と磁場 $\boldsymbol{B}$ の下での粒子の運動方程式は

$$m\ddot{\boldsymbol{r}} = \boldsymbol{F} + q\dot{\boldsymbol{r}}\times\boldsymbol{B}$$

これを一様な角速度 ω で回転する基準系から見ると

$$m\ddot{\boldsymbol{r}} = \boldsymbol{F} + q\dot{\boldsymbol{r}}\times\boldsymbol{B} - m\boldsymbol{\omega}\times(\boldsymbol{\omega}\times\boldsymbol{r}) - 2m\boldsymbol{\omega}\times\dot{\boldsymbol{r}}$$

となるが，$\boldsymbol{\omega} = -\frac{q\boldsymbol{B}}{2m}$ とすると，$q\dot{\boldsymbol{r}}\times\boldsymbol{B} - 2m\boldsymbol{\omega}\times\dot{\boldsymbol{r}} = \boldsymbol{0}$ であり，$-m\boldsymbol{\omega}\times(\boldsymbol{\omega}\times\boldsymbol{r})$ は B^2 のオーダーの項になる．よって題意が成り立つ．

第 7 章　剛体の運動

■**7.1**　垂直抗力を $\boldsymbol{F}_{\rm N}$，静止摩擦力を $\boldsymbol{f}$ とおくと，力のつり合いより $|\boldsymbol{F}_{\rm N}| = Mg\cos\alpha$, $|\boldsymbol{f}| = Mg\sin\alpha$ が得られる．また，長方形の左下の点 A から $\boldsymbol{F}_{\rm N}$ の作用点までの距離を l として，この点のまわりで力のモーメントのつり合いを考えると，$b\cos\alpha - a\sin\alpha \geq 0$ かつ

$$Mg(b\cos\alpha - a\sin\alpha) = Mgl\cos\alpha$$

が必要で，これより $l = b - a\tan\alpha \geq 0$ が得られる．また，静止摩擦力は $|\boldsymbol{f}| \leq \mu|\boldsymbol{F}_{\rm N}|$ を満たさなければならない．したがって，直方体が静止状態を保つためには，$\tan\alpha \leq \mu$ と $\tan\alpha \leq \frac{b}{a}$ の二つの条件を満たすことが必要である．以上より，$\frac{b}{a} > \mu$ の場合，α を大きくしていくと，$\tan\alpha_0 = \mu$ なる α_0 を超えたとき，物体は滑り始める．逆に，$\frac{b}{a} < \mu$ の場合，$\tan\alpha_1 = \frac{b}{a}$ なる α_1 を超えると物体は転がり始める．

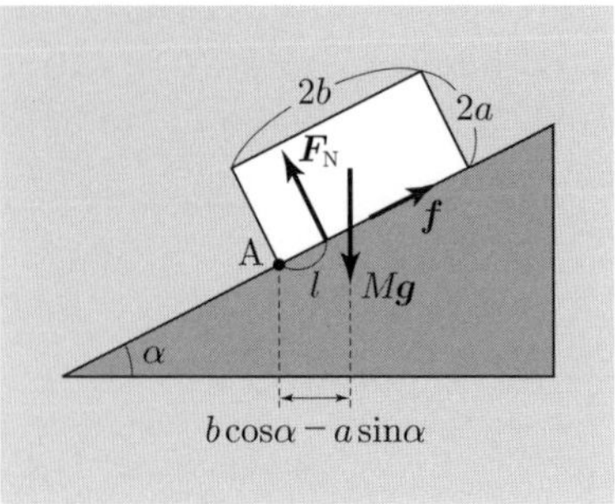

■**7.2**　図の原点に関する慣性モーメントを求めると，

$$I^{\rm O}_{zz} = \frac{3M}{\pi a^2 h}\int_0^h dz \int_0^{za/h} d\rho \int_0^{2\pi} d\phi \rho^3 = \frac{3Ma^2}{10}$$

$$I^{\rm O}_{xx} + I^{\rm O}_{yy} = \frac{3M}{\pi a^2 h}\int_0^h dz \int_0^{za/h} d\rho \int_0^{2\pi} d\phi \rho(\rho^2 + 2z^2) = \frac{3M(a^2+4h^2)}{10}$$

より，$I^{\rm O}_{xx} = I^{\rm O}_{yy} = \frac{3M}{20}(a^2 + 4h^2)$．質量中心は，$z$ 軸上の $z = \frac{3h}{4}$ の位置であるから，平行軸の定理より主慣性モーメントは $I_1 = I_2 = I^{\rm O}_{xx} - M\left(\frac{3h}{4}\right)^2 = \frac{3M}{80}\left(4a^2 + h^2\right)$, $I_3 = I^{\rm O}_{zz} = \frac{3}{10}Ma^2$

■**7.3**　力積 X の撃力が働いた直後の重心の速度は軸に垂直である．この速度の大きさを v とし，抗力の力積を撃力と同じ向きに X' とすると，$Mv = X + X'$．また，固定点 O のまわりの回転に対する運動方程式から，撃力が働いた直後の角速度を ω とすると，$I\omega = Xl$．さらに，ω と v の間には，$v = \omega h$ の関係がある．これより，抗力の力積の大きさは $X' = (Mh - \frac{I}{l})\omega$ と得られるので，これが 0 になるためには，$l = \frac{I}{Mh}$ を満たせばよい．

■**7.4**　運動方程式より $\frac{d}{dt}\left(\frac{MV^2}{2} + \frac{I\omega^2}{2}\right) = -\mu' Mg|v_{\rm P}|$ が動摩擦力の仕事率を表す．これを積分すると，動摩擦力がした仕事は $-\frac{M}{7}v_{\rm P0}^2$ となる．

■**7.5**　図 7.9 の $\boldsymbol{e}_1, \boldsymbol{e}_2$ に加え，回転軸上に $\boldsymbol{e}_3$ を選んで，剛体に固定された基底 $(\boldsymbol{e}_1, \boldsymbol{e}_2, \boldsymbol{e}_3)$ を定義する．抗力のモーメントを $\boldsymbol{Q}$ と表すと，抗力は軸上の点に働くから $\boldsymbol{Q}$ は $\boldsymbol{e}_3$ 成分をもたず，$\boldsymbol{Q} = Q_1\boldsymbol{e}_1 + Q_2\boldsymbol{e}_2$ と書ける．角速度は $\boldsymbol{\omega} = \omega\boldsymbol{e}_3 = \dot\theta\boldsymbol{e}_3$，角運動量は $\boldsymbol{L} = I_{13}\omega\boldsymbol{e}_1 + I_{23}\omega\boldsymbol{e}_2 + I_{33}\omega\boldsymbol{e}_3$（$I_{33}$ は，式 (7.24) の I に等しい）であるから，この基準系における運動方程式は，$\frac{d'\boldsymbol{L}}{dt} + \boldsymbol{\omega}\times\boldsymbol{L} = \boldsymbol{N} + \boldsymbol{Q}$（$\frac{d'}{dt}$ は，基準系 $({\rm O}; \boldsymbol{e}_1, \boldsymbol{e}_2, \boldsymbol{e}_3)$ における微分，$\boldsymbol{N}$ は強制力のモーメント）より，

$$I_{13}\dot\omega - I_{23}\omega^2 = Q_1, \quad I_{23}\dot\omega + I_{13}\omega^2 = Q_2, \quad I_{33}\dot\omega = -Mgh\sin\theta$$

と書ける．p.168〔下欄〕の式 (*) より，$\omega^2 = \frac{2Mgh}{I_{33}}(\cos\theta - \cos\theta_0)$ であるから

$$Q_1 = -\frac{Mgh}{I_{33}}\left[I_{13}\sin\theta + 2I_{23}(\cos\theta - \cos\theta_0)\right], \quad Q_2 = -\frac{Mgh}{I_{33}}\left[I_{23}\sin\theta - 2I_{13}(\cos\theta - \cos\theta_0)\right]$$

■**7.6**　眠りごまでは $\theta = 0$ かつ $L_z = L_3 = I_3\omega_3$ である．有効ポテンシャル $U_{\rm eff}$ を $\theta = 0$ のまわりで展開すると，

$$U_{\rm eff}(\theta) = \frac{(L_z - L_3\cos\theta)^2}{2I_1'\sin^2\theta} + Mgl\cos\theta = Mgl + \left(\frac{I_3^2\omega_3^2}{8I_1'} - \frac{Mgl}{2}\right)\theta^2 + o(\theta) \quad (\theta \to 0)$$

2 次の係数が正であれば安定だから，求める条件は $\omega_3 > \sqrt{\frac{4I_1'Mgl}{I_3^2}}$ となる．

●参 考 文 献●

本書で扱ったいくつかの話題について，背景を含めてある程度気軽に読める本として，以下を勧める．

[1] 朝永振一郎，『物理学とは何だろうか 上，下』，岩波新書，岩波書店，1979.

[2] D.L. グッドスティーン，J.R. グッドスティーン，砂川重信（訳），『ファインマンさん，力学を語る』，岩波書店，1996.

[3] D. ルエール，青木薫（訳），『偶然とカオス』，岩波書店，1993.

[4] 堀源一郎，『太陽系—その力学的秩序』，岩波新書，岩波書店，1976.

[5] 戸田盛和，『振動論』，新物理学シリーズ 3，培風館，1968.

[6] 曾田範宗，『摩擦の話』，岩波新書，岩波書店，1971.

[7] 角田和雄，『摩擦の世界』，岩波新書，岩波書店，1994.

[8] 松川宏，『摩擦の物理』，岩波講座物理の世界，岩波書店，2012.

[9] 戸田盛和，『コマの科学』，岩波新書，岩波書店，1980.

物理を専門に学ぶ人は，本書のような形式の力学の後に，ラグランジアンやハミルトニアンといった関数で物理系を表す解析力学について学ぶ必要がある．解析力学には良書が多いが，特に [10] はマストアイテムといってよい．また，[11] は私自身が力学の問題について悩んだときに最終的に頼りにした本である．最新版の英語版 [12] も勧めておく．

[10] エリ・デ・ランダウ，イェ・エム・リフシッツ，広重徹・水戸巌（訳），『力学（増訂第 3 版）』，ランダウ=リフシッツ理論物理学教程，東京図書，1974.

[11] V. I. アーノルド，安藤韶一・蟹江幸博・丹羽敏雄（訳），『古典力学の数学的方法』，岩波書店，1980.

[12] V. I. Arnold, V. V. Kozlov, A. I. Neishtadt, “Mathematical Aspects of Classical and Celestial Mechanics (Third Edition)”, Springer, 2006.

[13] 山本義隆，中村孔一，『解析力学 I, II』，朝倉物理学大系，朝倉書店，1998.

最後に数学について，本書の説明では飽き足らない人の参考になる本を挙げる．

[14] 香取眞理，中野徹，『物理数学の基礎』，サイエンス社，2001.

[15] 初貝安弘，『物理学のための応用解析』，サイエンス社，2003.

[16] V. I. アーノルド，足立正久・今西英器（訳），『常微分方程式』，現代数学社，1981.

[17] 小林亮，高橋大輔，『ベクトル解析入門』，東京大学出版会，2003.

[18] 佐武一郎，『線型代数学』，裳華房，1974.

[19] 杉浦光夫，『解析入門 I, II』，東京大学出版会，1980, 1985.

[20] 田崎晴明，『数学—物理を学び楽しむために—』，http://www.gakushuin.ac.jp/~881791/mathbook/index.html

索　引

あ 行

か 行

さ 行

著者略歴

武末真二（たけすえ しんじ）

1980年　東京大学理学部卒業
1985年　東京大学大学院理学系研究科博士課程修了
　　　　理学博士
現　在　京都大学大学院理学研究科准教授

新・数理科学ライブラリ [物理学] = 2

力学講義

2013年7月10日© 初版発行
2021年10月10日 初版第3刷発行

著　者　武末真二　　発行者　森平敏孝
　　　　　　　　　　印刷者　山岡影光
　　　　　　　　　　製本者　小西惠介

発行所　株式会社　サイエンス社

〒151–0051　東京都渋谷区千駄ヶ谷1丁目3番25号
営業　☎（03）5474–8500（代）　振替 00170–7–2387
編集　☎（03）5474–8600（代）
FAX　☎（03）5474–8900

印刷　三美印刷　　製本　ブックアート

ISBN978-4-7819-1324-7

PRINTED IN JAPAN